Matthias Kern

Modellierung kinetisch kontrollierter, turbulenter Flammen für Magerbrennkonzepte

Modellierung kinetisch kontrollierter, turbulenter Flammen für Magerbrennkonzepte

von
Matthias Kern

Dissertation, Karlsruher Institut für Technologie (KIT)
Fakultät für Chemieingenieurwesen und Verfahrenstechnik
Tag der mündlichen Prüfung: 08. März 2013

Impressum

Scientific
Publishing

Karlsruher Institut für Technologie (KIT)
KIT Scientific Publishing
Straße am Forum 2
D-76131 Karlsruhe

KIT Scientific Publishing is a registered trademark of Karlsruhe
Institute of Technology. Reprint using the book cover is not allowed.

www.ksp.kit.edu

Print on Demand 2013
ISBN 978-3-7315-0075-9

Modellierung kinetisch kontrollierter, turbulenter Flammen für Magerbrennkonzepte

Zur Erlangung des akademischen Grades eines
DOKTORS DER INGENIEURWISSENSCHAFTEN (Dr.-Ing.)

der Fakultät für Chemieingenieurwesen und

Verfahrenstechnik des

Karlsruher Institut für Technologie (KIT)

genehmigte

DISSERTATION

von

Dipl.-Ing. Matthias Kern
aus Weingarten (Baden)

<table>
<tr><td>Referent:</td><td>Prof. Dr.-Ing. N. Zarzalis</td></tr>
<tr><td>Korreferent:</td><td>Prof. Dr.-Ing. K.-H. Schaber</td></tr>
<tr><td>Tag des Kolloqiums:</td><td>08.03.2013</td></tr>
</table>

Meinem Sohn Pepe Elias gewidmet

Nichts setzt dem Fortgang der Wissenschaft mehr Hindernis entgegen, als wenn man zu wissen glaubt, was man noch nicht weiß.
- Georg Christoph Lichtenberg

Danksagung

Die vorliegende Arbeit entstand im Rahmen meiner Tätigkeit am Institut für Verbrennungstechnik des KIT in Karlsruhe.

Mein besonderer Dank gilt meinem Doktorvater, Herrn Prof. Dr.-Ing. N. Zarzalis, der diese Arbeit ermöglicht hat. Sein mir entgegengebrachtes Vertrauen und volle Unterstützung waren immer zu spüren und haben zum Gelingen dieser Arbeit beigetragen.

Herrn Prof. Dr.-Ing. K.-H. Schaber danke ich für die Übernahme des Korreferats sowie seinem Interesse an dieser Arbeit.

Ich danke Dr.-Ing. Peter Habisreuther für die Vielzahl an fachlichen Diskussionen. Seine immer motivierende und begeisterungsfähige Art hat wesentlich zu dieser Arbeit beigetragen und viele seiner Ideen sind in diese eingeflossen. Walter Pfeffinger danke ich für seinen unermüdlichen Einsatz unseren Rechencluster am Laufen zu halten und seine Bereitschaft meine Sonderwünsche umzusetzen.

Den Mitarbeitern am Institut für Verbrennungstechnik danke ich für die tolle Atmosphäre und die Vielzahl an schönen gemeinsamen Erinnerungen, die die Zeit am Institut hinterließ. Ein besonderer Dank gilt Flavio Galeazzo, mit welchem ich viele konstruktive Diskussionen zur Umsetzung unserer Ideen hatte. Seine offene und hilfsbereite Art waren eine große Bereicherung meiner Zeit am Institut.

Allen voran danke ich meiner Frau Michaela, die mich während der Fertigstellung dieser Arbeit immer unterstützt hat und mein größter Rückhalt war.

Inhaltsverzeichnis

1. Einleitung — 1

    1.1. Motivation — 1

    1.2. Zielsetzung der Arbeit — 2

    1.3. Gliederung der Arbeit — 3

2. Erhaltungsgleichungen — 7

    2.1. Massenerhaltungsgleichung — 7

    2.2. Impulserhaltungsgleichung — 7

    2.3. Komponentenerhaltungsgleichung — 9

    2.4. Energieerhaltungsgleichung — 10

    2.5. Erhaltungsgleichung eines Skalars — 13

3. Turbulente Strömungen — 15

    3.1. Reynolds-Mittlung — 17

    3.2. Favre-Mittlung — 19

    3.3. Favre-Filterung — 20

    3.4. Gemittelte Erhaltungsgleichungen — 21

    3.5. Gefilterte Erhaltungsgleichungen — 23

    3.6. Turbulenzmodelle — 24

        3.6.1. Wirbelviskositätsmodelle — 25

        3.6.2. RANS-Modelle — 28

        3.6.3. LES-Modelle — 34

4. Modellierung der dispersen Phase — 37

4.1. Impulserhaltung — 38

    4.1.1. Relaxationszeit der Impulserhaltung — 39

    4.1.2. Kopplung der Impulserhaltung mit der Gasphase — 40

4.2. Massenerhaltung — 41

    4.2.1. Relaxationszeit der Massenerhaltung — 42

    4.2.2. Kopplung der Massenerhaltung mit der Gasphase — 42

4.3. Energieerhaltung — 43

    4.3.1. Relaxationszeit der Energieerhaltung — 44

    4.3.2. Kopplung der Energieerhaltung mit der Gasphase — 44

4.4. Sekundärzerfall — 45

4.5. Turbulente Dispersion — 46

5. Verbrennungsmodellierung — 49

5.1. Reaktionskinetische Grundlagen — 49

5.2. Idealisierte Modellsysteme — 51

    5.2.1. Homogener Reaktor — 53

    5.2.2. Eindimensionale laminare Vormischflamme — 54

    5.2.3. Gegenstromdiffusionsflamme — 56

5.3. Reduktion der Chemie auf Basis idealisierter Modellsysteme — 59

    5.3.1. Beschreibung der Mischung — 62

    5.3.2. Beschreibung des Reaktionsfortschritts — 65

5.4. Reaktionsmodellierung turbulenter Diffusionsflammen — 67

    5.4.1. Das Eddy-Dissipation-Konzept — 68

    5.4.2. Verbundwahrscheinlichkeitsdichtemodell — 69

6. Chemische Tabellen für die Reaktionsmodellierung turbulenter Strömungen — 81

6.1. Chemische Tabellen — 82

    6.1.1. Flamelet-Tabellen — 82

6.1.2. Tabellen auf Basis eines Reaktionsfortschritts 89

6.2. Numerische Integration chemischer Tabellen 96

6.2.1. Wahrscheinlichkeitsdichtefunktion 97

6.2.2. Numerische Integrationsmethoden 101

6.2.3. Multidimensionale Integration chemischer Tabellen 105

7. Tabellierungsroutinen und numerische Löser **107**

7.1. Tabellierung der Chemie 107

7.2. Integration der chemischen Tabellen 112

7.3. Einbindung der Reaktionsmodelle 116

7.3.1. Spraysolver 120

8. Validierung der Tabellenintegration **127**

8.1. Einfluss der Paramter der Integration nach Liu et al. . . . 129

8.2. Einfluss der Parameter der Romberg-Integration 131

8.3. Vergleich der Integrationsmethoden 133

9. Modellflammen **137**

9.1. Diffusionskontrollierte Freistrahlflamme (h3) 138

9.1.1. Numerisches Rechengitter und Randbedingungen 140

9.1.2. Löser und Diskretisierung 145

9.1.3. Chemische Tabelle 146

9.1.4. Ergebnisse der RANS-Simulationen 150

9.1.5. Vergleich der Reduktionsmodelle 169

9.1.6. Ergebnisse der LES-Simulationen 172

9.1.7. Zusammenfassung 174

9.2. Kinetisch kontrollierte Freistrahlflamme (CABRA) 177

9.2.1. Numerisches Rechengitter und Randbedingungen 180

9.2.2. Löser und Diskretisierung 185

9.2.3. Chemische Tabelle 185

9.2.4. Ergebnisse der RANS-Simulationen 189

9.2.5. Ergebnisse der LES-Simulation 197

9.2.6. Zusammenfassung 199

10. Technische Flammen   **203**

10.1. Abgehobene Drallflamme (TLC) 203

10.1.1. Daten der untersuchten Düse und Betriebspunkt . 205

10.1.2. Simulierte Geometrie 207

10.1.3. Numerisches Rechengitter und Randbedingungen 209

10.1.4. Löser und Diskretisierung 213

10.1.5. Chemische Tabellen 213

10.1.6. Ergebnisse der RANS-Simulationen 215

10.1.7. Ergebnisse der LES-Simulationen 218

10.1.8. Zusammenfassung 220

10.2. Kerosinbefeuerte Drallflamme 222

10.2.1. Daten der untersuchten Düse und Betriebspunkt . 222

10.2.2. Numerisches Rechengitter und Randbedingungen
der Gasphase 224

10.2.3. Randbedingungen der dispersen Phase 228

10.2.4. Chemische Tabellen 244

10.2.5. Ergebnisse der Simulationen 250

11. Zusammenfassung   **263**

A. Herleitungen   **269**

A.1. Filmverdampfung 269

1. Einleitung

1.1. Motivation

Bei den Energieumwandlungsprozessen spielt die Verbrennung auch in der heutigen Zeit aufgrund ihrer hohen Energiefreisetzungsdichte sowohl in der Stromgewinnung als auch in der Mobilität – Automobil- und Flugzeugindustrie – eine wesentliche Rolle. Während in der Stromgewinnung neben der Atomenergie durch neue und alternative Stromgewinnungsprozesse wie Solarenergie sowie Wind- und Wasserkraft bereits eine große Anzahl an Alternativen zur Verbrennung entwickelt und weiterentwickelt werden, ist sie insbesondere in der kommerziellen Luftfahrt nach wie vor konkurrenzlos. Auch im Automobilsektor ist sie noch der dominierende Energieumwandlungsprozess, der Elektroantrieb spielt nach wie vor nur eine untergeordnete Rolle.

Sowohl in der Stromgewinnung als auch in der Antriebstechnik haben sich doch in den letzten Jahren zwei wesentliche Problemstellungen herauskristallisiert. Zum einen werden die fossilen Brennstoffe immer knapper und sind nur noch eine begrenzte Zeit verfügbar, zum anderen werden die gesetzlichen Umweltrichtlinien für Emissionen aus der Verbrennung immer strenger.

Die nur befristete Verfügbarkeit von fossilen Brennstoffen führt zu einer hohen Anforderung an die Effizienz der Verbrennungsprozesse. Die Emissionsrichtlinien wiederum erfordern eine Optimierung der Verbrennungsführung. So bilden sich Stickoxide vor allem in Bereichen hoher Temperaturen, die in der Verbrennung wesentlich durch nahestöchiometrische Gemischzusammensetzungen entstehen. So ist eines der dominierenden Konzepte zur Vermeidung von Stickoxidemissionen die magere Verbrennungsführung. Diese kann durch eine Vormischung von Luft und Brennstoff erfolgen. Dies führt jedoch zu einem erhöhten Risiko für Selbstzündungen und Flammenrückschlag, was zu einer Schädigung des Verbrennungssystems führt. Insbesondere in der Flugzeugindustrie, die sich durch hohe Sicherheitsanforderungen auszeichnet, wird daher die nicht-vorgemischte Verbrennung bevorzugt. Hier werden im Wesentlichen zwei Konzepte verfolgt, die gestufte fett-mager Verbrennung und die direkte magere Verbrennung. Die in dieser Arbeit untersuchten technischen Flammen gehören zu der zweiten Kategorie der direkten mageren Verbrennung. Hierbei wird durch gezielte Strömungsführung erreicht, dass sich Luft und Brennstoff vor der Reaktionszone weitestgehend gemischt haben und so nahestöchiometrische Bereiche vermieden werden.

All diese Anforderungen führen zu komplexen Systemen, die eine hohe Anforderung an die Auslegung und Entwicklung stellen. Um hier den Anteil an kostspieligen Testanlagen und Vorversuchen zu senken, wurde in den letzten Jahren verstärkt auf den Einsatz numerischer Methoden wie die CFD-Simulation gesetzt. Hierzu werden jedoch Reaktionsmodelle benötigt, welche es ermöglichen, die komplexen technischen Verbrennungssysteme effizient und mit einer möglichst hohen Genauigkeit in einem numerischen Experiment zu analysieren.

1.2. Zielsetzung der Arbeit

Zur numerischen Unterstützung der Entwicklung komplexer, technischer Verbrennungssysteme werden insbesondere Reaktionsmodelle für turbulente, reagierende Strömungen benötigt, die den Anforderungen einer hohen Genauigkeit bei einer gleichzeitig hohen numerischen Effizienz gerecht werden. In den letzten Jahren wurde hier am Engler-Bunte-Institut vor allem auf die Modellierung der turbulenten Reaktion über statistische Methoden gesetzt. Zur Beschreibung der chemischen Reaktion wird die Reaktion über zwei Variablen abgebildet, einer Variablen zur Beschreibung der elementaren Zusammensetzung sowie einer Variablen zur Beschreibung des aktuellen Reaktionsfortschritts. Die Turbulenz-Reaktion-Kopplung wird über eine vorangenommene Form der Verbundwahrscheinlichkeitsdichtefunktion abgebildet. Durch die Annahme der Form, können vor der Simulation chemische Tabellen generiert werden, die die Reaktionsdaten während der Simulation bereitstellen. Hierauf beruht die hohe Effizienz dieser Methode.

In dieser Arbeit wird die Reduktion der chemischen Reaktion auf einen Reaktionsfortschritt mittels einfacher Modellsysteme und deren Potential zur Beschreibung von einfachen experimentellen Modellflammen sowie technischer Flammen untersucht. Ziel ist es einen Ansatz zur Simulation insbesondere kinetisch kontrollierter magerer Verbrennung zu entwickeln. Gerade in der Modellierung durch die Reaktionskinetik bestimmter Verbrennungsvorgänge zeigen die gebräuchlichen Reaktionsmodelle wie das EDM (Eddy-Dissipation Modell) ihre Schwächen.

Weiterhin wird der oben beschriebene Ansatz zur Modellierung der turbulenten Reaktion von der Simulation der Reynolds-gemittelten Navier-Stokes-Gleichung (RANS) auf die Large-Eddy-Simulation (LES) übertragen. Zum Abschluss der Arbeit wird er in Richtung der Simulation zweiphasiger, reagierender Strömungen erweitert.

1.3. Gliederung der Arbeit

Die Arbeit gliedert sich in elf Kapitel. In Kapitel 2 werden die allgemeinen Erhaltungsgleichungen, die die Grundlagen der numerischen Strömungsmodellierung der Gasphase bilden, eingeführt. Diese Gleichungen werden in Kapitel 3 auf die Modellierung turbulenter Strömungen erweitert. Nach der Einführung in die Mittlung sowie Filterung der Transportgleichungen werden in diesem Kapitel die in der Arbeit verwendeten Turbulenzmodelle beschrieben. Die numerische Modellierung der Gasphase wird in Kapitel 4 um die Modellierung der dispersen Phase erweitert und die Quellterme, die die Kopplung der beiden Quellterme beschreiben, eingeführt.

In Kapitel 5 wird in die Verbrennungsmodellierung eingeführt. Nach einer kurzen Beschreibung der reaktionskinetischen Grundlagen werden die untersuchten idealisierten Modellsysteme, die zur Reduktion der chemischen Reaktion auf einen Reaktionsfortschritt verwendet werden, beschrieben. Den Abschluss des Kapitels bildet die Einführung in die in dieser Arbeit verwendeten Reaktionsmodelle für turbulente Strömungen. Die Erstellung der chemischen Tabellen über die idealisierten Modellsysteme wird in Kapitel 6 beschrieben. Dies umfasst zunächst den eigentlichen Reduktionsschritt auf eine Reaktionsfortschrittsvariable und die folgende multidimensionale Integration der Tabellen zur Beschreibung der Turbulenz-Reaktion-Kopplung über die Verbundwahrscheinlichkeitsdichtefunktion. Hier werden zwei Integrationsmethoden zur Integration der Tabellen vorgestellt.

In Kapitel 7 werden die im Rahmen dieser Arbeit entwickelten Tabellierungsroutinen und numerischen Löser beschrieben. Der zeitaufwendigste Schritt der Tabellierung bildet die Integration der chemischen Tabellen. Hierbei unterscheiden sich die beiden Integrationsmethoden deutlich in ihrer Integrationszeit. Daher wird in Kapitel 8 eine kurze Validierung der Methoden beschrieben, die den Einfluss der verwendeten Methoden auf Integrationszeit und Genauigkeit zeigt.

In Kapitel 9 wird die Reduktion über idealisierte Modellsysteme sowie der Einfluss der RANS/LES-Simulation an Modellflammen untersucht. Als Modellflamme wird eine aufsitzende Diffusionsfreistrahlflamme und eine abgehobene Diffusionsfreistrahlflamme untersucht. Hierbei ist die erste Flamme ein Beispiel einer Flamme, bei welcher die Diffusion bzw. Mischung die Reaktion kontrolliert. Die zweite Flamme ist durch die chemischen Zeitmaße bzw. die Reaktionsraten kontrolliert. Somit bilden die Modellflammen zwei Extreme der Modellierung von Diffusionsflammen ab.

In Kapitel 10 werden reale Verbrennungssysteme betrachtet, die für den technischen Einsatz gedacht sind. Auch hier werden zwei Flammen untersucht. Die erste Flamme ist eine abgehobene, mit Erdgas befeuerte Drallflamme, die im Rahmen des Europäischen Projektes TLC (**T**owards **L**ean **C**ombustion) am Engler-Bunte-Institut untersucht wurde. Die zweite Flamme ist ebenfalls eine Drallflamme, diese ist jedoch mit Kerosin befeuert und dient zur Untersuchung der Reaktionsmodellierung zweiphasiger Strömungen. Sie wurde ebenfalls im Rahmen eines Europäischen Projektes [61][85][86][125] am Engler-Bunte-Institut untersucht.

Den Abschluss der Arbeit bildet das Kapitel 11, in welchem die Ergebnisse der Arbeit zusammengefasst werden.

2. Erhaltungsgleichungen

Die Modellierung der Gasphase einer reagierenden Strömung basiert auf den Gleichungen der Impuls-, Massen-, Komponenten- und Energieerhaltung. In den folgenden Abschnitten werden die Erhaltungsgleichungen kurz eingeführt und anhand dieser getroffene Annahmen diskutiert. Herleitungen der Gleichungen finden sich zahlreich in der Literatur. Hier sei unter anderem auf die Werke von Schlichting [121], Pope [107] sowie Bird, Stewart und Lightfoot [6] hingewiesen.

2.1. Massenerhaltungsgleichung

Wendet man die allgemeine Kontinuitätsgleichung einer Erhaltungsgröße auf die Masse an, ergibt sich die Massenerhaltungsgleichung:

$$\frac{\partial \rho}{\partial t} + \frac{\partial (\rho u_i)}{\partial x_i} = 0 \tag{2.1.1}$$

Sie besagt, dass die Änderung der Dichte der Masse ρ, die Divergenz der Massenstromdichte ρu_i in Summe Null ergeben muss. Der erste Term der Gleichung beschreibt die lokale, volumenbezogene Massenstromspeicherung, während der zweite Term gleich dem an diesem Punkt ein- und austretenden, volumenbezogenen Massenstroms ist.

2.2. Impulserhaltungsgleichung

Die Impulserhaltungsgleichungen (Navier-Stokes-Gleichungen) folgen unmittelbar aus dem Impulssatz angewandt auf ein Kontinuum. Der

Impulserhaltungssatz ergibt sich aus dem zweiten und dritten New-
ton'schen Axiom, welche besagen, dass die Änderung des Impulses
mit der Zeit gleich der auf das Kontrollvolumen wirkenden Kräfte ist
(zweites Axiom) und es in einem abgeschlossenen System, auf welches
keine Kräfte von außen wirken, zu jeder Kraft eine Gegenkraft geben
muss (actio = reactio, drittes Axiom). Die Impulserhaltungsgleichungen
in der verwendeten Form beschreiben die Strömung eines newtonschen
Fluids und sind unabhängig von der Erhaltung der Energie, wodurch es
zur Beschreibung einer reagierenden Strömung einer weiteren Gleichung
zur Berücksichtigung der Energieerhaltung bedarf (siehe Kapitel 2.4).
Die Navier-Stokes-Gleichung für ein kompressibles, newtonsches Fluid
lautet:

$$\frac{\partial (\rho u_i)}{\partial t} + \frac{\partial (\rho u_i u_j)}{\partial x_j} = -\frac{\partial p}{\partial x_i} + \frac{\partial \Pi_{ij}}{\partial x_j} + f_i \qquad (2.2.1)$$

Die linke Seite von Gleichung (2.2.1) beschreibt die Speicherung (ers-
ter Term) und den konvektiven Transport (zweiter Term) von Impuls.
Auf der rechten Seite stehen die auf das Volumen wirkenden Kräfte,
die Druckkräfte, viskosen Kräfte und äußere auf das Volumen wirken-
de Kräfte. Hierin sind f_i die an diesem Punkt eingeprägten äußeren
Volumenkräfte wie z.B. die Schwerkraft. Π_{ij} bezeichnet den viskosen
Spannungstensor. Der viskose Spannungstensor ist für ein newtonsches
Fluid gegeben durch:

$$\Pi_{ij} = \mu \left(2S_{ij} - \frac{2}{3}\delta_{ij}\frac{\partial u_k}{\partial x_k} \right) \qquad (2.2.2)$$

Hierin ist S_{ij} der Deformationstensor.

$$S_{ij} = \frac{1}{2} \left(\frac{\partial u_i}{\partial x_j} + \frac{\partial u_j}{\partial x_i} \right) \qquad (2.2.3)$$

Der zweite Term in Gleichung (2.2.2) ist der sogenannte Stokes'sche
Normalspannungsterm. Er besagt, dass die Summe aller Normalspan-

nungen Null ergeben muss [121]. Er ist für inkompressible Strömungen stets Null, da hier $\frac{\partial u_k}{\partial x_k} = 0$ gilt .

2.3. Komponentenerhaltungsgleichung

Da in technischen Verbrennungsprozessen ein Gemisch aus Brennstoff und Oxidator, am gebräuchlichsten ist Luft, in einer exothermen Reaktion zum Rauchgas reagiert, liegt wenigstens eine mehrkomponentige Phase vor. Bei der Verbrennung flüssiger Brennstoffe, beispielsweise von Kerosin, welches ein Fraktionierschnitt aus dem leichten Mitteldestillat der Erdölraffination ist, kommt eine zweite, flüssige, mehrkomponentige Phase hinzu. Hier werden häufig einkomponentige Modellbrennstoffe zur Vereinfachung mit hinreichender Genauigkeit angenommen. Da diese Vereinfachung in dieser Arbeit ebenfalls getroffen wurde, wird nur die Gasphase mehrkomponentig beschrieben. Hierzu wird zusätzlich zur Erhaltungsgleichung der gesamten Masse (2.1.1) je eine Transportgleichung der Massen aller chemischen Komponenten gelöst. Gängig ist es die spezifische Masse, den Massenbruch Y_k, zu bilanzieren:

$$\frac{\partial \left(\rho Y_k\right)}{\partial t} + \frac{\partial \left(\rho u_i Y_k\right)}{\partial x_i} = -\frac{\partial j_i^{d,k}}{\partial x_i} + \dot{\omega}_k \qquad k = 1, \ldots, N_k \qquad (2.3.1)$$

Auf der linken Seite von Gleichung (2.3.1) stehen der Speicherterm (erster Term) und der konvektive Transportterm (zweiter Term) der spezifischen Masse der k-ten Komponente. Auf der rechten Seite befinden sich der Transportterm auf Grund von Diffusion (erster Term) sowie der Reaktionsquellterm (zweiter Term). Die Rate $\dot{\omega}_k$ ist die Reaktionsrate der k-ten Spezie und beschreibt den zeitlichen chemischen Umsatz der Komponente.

Sie ist der einzige Quellterm in Gleichung (2.3.1). Der in Gleichung (2.3.1) auftretende Diffusionsstrom lässt sich mit dem Fick'schen Gesetz der Diffusion beschreiben durch

$$j_i^{d,k} = -\rho\Gamma_{d,k}\frac{\partial Y_k}{\partial x_i}. \tag{2.3.2}$$

Mit Hilfe der dimensionslosen Schmidt-Zahl

$$Sc_k = \frac{\mu}{\rho\Gamma_{d,k}}, \tag{2.3.3}$$

welche die Analogie zwischen Impuls- und Stofftransport beschreibt, lässt sich Gleichung (2.3.2) auch in folgender Form schreiben:

$$j_i^{d,k} = -\frac{\mu}{Sc_k}\frac{\partial Y_k}{\partial x_i}. \tag{2.3.4}$$

2.4. Energieerhaltungsgleichung

Zusätzlich zur Massen- und Impulserhaltung ist für den Fall einer reagierenden Strömung die Erhaltung der Energie zu betrachten. Nach dem ersten Hauptsatz der Thermodynamik gilt, dass sich die innere Energie eines Systems nur durch den Transport von Wärme und durch am System verrichtete Arbeit ändern kann. Für die Energiebilanz an einem Fluidelement gilt folglich:

$$\frac{\partial\,(\rho e)}{\partial t} + \frac{\partial\,(\rho u_i e)}{\partial x_i} = -\frac{\partial j_i^q}{\partial x_i} + \left(\Pi_{ij} - p\delta_{ij}\right)\frac{\partial u_i}{\partial x_j} + \dot{q}_R \tag{2.4.1}$$

Der erste Term auf der linken Seite bezeichnet erneut den Energiespeicherterm, während der zweite Term den konvektiven Transport beschreibt. Der erste Term auf der rechten Seite ist der durch Konduktion und durch Massendiffusion transportierte Energieanteil. Der zweite Term der rechten Seite beinhaltet die durch Reibungskräfte (viskose Dissipation) am System verrichtete Arbeit sowie die Volumenänderungsarbeit. Der letzte Term ergibt sich aus der durch die Reaktion freigesetzten oder gebundenen Energie. Dieser Term ist für reagierende Systeme der dominierende Quellterm.

Substituiert man die innere Energie e in Gleichung 2.4.1 durch die spezifische Enthalpie

$$h = e + \frac{p}{\rho}, \tag{2.4.2}$$

so erhält man die Energieerhaltungsgleichung in ihrer in der Strömungsmechanik gebräuchlicheren Form:

$$\frac{\partial\,(\rho h)}{\partial t} + \frac{\partial\,(\rho u_i h)}{\partial x_i} = -\frac{\partial j_i^q}{\partial x_i} + \frac{Dp}{Dt} + \Pi_{ij}\frac{\partial u_i}{\partial x_j} + \dot{q}_R \tag{2.4.3}$$

Die spezifische Enthalpie eines Gemisches idealer Gase ergibt sich aus den spezifischen Enthalpien ihrer Komponenten durch

$$h = \sum_k^{N_k} Y_k h_k. \tag{2.4.4}$$

Da in Verbrennungsprozessen aufgrund der starken Exothermie von Verbrennungsreaktionen hohe Temperaturen vorliegen, kann die Gasphase in sehr guter Näherung als ideal betrachtet werden. Für die spezifischen Enthalpien in Gleichung (2.4.4) gilt für ein ideales Gas

$$h_k = \int_{T_{ref}}^{T} c_{p,k} dT. \tag{2.4.5}$$

Gleichung (2.4.3) bilanziert die fühlbare Wärme. Der Reaktionsquellterm $\dot{q}_R$ beschreibt die zeitliche Wärmefreisetzungsrate. Bezieht man die spezifische Enthalpie der Komponenten auf ihre spezifische Bildungsenthalpie h_k^0 bei Referenztemperatur T_{ref} so gilt für die Enthalpie

$$h_k = h_k^0\left(T_{ref}\right) + \int_{T_{ref}}^{T} c_{p,i} dT. \tag{2.4.6}$$

Wird nun anstelle der spezifischen fühlbaren Wärme über die Enthalpie gemäß Definition 2.4.6 bilanziert, so folgt aus Gleichung 2.4.3

$$\frac{\partial\,(\rho h)}{\partial t} + \frac{\partial\,(\rho u_i h)}{\partial x_i} = -\frac{\partial j_i^q}{\partial x_i} + \frac{Dp}{Dt} + \Pi_{ij}\frac{\partial u_i}{x_j}. \tag{2.4.7}$$

Der Quellterm $\dot{q}_R$ entfällt in diesem Fall, da folgender Zusammenhang gilt:

$$-\dot{q}_R = \sum_k^{N_k} \dot{\omega}_k h_k^0 \left(T_{ref} \right). \tag{2.4.8}$$

Es wird somit durch die wärmefreisetzende Verbrennungsreaktion nur chemische Wärme aus der Bindungsenergie in fühlbare Wärme gewandelt. Die gesamte Enthalpie nach Gleichung (2.4.6) und (2.4.4) bleibt durch die chemische Reaktion unverändert und es entfällt der Reaktionsquellterm in Gleichung (2.4.7). Diese Form der Energieerhaltung wurde in dieser Arbeit zur numerischen Lösung der Energieerhaltungsgleichung angewandt. Aufgrund des entfallenden Quellterms reduziert sich hierdurch der numerische Aufwand zur Lösung der Gleichung. Mittels der aus den Komponententransportgleichungen bestimmten lokalen Zusammensetzung und Druck, lässt sich die Temperatur aus der Enthalpie nach Gleichung (2.4.6) iterativ bestimmen. Da sich die Enthalpie innerhalb einer Iteration im zeitlichen oder stationären Lösungsprozess nur gering ändert, lässt sich die gesuchte Temperatur mit der alten, bekannten Temperatur in wenigen Iterationen numerisch kostengünstig bestimmen. Die höhere Stabilität des Gleichungssystems überwiegt den geringen Mehraufwand deutlich, da hierdurch Iterationen im linearen Löser gespart werden.

Die Wärmestromdichte j_i^q ergibt sich aus der Summe der konduktiven $j_i^{q,c}$ und massendiffusiven Wärmestromdichte $j_i^{q,d}$.

$$j_i^q = j_i^{q,c} + j_i^{q,d}. \tag{2.4.9}$$

Für den konduktiven Wärmestrom gilt gemäß dem Fourrier'schen Gesetz

$$j_i^{q,c} = -\lambda \frac{\partial T}{\partial x_i}. \tag{2.4.10}$$

Der massendiffusive Wärmestrom $j_i^{q,d}$ beschreibt die durch Diffusion der Komponenten transportierte Wärme

$$j_i^{q,d} = \sum_i^{N_k} h_k j_i^{d,k}.$$
(2.4.11)

Man führt wie bereits für die Diffusionsstromdichte (2.5.2) eine dimensionslose Kennzahl ein, die hier nun die Analogie zwischen Wärme- und Impulstransport beschreibt: die Prandtl Zahl

$$Pr = \frac{\mu c_p}{\lambda}.$$
(2.4.12)

So erhält man durch Einsetzen von Gleichungen (2.5.2,2.4.10,2.4.11) in Gleichung (2.4.9) und Umformen die folgende, äquivalente Form:

$$j_i^q = -\frac{\mu}{Pr}\left[\frac{\partial h}{\partial x_i} + \sum_k^{N_k}\left(\frac{Pr}{Sc_k} - 1\right) h_k\frac{\partial Y_k}{\partial x_i}\right].$$
(2.4.13)

Die Lewis Zahl $Le_k = \frac{Sc_k}{Pr}$ beschreibt die Analogie zwischen Wärme- und Stofftransport. In Verbrennungsprozessen wird diese häufig zur Vereinfachung zu Eins angenommen. Diese Annahme führt dazu, dass der zweite Term in Gleichung (2.4.13) Null ergibt. Dieser beschreibt somit die Änderung der lokalen Enthalpie aufgrund von unterschiedlichen Transportgeschwindigkeiten von an Materie gebundener Energie und Wärme.

2.5. Erhaltungsgleichung eines Skalars

Analog zu den Komponentenerhaltungsgleichungen (2.3.1) lässt sich eine Transportgleichung für einen beliebigen massenspezifischen Skalar ϕ formulieren:

$$\frac{\partial (\rho\phi)}{\partial t} + \frac{\partial (\rho u_i\phi)}{\partial x_i} = -\frac{\partial j_i^{d,\phi}}{\partial x_i} + \dot{S}_\phi$$
(2.5.1)

Der Flussterm $j_i^{d,\phi}$ lässt sich, vorausgesetzt das Ficksche Gesetz gilt für diesen Skalar, entsprechend ausdrücken durch:

$$j_i^{d,\phi} = -\frac{\mu}{Sc_\phi}\frac{\partial \phi}{\partial x_i}. \tag{2.5.2}$$

Der Term $\dot{S}_\phi$ ist die Quelle oder Senke des Skalars. Auf dieser Gleichung basieren die in Kapitel 5.3 eingeführten Transportgleichungen des Mischungsbruchs und Reaktionsfortschritts.

3. Turbulente Strömungen

Die Bewegung eines sehr viskosen oder langsam strömenden Fluids ist glatt und gleichmäßig. Diese Art der Strömungsform bezeichnet man als laminare Strömung. Ist jedoch die Viskosität klein, wie dies zum Beispiel bei idealen Gasen der Fall ist, oder die Strömungsgeschwindigkeit hoch, so wird die Bewegung des Fluids ungleichmäßig, scheinbar zufällig und chaotisch, generell jedoch instationär. Diese Strömungen werden als turbulent bezeichnet. Osborne Reynolds verdeutlichte dies durch ein Experiment (siehe Abbildung 3.1(a)). Er injizierte Farbe in ein durchströmtes Glasrohr. So lange die Strömungsgeschwindigkeit niedrig war, bildete die Farbe eine gerade Linie in der Strömung, die in ihrer Lauflänge durch Diffusion blasser und breiter wurde. Ab einer bestimmten Geschwindigkeit begann der Stromfaden zu fluktuieren und unterbrochene Wirbelstrukturen aufzuweisen. Erhöhte er die Strömungsgeschwindigkeit noch weiter, schien die Farbe schon nach kurzer Weglänge sich über den gesamten Rohrradius gemischt zu haben. Dies ist ein wichtiges Merkmal turbulenter Strömungen, die Mischungsgeschwindigkeit ist im Vergleich zu laminaren Strömungen um ein Vielfaches erhöht. Aufgrund dieser Eigenschaft ist die turbulente Strömung in technischen Anwendungen die überwiegende Strömungsform. Die dimensionslose Kennzahl, welche turbulente Strömungen beschreibt, ist die nach Reynolds benannte Reynolds-Zahl [116][117]:

$$Re = \frac{ul_c}{\nu} \qquad (3.0.1)$$

Hierbei ist l_c eine charakteristische Länge. Für eine bekannte Geometrie kann eine kritische Reynolds-Zahl angegeben werden, für welche die Strömung vom laminaren in den turbulenten Zustand übergeht.

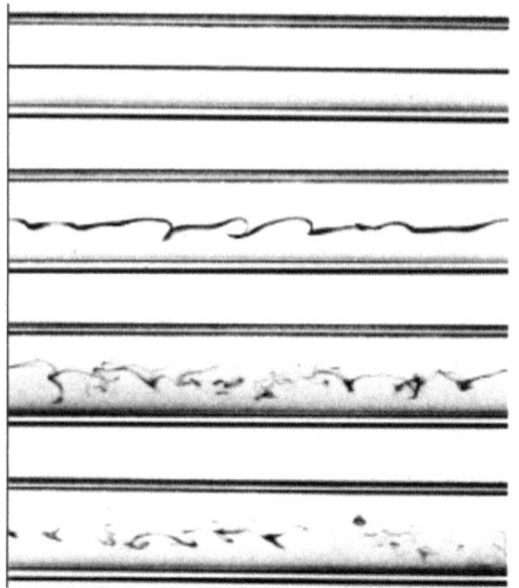

(a) Wiederholung des Reynolds'schen Versuchs zum laminaren-turbulenten Umschlag [128]

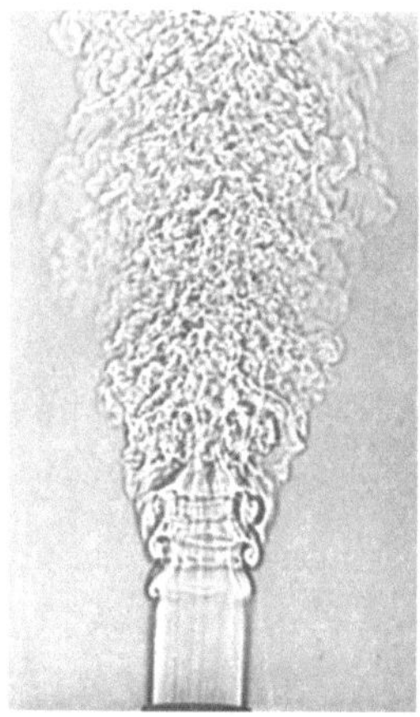

(b) Übergang laminar nach turbulent an einem Freistrahl

Abbildung 3.1.: Übergang von einer laminaren auf eine turbulente Strömung eines Freistrahls

Abbildung 3.1(b) zeigt eine Schlierenaufnahme eines Freistrahls. Es ist deutlich der Übergang von einer laminaren in eine turbulente Strömung in der Nähe des Düsenaustritts zu beobachten. In dieser Abbildung deutlich zu erkennen, ist die wirbelbehaftete Struktur einer turbulenten Strömung. Eine turbulente Strömung weist ein großes Spektrum unterschiedlicher Größenskalen an wirbelähnlichen Strukturen auf [118]. Dies führt zur Theorie der Turbulenzkaskade. Die großen Wirbelstrukturen tragen den großen Teil der turbulenten, kinetischen Energie. Diese Energie wird in der Turbulenzkaskade [65] über den Intertial- bzw. Trägheitsbereich hinweg durch Wirbelfadenstreckung zu den kleineren Wirbelstrukturen transportiert. Aufgrund der Drehimpulserhaltung nimmt in Richtung der kleineren Strukturen die Drehgeschwindigkeit der Wirbel zu. Hierdurch steigt der Geschwindigkeitsgradient und die Viskositätskräfte nehmen zu. Bedingt durch die steigenden Reibungskräfte dissipiert die Energie in den kleinen Skalen in innere thermische Energie des Fluids. Diese unterschiedlichen Größenskalen und deren Trennung in energietragende und dissipierende Regime, ist die Grundlage für die LES (Large Eddy Simulation) Modelle zur Beschreibung turbulenter Systeme, wie sie unter anderen Anwendung in dieser Arbeit finden.

3.1. Reynolds-Mittlung

Die in Kapitel 2.4 formulierten Erhaltungsgleichungen gelten für laminare wie für turbulente Strömungen gleichermaßen. Für das Verhältnis der kleinsten Skalen, den Kolmogorov-Mikromaßen l_η zu den Makromaßen l_t gilt jedoch [4]:

$$\frac{l_\eta}{l_t} \propto Re^{-\frac{3}{4}} \tag{3.1.1}$$

Da mit steigender Reynolds-Zahl die kleinen Skalen stetig kleiner werden, während die großen Skalen nur von der Geometrie abhängen, steigt der numerische Aufwand mit der zur Auflösung der kleinsten Skalen notwendigen räumlichen- und zeitlichen Auflösung mit der Reynolds-Zahl fortwährend an. Da in technischen Verbrennungssystemen meist Reynolds-Zahlen weit oberhalb der kritischen Reynolds-Zahl vorliegen, ist es selbst mit modernsten Großrechnern nicht möglich, technisch relevante Systeme, wie beispielsweise die Brennkammer eines Flugstrahltriebwerks, direkt zu simulieren. Eine Variante zur Reduzierung des Rechenaufwands ist es, die turbulente Strömung statistisch durch ihre Mittelwerte und deren Schwankungsgrößen zu beschreiben. Zumeist sind die statistischen Größen hinreichend zur Bewertung eines technischen Systems. Die Bildung der statistischen Größen beruht auf Mittlungs- bzw. Filterungsoperationen. Zunächst lässt sich eine fluktuierende turbulente Größe wie folgt zerlegen:

$$\phi = \overline{\phi} + \phi' \qquad \overline{\phi'} = 0. \tag{3.1.2}$$

Führt man diese Zerlegung in die Erhaltungsgleichungen ein und mittelt diese zeitlich, so erhält man die Reynolds-gemittelten Gleichungen. Angewandt auf die Impulserhaltungsgleichung, auch Navier-Stokes-Gleichung, liefert diese mathematische Operation die Reynolds-gemittelten Navier-Stokes-Gleichung. Dies führt zur Namensgebung der auf diesem Vorgehen basierenden Turbulenzmodellen, den RANS (Reynolds Averaged Navier Stoke) Modellen. Für im zeitlichen Mittel stationäre Strömungen erfolgt die Mittlung durch:

$$\bar{\phi}(x) = \lim_{\Delta t \to \infty} \left(\frac{1}{\Delta t} \int_0^{\Delta t} \phi(x,t) dt \right). \tag{3.1.3}$$

Ist die Strömung auch im Mittel instationär, wie dies der Fall ist für Strömungen die kohärente Strukturen aufweisen, erfolgt die Mittlung anhand einer Ensemble-Mittlung:

$$\bar{\phi}(x,t) = \lim_{N \to \infty} \left(\frac{1}{N} \sum_n^N \phi(x,t) \right). \tag{3.1.4}$$

Für instationäre RANS-Rechnungen gilt, dass die charakteristischen Zeitmaße der Turbulenz und der instationären, mittleren Strömung ausreichend weit auseinander liegen müssen, um einen laufenden Ensemble-Mittelwert zu erreichen. Dies bedeutet, dass die Mittlung jeweils nur über die turbulenten Zeitmaße erfolgt, während die größeren Zeitmaße der

Strömung aufgelöst werden. Der Unterschied in der mathematischen Formulierung instationärer zu den in Kapitel 3.6 vorgestellten stationären Turbulenzmodellen ist nur formal. Die instationären RANS-Gleichungen werden häufig auch als URANS (Unsteady Reynolds Averaged Navier Stokes) bezeichnet.

Eine ausführliche Übersicht über diese Modelle findet sich in [140]. Die Anwendung der Reynolds-Mittlung auf die Navier-Stokes-Gleichung führt jedoch zu Korrelationen der Komponenten der Geschwindigkeitsfluktuation, welche zu weiteren Unbekannten im Gleichungssystem führen und diese somit nicht mehr geschlossen sind. Dies ist das sogenannte Schließungsproblem. Dies führt zur Notwendigkeit von Turbulenzmodellen, worauf in Kapitel 3.6 noch näher eingegangen wird.

3.2. Favre-Mittlung

Eine weitere bevorzugt in der Verbrennungsmodellierung angewandte Mittlung ist die Favre-Mittlung. Sie umgeht das Problem weiterer Korrelationen zwischen Dichteschwankungen und anderen fluktuierenden Strömungsgrößen für den Fall, dass die Dichteschwankungen aufgrund hoher Dichtegradienten nicht mehr vernachlässigbar sind. Dieses Problem wird durch eine Wichtung des Mittelwerts mit der Dichte umgangen. Der so erhaltene Mittelwert ist definiert durch [24]:

$$\widetilde{\phi} = \frac{\overline{\rho\phi}}{\overline{\rho}}. \tag{3.2.1}$$

Die Zerlegung des Momentanwerts in Mittelwert und Schwankungswert erfolgt analog zur Reynolds-Mittlung:

$$\phi = \widetilde{\phi} + \phi^{''} \qquad \widetilde{\phi^{''}} = 0. \tag{3.2.2}$$

Die Favre-Mittlung stellt eine Verlagerung des Problems der Dichteschwankungsterme dar. Es lässt sich leicht zeigen, dass folgender Zusammenhang zwischen Reynolds-Mittel und Favre-Mittel gilt:

$$\tilde{\phi} = \overline{\phi} + \frac{\overline{\rho' \phi'}}{\overline{\rho}} \tag{3.2.3}$$

Um somit Favre-gemittelte Größen aus numerischen Simulationen zu Vergleichen, muss die Korrelation $\frac{\overline{\rho' \phi'}}{\overline{\rho}}$ messtechnisch erfasst werden. Ist die Korrelation aus Dichteschwankung und Schwankung des zu vergleichenden Skalars jedoch messtechnisch zugänglich, so kann mit Hilfe von Gleichung (3.2.3) die Favre-gemittelte Größe bestimmt und mit dem simulierten Wert verglichen werden. Aufgrund der Vorteile des Favre-Mittels in der Simulation, wurden diese in dieser Arbeit verwendet. Die in Kapitel 3.4 vorgestellten Favre-gemittelten Gleichungen sind mit den Reynolds-gemittelten Gleichungen identisch, wenn in der Reynolds-Mittlung die Dichtefluktuationen vernachlässigt werden. Der Unterschied ist erneut rein formal. Häufig, teilweise auch in dieser Arbeit, werden Favre-gemittelte Größen mit Reynolds-gemittelten Messwerten verglichen. Infolge der messtechnisch nur schwer bestimmbaren Dichtekorrelationen und fehlenden Modellen der Dichtekorrelationen in der Simulation ist ein Vergleich größtenteils nur so möglich. Eine Diskussion dieser Themenstellung findet sich in [5].

3.3. Favre-Filterung

Neben einer Mittlung kann auch eine Filteroperation auf die Navier-Stokes-Gleichung angewandt werden. Durch diese Filterung kann eine Skalentrennung der turbulenten Fluktuationen erfolgen. Hierdurch werden die Variablen in einen aufgelösten (grid scale) und nicht aufgelösten Anteil (sub-grid scale) gefiltert. Gleichung 3.3.1 zeigt die Aufspaltung über eine Favre-Filterung. Auch hier wird wie zuvor in den Favre-Mittlung mit der Dichte gewichtet:

$$\phi = \widetilde{\phi} + \phi''_{sgs}.$$ (3.3.1)

Im Unterschied zu Gleichung 3.2.2 ist $\widetilde{\phi}$ nicht der Favre-gemittelte sondern der Favre-gefilterte Wert, d.h. der durch die Filteroperation aufgelöste Wert. Der Anteil ϕ''_{sgs} ist der nicht aufgelöste Anteil der Fluktuation des Skalars. Dieser wird häufig als sub-grid Fluktuation bezeichnet. Der gegenwärtig häufigste Ansatz ist die räumliche Filteroperation [71]. Hierbei dient das Gitter als Filteroperation. Eine Übersicht an verschiedenen Filteroperationen kann [32] entnommen werden. Für die nicht aufgelösten Terme werden auch hier Modelle benötigt.

3.4. Gemittelte Erhaltungsgleichungen

Wendet man die in Kapitel 3.2 vorgestellte Favre-Mittlung auf die in Kapitel 2 eingeführten Erhaltungsgleichungen an, so erhält man diese in folgender Form:

Massenerhaltung

$$\frac{\partial \overline{\rho}}{\partial t} + \frac{\partial \left(\overline{\rho} \widetilde{u_i} \right)}{\partial x_i} = 0$$ (3.4.1)

Impulserhaltung

$$\frac{\partial \left(\overline{\rho} \widetilde{u_i} \right)}{\partial t} + \frac{\partial \left(\overline{\rho} \widetilde{u_i} \widetilde{u_j} \right)}{\partial x_i} = \frac{\partial \overline{p}}{\partial x_j} + \frac{\partial \overline{\Pi}_{ij}}{\partial x_i} - \frac{\partial \left(\overline{\rho \widetilde{u_i'' u_j''}} \right)}{\partial x_i} + \overline{f}_i$$ (3.4.2)

Komponentenerhaltung

$$\frac{\partial \left(\bar{\rho}\tilde{Y}_k\right)}{\partial t} + \frac{\partial \left(\bar{\rho}\tilde{u}_i\tilde{Y}_k\right)}{\partial x_i} = -\frac{\partial \overline{j_i^{d,k}}}{\partial x_i} - \frac{\partial \left(\overline{\bar{\rho}u_i''Y_k''}\right)}{\partial x_i} + \bar{\omega}_k \qquad k = 1\ldots N_k \tag{3.4.3}$$

Energieerhaltungsgleichung

$$\frac{\partial \left(\bar{\rho}\tilde{h}\right)}{\partial t} + \frac{\partial \left(\bar{\rho}\tilde{u}_i\tilde{h}\right)}{\partial x_i} = \frac{D\bar{p}}{Dt} - \frac{\partial \overline{j_i^q}}{\partial x_i} + \overline{\Pi_{ij}\frac{\partial u_i}{\partial x_j}} - \frac{\partial \left(\overline{\bar{\rho}u_i''h''}\right)}{\partial x_i} \tag{3.4.4}$$

Skalare Erhaltungsgleichung

$$\frac{\partial \left(\bar{\rho}\tilde{\phi}\right)}{\partial t} + \frac{\partial \left(\bar{\rho}\tilde{u}_i\tilde{\phi}\right)}{\partial x_i} = -\frac{\partial \overline{j_i^{d,\phi}}}{\partial x_i} - \frac{\partial \left(\overline{\bar{\rho}u_i''\phi''}\right)}{\partial x_i} + \bar{\tilde{S}}_\phi \tag{3.4.5}$$

In Gleichung 3.4.4 gilt die Definition der Enthalpie nach Gleichung 2.4.6. Für die zeitliche totale Ableitung des Drucks gilt:

$$\frac{D\bar{p}}{Dt} = \frac{\partial \bar{p}}{\partial t} + \overline{u_i\frac{\partial p}{\partial t}}. \tag{3.4.6}$$

Im Vergleich zu den laminaren Erhaltungsgleichungen aus Kapitel 2 unterscheiden sich die gemittelten Gleichungen im wesentlichen durch ihre Korrelationsterme $\widetilde{u_i''u_j''}$, $\widetilde{u_i''Y_k''}$, $\widetilde{u_i''h''}$ und $\widetilde{u_i''\phi''}$. Wie schon zuvor angedeutet, sind diese Terme nicht geschlossen und es bedarf einer Modellierung dieser. Die Terme $\widetilde{u_i''Y_k''}$, $\widetilde{u_i''\phi''}$ und $\widetilde{u_i''h''}$ werden als Reynolds-Fluss-Terme bezeichnet, da sie in ihren Einheiten und ihrem Wirkungsprinzip einer Stoff- $j_i^{d,k}$ und Wärmestromdichte j_i^q entsprechen. Analog hierzu wird der Tensor $\widetilde{u_i''u_j''}$, in Bezug auf den laminaren Spannungstensor Π_{ij}, als

Reynolds-Spannungs-Tensor bezeichnet. Die Modellierung dieser Terme wird in Kapitel 3.6 besprochen.

3.5. Gefilterte Erhaltungsgleichungen

Wendet man die Filteroperationen auf die Erhaltungsgleichungen an, so erhält man die gefilterten Transportgleichungen. Im Gegensatz zur Favre-Mittlung erfolgt durch die Filterung keine Mittlung zur statistischen Beschreibung der Navier-Stokes-Gleichungen über Mittelwerte, sondern es wird eine Skalentrennung durchgeführt. Hierdurch werden die Variablen in einen aufgelösten (grid scale) und nicht-aufgelösten Anteil (sub-grid scale) aufgespalten. Gleichung 3.3.1 zeigt die Aufspaltung über eine Favre-Filterung. Die gefilterten Erhaltungsgleichungen lauten:

Massenerhaltung

$$\frac{\partial \overline{\rho}}{\partial t} + \frac{\partial \left(\overline{\rho} \widetilde{u}_i \right)}{\partial x_i} \tag{3.5.1}$$

Impulserhaltung

$$\frac{\partial \left(\rho \widetilde{u}_i \right)}{\partial t} + \frac{\partial \left(\overline{\rho} \widetilde{u}_i \widetilde{u}_j \right)}{\partial x_i} = \frac{\partial p}{\partial x_j} + \frac{\partial \overline{\Pi}_{ij}}{\partial x_i} - \frac{\partial \left(\overline{\rho \widetilde{\Pi}_{ij\,sgs}} \right)}{\partial x_i} + \overline{f}_i \tag{3.5.2}$$

Komponentenerhaltung

$$\frac{\partial \left(\overline{\rho} \widetilde{Y}_k \right)}{\partial t} + \frac{\partial \left(\overline{\rho} \widetilde{u}_i \widetilde{Y}_k \right)}{\partial x_i} = -\frac{\partial \overline{j}_i^{d,k}}{\partial x_i} - \frac{\partial \left(\overline{\rho \widetilde{u_i'' Y_k''}}_{sgs} \right)}{\partial x_i} + \overline{\dot{\omega}}_k \qquad k = 1 \ldots N_k \tag{3.5.3}$$

Energieerhaltungsgleichung

$$\frac{\partial \left(\bar{\rho}\tilde{h} \right)}{\partial t} + \frac{\partial \left(\bar{\rho}\tilde{u}_i\tilde{h} \right)}{\partial x_i} = \frac{D\bar{p}}{Dt} - \frac{\partial \overline{j_i^q}}{\partial x_i} + \overline{\Pi_{ij}\frac{\partial u_i}{\partial x_j}} - \frac{\partial \left(\bar{\rho}\widetilde{u_i''h''}_{sgs} \right)}{\partial x_i} \qquad (3.5.4)$$

Skalare Erhaltungsgleichung

$$\frac{\partial \left(\bar{\rho}\tilde{\phi} \right)}{\partial t} + \frac{\partial \left(\bar{\rho}\tilde{u}_i\tilde{\phi} \right)}{\partial x_i} = -\frac{\partial \overline{j_i^{d,k}}}{\partial x_i} - \frac{\partial \left(\bar{\rho}\widetilde{u_i''\phi''}_{sgs} \right)}{\partial x_i} + \bar{\tilde{S}}_\phi \qquad (3.5.5)$$

Die Terme $\widetilde{\Pi}_{ij_{sgs}}$, $\widetilde{u_i''Y_k''}_{sgs}$, $\widetilde{u_i''h''}_{sgs}$ und $\widetilde{u_i''\phi''}_{sgs}$ sind die nicht aufgelösten Terme. Für sie gelten die folgenden Beziehungen:

$$\widetilde{\Pi}_{ij_{sgs}} = \widetilde{u_i u_j} - \tilde{u}_i\tilde{u}_j \qquad (3.5.6)$$

$$\widetilde{u_i''Y_k''}_{sgs} = \widetilde{u_i Y_k} - \tilde{u}_i\tilde{Y}_k \qquad (3.5.7)$$

$$\widetilde{u_i''h''}_{sgs} = \widetilde{u_i h} - \tilde{u}_i\tilde{h} \qquad (3.5.8)$$

$$\widetilde{u_i''\phi''}_{sgs} = \widetilde{u_i\phi} - \tilde{u}_i\tilde{\phi}. \qquad (3.5.9)$$

Sie beschreiben den Einfluss der kleinskaligen Turbulenz und benötigen wie zuvor die Reynolds-Spannungen und Reynolds-Flüsse eines Modells zur Schließung dieser Terme.

3.6. Turbulenzmodelle

Zur Schließung der Korrelationsterme bedarf es physikalischer Modelle, den sogenannten Turbulenzmodellen. Sie werden meist in drei unterschiedliche Klassen eingeteilt. Die **RANS**-Modelle lösen die Reynolds-gemittelten Gleichungen. Die Reynoldsspannungen müssen hierfür vollständig modelliert werden. Sie haben daher den höchsten Grad an

Modellierung. Da jedoch nur die mittlere Strömung durch das Rechengitter aufgelöst werden muss, haben Sie den geringsten numerischen Aufwand. Die zweite Klasse ist die in den letzten Jahren immer populärer werdende Großskalensimulation, die **LES** Simulation. Die LES löst die für die makroskopischen Transportprozesse relevanten großskaligen Wirbel direkt auf, während die kleinskaligen, dissipativen Wirbel weiterhin modelliert werden. Hierdurch beschränkt sich der Grad an Modellierung auf die kleinskaligen Wirbel. Man spricht hierbei häufig vom Sub-Grid-Scale, da diese Strukturen nicht mehr durch das Gitter aufgelöst werden. Dabei steigen jedoch die numerischen Kosten der LES-Simulation an, da das Gitter im Vergleich zur RANS-Simulation die großskaligen Wirbel auflösen muss. Die dritte Klasse ist die **DNS** (Direkte Numerische Simulation). Die DNS basiert auf der vollständigen Lösung der in Kapitel 2 beschriebenen Erhaltungsgleichungen. Sie verwendet keinen Modellansatz, muss hierfür jedoch sämtliche Zeit- und Größenskalen auflösen. Insbesondere in Zusammenhang mit Verbrennungssimulationen muss neben den turbulenten Skalen auch die Flammenfront aufgelöst werden. Für eine nicht reagierende Strömung wird eine Reynolds-Zahl-Abhängigkeit der Gittergröße von $\propto Re^{\frac{9}{5}}$ angegeben. Dies macht die DNS bis heute zu einem rein akademischen Modell. Die technische Anwendung von DNS für praktisch relevante Strömungen ist mit den heutigen Rechensystemen nicht möglich. Sie dient jedoch erfolgreich der Erforschung der Interaktion von Turbulenz und Reaktion wie beispielsweise dem Wiederzündverhalten [127].

3.6.1. Wirbelviskositätsmodelle

Die Wirbelviskositätsmodelle sind die am häufigsten angewandten Modelle. Die Wirbelviskositätsmodelle beschreiben den Reynolds'schen Spannungstensor $\widetilde{u_i'' u_j''}$ nach der Hypothese von Boussinesq [8]. Hierbei werden die Reynolds-Spannungen in Analogie zu den laminaren Spannungen behandelt. Die turbulenten Spannungen sind hiernach proportional zu den mittleren Geschwindigkeitsgradienten:

$$\overline{\rho u_i'' u_j''} = -\mu_t \left(2\widetilde{S_{ij}} + \frac{2}{3}\delta_{ij}\frac{\partial \overline{u_k}}{\partial x_k} \right) + \frac{2}{3}\delta_{ij}\overline{\rho}k \tag{3.6.1}$$

Der letzte Term $\frac{2}{3}\delta_{ij}\overline{\rho}k$ entspricht einem Druckterm, er wird häufig in der Modellierung dem statischen Druck aufaddiert und nicht direkt gelöst. Er ist jedoch in der Regel gegenüber dem statischen Druck vernachlässigbar. k ist die turbulente kinetische Energie.
Sie ist definiert als

$$k = \frac{1}{2} \left(\widetilde{u_i'' u_i''} \right) \tag{3.6.2}$$

und entspricht der in den turbulenten Schwankungsgeschwindigkeiten enthaltenen Energie. Der Proportionalitätsfaktor μ_t ist die turbulente Viskosität oder auch Wirbelviskosität mit Bezug auf die Wirbelstruktur turbulenter Strömungen. Im Gegensatz zur laminaren Viskosität ist die turbulente Viskosität keine Stoffgröße, sondern hängt von der lokalen Turbulenz ab. Sie variiert damit stark im Strömungsfeld. Da sie vom Strömungszustand abhängig ist, verhält sich ein mittleres, turbulentes Strömungsfeld somit streng genommen nicht wie ein Newtonsches Fluid. Die turbulente Viskosität ist weiterhin eine skalare und somit isotrope Feldgröße, das heißt sie wirkt in alle Raumrichtungen gleich. Im Umkehrschluss wird somit eine isotrope Turbulenz vorausgesetzt, dies ist eine der wesentlichsten Vereinfachungen der Wirbelviskositätsmodelle. Dieser Einfluss wird insbesondere im Zusammenhang mit der turbulenten Mischung in dieser Arbeit noch diskutiert. Die Boussinesq-Annahme bedeutet somit eine Verlagerung des Schließungsproblems auf die Modellierung der Wirbelviskosität. Hierzu gibt es Null-, Ein-, Zwei- und auch Dreigleichungsmodelle, die nach der Anzahl an weiteren Gleichungen benannt werden, über welche die Wirbelviskosität bestimmt wird.

Hier werden im Rahmen der RANS-Modelle lediglich Zweigleichungsmodelle dargestellt. Im Kontext der Großskalensimulationen werden
nur algebraische Nullgleichungsmodelle verwendet. Entsprechend zur
Modellierung der Reynoldsspannungen kann die Boussinesq-Annahme
auch auf den Transport von Masse und Energie angewandt werden.
Es wird erneut die Analogie zwischen laminarem und turbulentem
Transport betrachtet, um die folgenden Beziehungen herzuleiten:

$$\widetilde{\overline{\rho} u_i'' Y_k''} = -\frac{\mu_t}{Sc_t}\frac{\partial \overline{Y_k}}{\partial x_i} \tag{3.6.3}$$

$$\widetilde{\overline{\rho} u_i'' h''} = -\frac{\mu_t}{Pr_t}\frac{\partial \overline{h}}{\partial x_i} \tag{3.6.4}$$

$$\widetilde{\overline{\rho} u_i'' \phi''} = -\frac{\mu_t}{Sc_t}\frac{\partial \overline{\phi}}{\partial x_i} \tag{3.6.5}$$

In den Gleichungen (3.6.3), (3.6.4) und (3.6.5) sind Sc_t und Pr_t die dimensionslosen Kennzahlen für die Analogie zwischen turbulentem Impuls-
und Wärme- bzw. Stofftransport. Die turbulente Lewis-Zahl ist wiederum das Verhältnis zwischen Wärme und Stofftransport und wird als
Eins angenommen:

$$Le_t = \frac{Sc_t}{Pr_t} \tag{3.6.6}$$

Untersuchungen zur Größenordnung des skalaren, turbulenten Trans-
ports wurden meist zur turbulenten Prandtl-Zahl durchgeführt, da
diese messtechnisch einfacher zu bestimmen ist. Für eine turbulente
Rohrströmung wird ein Wert von $0,85$ empfohlen [58]. Eine turbulente
Prandtl-Zahl von Eins entspricht der Reynolds-Analogie. Werte in der
Literatur variieren zwischen $0,5$ und 1 [6]. Die turbulente Prandtl- und
Schmidt-Zahl wird in der Modellierung turbulenter Transportprozes-
se als orts- und richtungsunabhängig angenommen. Sie ist für eine
Geometrie konstant. Diese Annahmen sind, wie in dieser Arbeit noch
besprochen wird, nicht immer gerechtfertigt.

3.6.2. RANS-Modelle

An dieser Stelle sollen nur die in dieser Arbeit verwendeten Zweiglei-chungsmodelle kurz in ihrer Standardimplementierung beschrieben werden. Zweigleichungsmodelle bestimmen häufig die turbulente Vis-kosität aus je einer Gleichung für das turbulente Geschwindigkeitsmaß u_t und einer Gleichung für das turbulente Längenmaß l_t. Basierend auf einer Dimensionsanalyse lässt sich dann die Wirbelviskosität ausdrücken durch:

$$\mu_t \propto \overline{\rho} \cdot l_t \cdot u_t. \tag{3.6.7}$$

Als turbulentes Geschwindigkeitsmaß kann die turbulente, kinetische Energie verwendet werden. Es gilt dann:

$$u_t = \sqrt{\frac{2}{3}k}. \tag{3.6.8}$$

Mit der isotropen, turbulenten Dissipationsrate ϵ

$$\epsilon = \frac{\mu}{\overline{\rho}} \left(\widetilde{\frac{\partial u_i''}{\partial x_j} \frac{\partial u_i''}{\partial x_j}} \right) \tag{3.6.9}$$

kann ein turbulentes Längenmaß durch den folgenden Ausdruck be-schrieben werden

$$l_t = C_\mu \frac{k^{\frac{3}{2}}}{\epsilon}. \tag{3.6.10}$$

Aus den Gleichungen (3.6.8) und (3.6.10) ergibt sich mit Gleichung (3.6.7) die gesuchte Wirbelviskosität.

$$\mu_t = \overline{\rho} C_\mu \frac{k^2}{\epsilon}. \tag{3.6.11}$$

Die Konstante C_μ ist eine Proportionalitätskonstante. Der in der Literatur meist verbreitete Wert ist $C_\mu = 0,09$. Für einfache Strömungsfälle kann k und ϵ gemessen und daraus μ_t bestimmt werden.

In ausreichender Entfernung der Wand, kann dann gezeigt werden, dass folgender Ausdruck gilt [107]:

$$\frac{\mu_t \epsilon}{\overline{\rho} k^2} = C_\mu = 0,09.$$ (3.6.12)

Zur Bestimmung des Geschwindigkeits- und Längenmaß werden in den Zweigleichungsmodellen Transportgleichungen zweier turbulenter Größen gelöst. Das im nächsten Paragraph beschriebene k-ϵ-Modell verwendet die bereits eingeführten Größen der turbulenten kinetischen Energie und der turbulenten Dissipationsrate.

3.6.2.1. k-ϵ-**Modell**

Das Standard-k-ϵ-Modell ist das wohl am weitesten verbreitete Zweigleichungsmodell. Es ist in nahezu jedem CFD-Programm implementiert und findet schon seit Jahren breite Anwendung in der Industrie. Die Entwicklung des k-ϵ-Modell geht zurück auf Jones und Launder [56]. Das heutzutage am stärksten verwendete k-ϵ-Modell, das Standard-k-ϵ-Modell, wird Launder und Sharma zugeschrieben [68], die vor allem verbesserte Modellkonstanten vorschlugen. Frühere Beiträge kamen nach Pope insbesondere von [16], [42] und [41]. Das k-ϵ-Modell löst zusätzlich zu den allgemeinen Erhaltungsgleichungen die folgenden Gleichungen für die Turbulenz:

k-**Gleichung**

$$\frac{\partial\left(\overline{\rho} k\right)}{\partial t} + \frac{\partial\left(\overline{\rho}\widetilde{u}_i k\right)}{\partial x_i} = \frac{\partial}{\partial x_i}\left[\frac{\mu_t}{Pr_k}\left(\frac{\partial k}{\partial x_i}\right)\right] + \mathcal{P}_k - \overline{\rho}\epsilon$$ (3.6.13)

ϵ-**Gleichung**

$$\frac{\partial\left(\overline{\rho}\epsilon\right)}{\partial t} + \frac{\partial\left(\overline{\rho}\widetilde{u}_i\epsilon\right)}{\partial x_i} = \frac{\partial}{\partial x_i}\left[\frac{\mu_t}{Pr_\epsilon}\left(\frac{\partial\epsilon}{\partial x_i}\right)\right] + C_{\epsilon 1}\mathcal{P}_k\frac{\epsilon}{k} - \overline{\rho}C_{\epsilon 2}\frac{\epsilon^2}{k}$$ (3.6.14)

$C_\mu[-]$	$C_{\epsilon 1}[-]$	$C_{\epsilon 2}[-]$	$Pr_k[-]$	$Pr_\epsilon[-]$
0.09	1.44	1.92	1.0	1.3

Tabelle 3.1.: Koeffizienten des k-ϵ-Modells [68]

Der Term $\mathcal{P}_k$ ist der Produktionsterm der turbulenten kinetischen Energie. Für ihn gilt

$$\mathcal{P}_k = -\overline{\widetilde{\rho u_i'' u_j''}} \frac{\partial \tilde{u}_i}{\partial x_j}. \tag{3.6.15}$$

mit dem Reynolds-Spannungs-Tensor nach Gleichung 3.6.1. Während die Gleichung zur Beschreibung der turbulenten kinetischen Energie direkt herleitbar ist aus den Transportgleichungen der turbulenten Fluktuationsgeschwindigkeit, ist die Transportgleichung für die turbulente Dissipationsrate in ihrer obigen Form als rein empirisch anzusehen [107].

Die von Launder und Sharma bestimmten Standardkoeffizienten sind in Tabelle 3.1 abgebildet. Die Koeffizienten wurden an Messungen einfacher, turbulenter Strömungen so angepasst, dass sie möglichst allgemeingültig sind. Dennoch werden diese Konstanten häufig zur besseren Beschreibung bestimmter Systeme modifiziert. Eine der bekanntesten Modifizierungen ist die Freistrahlkorrektur nach Pope [106].

Für die benötigte Schließung der Navier-Stokes-Gleichung kann aus der Lösung der k- und ϵ-Gleichungen mittels der Gleichung (3.6.11) die Wirbelviskosität berechnet werden und daraus über Gleichung 3.6.1 die Reynolds-Spannungen ermittelt werden.

3.6.2.2. k-ω-Modell

Ein weiteres verbreitetes Zweigleichungsmodell ist das von Wilcox [140] entwickelte k-ω-Modell, welches die turbulente Wirbelstärke ω zur Bestimmung des charakteristischen Zeitmaßes einführt.

$C_\mu[-]$	$\gamma[-]$	$\beta[-]$	$Pr_k[-]$	$Pr_\omega[-]$
0.09	$\frac{5}{9}$	$\frac{3}{40}$	2	2

Tabelle 3.2.: Koeffizienten des k-ω-Modells [140]

Sie ist das inverse Zeitmaß der energietragenden Wirbel und ist definiert über:

$$\omega_t = \frac{1}{C_\mu}\frac{\epsilon}{k} \tag{3.6.16}$$

Entsprechend wird zusätzlich zur Transportgleichung der turbulenten, kinetischen Energie eine Transportgleichung für die turbulente Wirbelstärke gelöst. Durch Transformation von ϵ nach ω anhand von Gleichung (3.6.16) erhält man die folgenden Gleichungen:

k-Gleichung

$$\frac{\partial\left(\bar{\rho}k\right)}{\partial t} + \frac{\partial\left(\bar{\rho}\widetilde{u}_i k\right)}{\partial x_i} = \frac{\partial}{\partial x_i}\left[\frac{\mu_t}{Pr_k}\left(\frac{\partial k}{\partial x_i}\right)\right] + \mathcal{P}_k - C_\mu\bar{\rho}k\omega \tag{3.6.17}$$

ω-Gleichung

$$\frac{\partial\left(\bar{\rho}\omega\right)}{\partial t} + \frac{\partial\left(\bar{\rho}\widetilde{u}_i\omega\right)}{\partial x_i} = \frac{\partial}{\partial x_i}\left[\frac{\mu_t}{Pr_\omega}\left(\frac{\partial\omega}{\partial x_i}\right)\right] + \gamma\mathcal{P}_k\frac{\omega}{k} - \beta\bar{\rho}\omega^2 \tag{3.6.18}$$

Mit den in Tabelle 3.2 angegebenen Koeffizienten. Für die Wirbelviskosität gilt dann:

$$\mu_t = \bar{\rho}\frac{k}{\omega} \tag{3.6.19}$$

Ein Vorteil des k-ω-Modells ist es, dass es über die Beziehung

$$l_t = \frac{k^{\frac{1}{2}}}{\omega} \tag{3.6.20}$$

das turbulente Längenmaß in Wandnähe automatisch reduziert und dort bessere Ergebnisse liefert. Die oben beschriebene Form des k-ω-Modells entspricht der von Wilcox 1988 publizierten Form [139]. Bis heute wurden weitere Modifikationen von Wilcox publiziert, die Nachteile des

k-ω-Modells hauptsächlich einer Überproduktion von ω im wanfernen Bereich verbessern sollen [141].

Wie bereits erwähnt bietet das von Wilcox vorgeschlagene k-ω-Modelle Vorteil im wandnahen Bereich. Im wandfernen Bereich liefert das k-ϵ im Vergleich zum 1988 von Wilcox vorgeschlagenem Modell jedoch die besseren Ergebnisse. Dies motivierte Menter 1994 zur Entwicklung des sogenannten SST-(Shear Stress Transport)-Modells, welches die Vorteile beider Modelle vereinigen soll.

3.6.2.3. SST-Modell

Das SST-Modell nach Menter [87] löst die folgenden beiden Transportgleichungen zur Bestimmung der Wirbelviskosität:

k-Gleichung

$$\frac{\partial (\overline{\rho} k)}{\partial t} + \frac{\partial (\overline{\rho} \widetilde{u}_i k)}{\partial x_i} = \frac{\partial}{\partial x_i} \left[\frac{\mu_t}{Pr_k} \left(\frac{\partial k}{\partial x_i} \right) \right] + \mathcal{P}_k - C_\mu \overline{\rho} k \omega \qquad (3.6.21)$$

ω-Gleichung

$$\frac{\partial (\overline{\rho} \omega)}{\partial t} + \frac{\partial (\overline{\rho} \widetilde{u}_i \omega)}{\partial x_i} = \qquad (3.6.22)$$

$$\frac{\partial}{\partial x_i} \left[\frac{\mu_t}{Pr_\omega} \left(\frac{\partial \omega}{\partial x_i} \right) \right] + \gamma \mathcal{P}_k \frac{\omega}{k} - \beta \overline{\rho} \omega^2$$

$$+ 2 \left(1 - F_1 \right) \frac{\overline{\rho}}{Pr_{\omega_2} \omega} \frac{\partial k}{\partial x_j} \frac{\partial \omega}{\partial x_j}$$

Jede der Konstanten in den Gleichungen (3.6.21) und (3.6.22) wird über eine lineare Überlagerung aus den Konstanten des k-ϵ- und k-ω-Modells durch eine Blendfunktion bestimmt. Für die Blendfunktion gilt:

$$c = F_1 c + (1 - F_1) c \qquad (3.6.23)$$

Für den Blendparameter F_1 selbst gelten dabei die folgenden Beziehungen:

$$F_1 = \tanh\left(arg_1^4\right) \tag{3.6.24}$$

$$arg_1 = min\left[max\left(\frac{\sqrt{k}}{C_\mu \omega d}, \frac{500\mu}{d^2\omega\overline{\rho}}\right), \frac{4\overline{\rho}k}{CD_{k\omega}d^2 Pr_{\omega 2}}\right] \tag{3.6.25}$$

$$CD_{k\omega} = max\left(2\frac{\overline{\rho}}{Pr_{\omega 2}\omega}\frac{\partial k}{\partial x_j}\frac{\partial \omega}{\partial x_j}, 10^{-20}\right) \tag{3.6.26}$$

$$F_2 = \tanh\left(arg_2^2\right) \tag{3.6.27}$$

$$arg_2 = max\left(2\frac{\sqrt{k}}{C_\mu \omega d}, \frac{500\mu}{d^2\omega\overline{\rho}}\right) \tag{3.6.28}$$

Er beschreibt den Übergang vom k-ω-Modell ($F_1 = 0$) zum k-ϵ-Modell ($F_1 = 1$). Für die Wirbelviskosität aus dem SST-Modell gilt:

$$\mu_t = \frac{\overline{\rho}a_1 k}{max\left(a_1\omega, \Omega F_2\right)}. \tag{3.6.29}$$

Die Größe d ist der Abstand eines Feldpunkts zur nächsten Wand und Ω der Betrag der Wirbelstärke. Die Konstanten des SST-Modells sind in Tabelle 3.3 zusammengefasst.

$\gamma_1[-]$	$\frac{\beta_1}{C_\mu} - \frac{\kappa^2}{Pr_{\omega 1}\sqrt{C_\mu}}$	$\gamma_2[-]$	$\frac{\beta_2}{C_\mu} - \frac{\kappa^2}{Pr_{\omega 2}\sqrt{C_\mu}}$
$\beta_1[-]$	0,075	$\beta_2[-]$	0,0828
$Pr_{k1}[-]$	1,176	$Pr_{k2}[-]$	1,0
$Pr_{\omega 1}[-]$	2,0	$Pr_{\omega 2}[-]$	1,168
$k[-]$	0,41	$C_\mu[-]$	0,09
a_1	0,31		

Tabelle 3.3.: Koeffizienten des SST-Modells [87]

3.6.3. LES-Modelle

Eine der grundlegenden Ideen der LES ist es die unterschiedlichen Eigenschaften der Wirbelstrukturen in der Modellierung auszunutzen. Eine der problematischsten Annahmen der meisten RANS-Modelle ist die Isotropie und Universalität der Turbulenz. Die Turbulenz ist meist unter anderem inhomogen, anisotrop und von der Geometrie abhängig. Dies erschwert eine Modellierung, gilt jedoch hauptsächlich für die großskaligen Strukturen. Die feinskaligen Strukturen sind universell, homogen und isotrop. Löst man nun die großskaligen Wirbel direkt auf, so beschreibt man die diffusive Eigenschaft der Turbulenz, welche im Wesentlichen durch die großen Skalen beschrieben wird, direkt. Die dissipative Eigenschaft, welche durch die kleinen Skalen beschrieben wird, wird weiterhin modelliert. Aufgrund der homogenen, isotropen und universellen Eigenschaft der kleinen Skalen ist ihre Modellierung jedoch leichter zugänglich und allgemeingültiger. In [123] wird die in Tabelle 3.4 gezeigte Übersicht über die Eigenschaften der Skalen angegeben. Eine gute Einführung in die LES-Modellierung findet sich beispielsweise in [32].

In der LES-Modellierung werden die in Kapitel 3.5 eingeführten gefilterten Erhaltungsgleichungen (3.5.1) bis (3.5.1) gelöst. Hierzu wird ein Modell zur Schließung der kleinskaligen Turbulenz benötigt. Am häufigsten werden Nullgleichungsmodelle, die an den Prandtlschen Mischungswegansatz angelehnt sind, verwendet [108].

3.6.3.1. Smagorinsky-Modell

Das wohl bekannteste LES-Modell ist das Smagorinsky-Modell [124]. Es ist wie die schon behandelten Turbulenzmodelle der RANS-Gleichungen ein Wirbelviskositätsmodell.

große Skalen	kleine Skalen
geometrieabhängig	universell
von mittlerer Strömung generiert	Zerfallsprodukte großer Skalen
oft stark geordnet	ungeordnet
inhomogen, anisotrop	homogen, isotrop
energiereich	energiearm
langlebig	kurzlebig
diffusiv	dissipativ

Tabelle 3.4.: Eigenschaften der grobskaligen und feinskaligen Turbulenz, nach Schumann [123]

Für den nicht modellierten Anteil der Reynolds-Spannungen einer inkompressiblen Strömung gilt nach dem Boussinesq-Ansatz:

$$\widetilde{\Pi_{ij}}_{sgs} = -\mu_{sgs}2\widetilde{S_{ij}} + \frac{1}{3}\delta_{ij}\Pi_{kk} \qquad (3.6.30)$$

Der zweite Term entspricht einem Pseudo-Druckterm und wird in der Simulation mit dem Druck zusammengefasst. $\widetilde{S}_{ij}$ ist der aufgelöste Anteil des Deformationstensors. Für die Wirbelviskosität der kleinen Skalen μ_{sgs} gilt aus Dimensionsgründen

$$\mu_{sgs} \propto \overline{\rho} \cdot l_t \cdot u_t, \qquad (3.6.31)$$

analog zur Wirbelviskosität der RANS-Modelle aus Gleichung 3.6.7. Das turbulente Längenmaß l_t wird gleichgesetzt der Filterweite Δ, welche proportional zu den kleinsten aufgelösten Turbulenzelementen ist. Für das Geschwindigkeitsmaß u_t lässt sich folgender Ansatz wählen:

$$u_t = \Delta\|\widetilde{S}\| \qquad (3.6.32)$$

mit $\|\widetilde{S}\| = \sqrt{\widetilde{S_{ij}}\widetilde{S_{ij}}}$.

Mit den so definierten Längen- und Geschwindigkeitsmaß folgt für die Wirbelviskosität

$$\mu_{sgs} = \overline{\rho}\,(C_S\Delta)^2\,\|\widetilde{S}\| \tag{3.6.33}$$

und hieraus für die nicht aufgelösten Spannungen

$$\widetilde{\Pi_{ij}}_{sgs} = -2\,(C_S\Delta)^2\,\|\widetilde{S}\|\widetilde{S_{ij}}. \tag{3.6.34}$$

Die Konstante C_S ist die einzige Modellkonstante des Smagorinsky-Modell. Sie kann mit Hilfe der Theorie der isotropen Turbulenz bestimmt werden [75].

$$C_S = \frac{1}{\pi}\left(\frac{2}{3C_K}\right)^{\frac{3}{4}} \tag{3.6.35}$$

Mit $C_K = 1,5$ einem in der Literatur gebräuchlichen Wert folgt $C_S = 0,18$. Es werden in der Literatur auch andere Werte verwendet. Der Wert von $C_S = 0,18$ stimmt mit dem von Clark et al. gefundenen Wert überein [14]. Für die Filterlänge wurde in dieser Arbeit das von Deardorf vorgeschlagene kubische Wurzel des Zellvolumens des Gitters verwendet [17]

$$\Delta = \left(\Delta_x\Delta_y\Delta_z\right)^{\frac{1}{3}}. \tag{3.6.36}$$

4. Modellierung der dispersen Phase

Zur Beschreibung der dispersen Phase wurde in dieser Arbeit das Modell der diskreten Tropfen verwendet. Hierbei wird das Spray durch ein Vielzahl von numerischen Clustern abgebildet, welche jeweils wiederum aus einer großen Anzahl von Tropfen bestehen, die der Definition eines Clusters entsprechend die gleichen physikalischen Eigenschaften – Tropfengröße, Temperatur, Geschwindigkeit und andere – besitzen. Für die Cluster werden die gewöhnlichen Differentialgleichungen zur Erhaltung der Masse, Impuls und Energie jeweils für einen repräsentativen Tropfen gelöst. Im Gegensatz zur Gasphase wird zur Lösung der Differentialgleichungen nicht die Euler-Formulierung, sondern die Lagrange-Formulierung verwendet. D.h. für die Gasphase basiert die Modellierung auf dem ortsfesten Kontrollvolumen der Gitterzellen, während bei der Tropfenmodellierung das bewegende Koordinatensystem des Tropfens den Bezugspunkt darstellt. Die Kopplung zwischen kontinuierlicher und diskreter Phase erfolgt anhand von Quelltermen, die den Austausch von Impuls, Masse und Energie beschreiben. Zusätzlich zu den Erhaltungsgleichungen bedarf es noch weiterer Modelle, die Prozesse wie den Tropfenzerfall und den Einfluss der Turbulenz auf die Tropfen beschreiben. Eine Übersicht dieser Modelle findet sich z.B. in [66].

4.1. Impulserhaltung

Die verwendete Impulserhaltungsgleichung vernachlässigt virtuelle, Bassett, Magnus, Saffman sowie Gravitationskräfte, welche auf den Tropfen wirken. Nach [22] können diese Kräfte im Zusammenhang mit der Verbrennung technischer Sprays vernachlässigt werden. Dies wird im Folgenden kurz diskutiert.

Die virtuelle Massenkraft ist ein Maß für die Kraft, welche notwendig ist, um die vom Tropfen verdrängte Gasmasse zu beschleunigen. Sie ist proportional zum Dichteverhältnis der Gasphase und des Tropfens. Da die Tropfendichte ein Vielfaches größer ist als die Gasdichte, kann die virtuelle Massenkraft in guter Näherung vernachlässigt werden. Die Basset-Kraft berücksichtigt die viskosen Kräfte beim Aufbau der Grenzschicht der Strömung um den Tropfen. Auch sie kann vernachlässigt werden, wenn die Dichte des Tropfen deutlich größer ist als die Dichte der umgebenden Gasphase [130]. Für hoch turbulente Strömungen können diese jedoch wieder an Bedeutung gewinnen [22], sind aufgrund der Komplexität ihrer Modellierung [70] jedoch numerisch nur schwierig effizient zu berücksichtigen. Die Magnuskraft, welche den Einfluss der Rotationsbewegung eines Tropfens beschreibt, ist durch den fehlenden Nachweis der Rotationsbewegung eines Tropfens in einem Verbrennungsspray umstritten [66] und wird hier ebenfalls vernachlässigt. Die Saffmankräfte sind lediglich in der Nähe des Einspritzpunktes von Bedeutung und eine Größenordnung kleiner als die Widerstandskräfte [22]. Somit lautet die Impulserhaltung unter der Vernachlässigung der oben genannten Effekte:

$$m_d \frac{D\vec{u}_d}{Dt} = \frac{1}{2}\rho_g C_d A_d \|\vec{u}_g - \vec{u}_d\| \left(\vec{u}_g - \vec{u}_d\right) \qquad (4.1.1)$$

Der Vektor $\vec{u}_d$ ist der Geschwindigkeitsvektor des Tropfens, $\vec{u}_g$ der der Gasphase. ρ_g bezeichnet die Dichte der Gasphase, A_d ist die projizierte

Tropfenfläche in Richtung der Relativgeschwindigkeit $\left(\vec{u}_g - \vec{u}_d\right)$. Der Koeffizient C_d ist der zu modellierende Widerstandskoeffizient des Tropfens.

Durch die hohen Temperaturen und damit verbundenen Verdampfungsraten, sowie der Verformung der Tropfen aufgrund ihrer Relativgeschwindigkeit zur Gasphase ist die Modellierung des Widerstandskoeffizienten erschwert. Sie basiert maßgeblich auf empirischen, durch Experimente bestätigten Modellen. In dieser Arbeit wird der von Hubbard [46] vorgeschlagene und von Yuen und Chen experimentell bestätigte [142] Ansatz verwendet:

$$C_d = \frac{24}{Re_d}\left(1 + \frac{1}{6}Re_d^{\frac{2}{3}}\right) \qquad Re_d \leq 1000 \qquad (4.1.2)$$

$$C_d = 0,44 \qquad Re_d > 1000 \qquad (4.1.3)$$

Die Reynolds-Zahl Re_d ist wie folgt definiert:

$$Re_d = \frac{\rho_g \|\vec{u}_g - \vec{u}_d\| d_d}{\mu_g} \qquad (4.1.4)$$

Zu Bestimmung der Gasdichte ρ_g und ihrer Viskosität μ_g wird die Berechnung dieser anhand des 1/3-Gesetztes vorgeschlagen.

$$T = T_d + \frac{1}{3}\left(T_g - T_d\right) \qquad (4.1.5)$$

$$Y_k = Y_{d,k} + \frac{1}{3}\left(Y_{g,k} - Y_{d,k}\right) \qquad (4.1.6)$$

Die Temperatur T_d und der Massenbruch $Y_{d,k}$ sind bezogen auf den Dampf an der Tropfenoberfläche, T_g und $Y_{g,k}$ beziehen sich auf die den Tropfen umgebende Gasphase außerhalb der Grenzschicht.

4.1.1. Relaxationszeit der Impulserhaltung

Die Impulserhaltungsgleichung (4.1.1) kann in die folgende Form überführt werden:

$$\frac{D\vec{u}_d}{Dt} = \frac{1}{\tau_u}\left(\vec{u}_g - \vec{u}_d\right) \qquad (4.1.7)$$

In dieser Gleichung ist τ_d die Relaxationszeit der Impulserhaltung, welche einem Zeitmaß der Geschwindigkeitsänderung des Tropfens entspricht. Für die Relaxationszeit gilt

$$\tau_u = \frac{2m_d}{\rho_g C_d A_d \|\vec{u}_g - \vec{u}_d\|} = \frac{4\rho_d d_d}{3\rho_g C_d \|\vec{u}_g - \vec{u}_d\|}. \tag{4.1.8}$$

Da alle Tropfen eines Clusters dieselbe Geschwindigkeit besitzen, lässt sich die Erhaltungsgleichung eines Clusters einfach bestimmen zu:

$$\frac{D\vec{u}_{cl}}{Dt} = \frac{1}{\tau_u} \left(\vec{u}_g - \vec{u}_{cl} \right) \tag{4.1.9}$$

Wobei für die Geschwindigkeit des Clusters $\vec{u}_{cl}$ die Beziehung $\vec{u}_{cl} = \vec{u}_d$ gilt. Während der Simulation wird die Impulserhaltung in der in Gleichung (4.1.9) angegebenen Form gelöst.

4.1.2. Kopplung der Impulserhaltung mit der Gasphase

Die Wechselwirkung der Impulserhaltung des Tropfens mit der Gasphase erfolgt über einen zusätzlichen Quellterm zur Impulserhaltungsgleichung (2.2.1). Er ergibt sich aus der Integration der Impulsänderung aller Cluster im Kontrollvolumen.

$$S_{u,p} = - \lim_{\substack{\Delta t \to 0 \\ \Delta V \to 0}} \frac{1}{\Delta t \Delta V} \int_{\Delta V} \left(\sum_{cl=1}^{cl=N_{cl}} \int_t^{t+\Delta t} \delta \left(\vec{x} - \vec{x}_p \right) \frac{D(m_{cl} u_{cl})}{Dt} Dt \right) dV$$

$$\tag{4.1.10}$$

Dies entspricht dem Ensemble-Mittel des Impulsaustauschs an der Stelle $\vec{x}$. Die Masse m_{cl} ist die Gesamtmasse eines Clusters, die sich wie folgt berechnet:

$$m_{cl} = N_d m_d \tag{4.1.11}$$

Die Zahl N_d in obiger Gleichung ist die Anzahl an Tropfen mit gleichen Eigenschaften eines Clusters. Hier sei am Rande bemerkt, dass N_{cl} keines Falls ganzzahlig sein muss. Der Quellterm berücksichtigt die zur

Beschleunigung oder Verzögerung des Tropfens der Gasphase zu- oder abgeführte kinetische Energie. Der Quellterm wird zur Kopplung der Euler- und Lagrange-Felder als zusätzlicher Quellterm in der Navier-Stokes-Gleichung (Gleichung 2.2.1) berücksichtigt.

4.2. Massenerhaltung

Einer der elementaren Schritte der Verbrennungsmodellierung in Anwesenheit einer flüssigen Brennstoffphase ist die Überführung des Brennstoffes in die Gasphase zur Reaktion. Die Verdunstung eines Tropfens, welcher nur aus einer Komponente besteht, wird durch die folgende Differentialgleichung beschrieben:

$$\frac{Dm_d}{Dt} = -\pi d_d \Gamma_k Sh_k \rho \ln \frac{1 - Y_{k,\infty}}{1 - Y_{k,*}} \tag{4.2.1}$$

Γ_k ist die Diffusionskonstante der Flüssigkeitskomponente in der Gasphase.Die Massenbrüche $Y_{k,\infty}$ und $Y_{k,*}$ sind die Massenbrüche der Komponente in der Gasphase bzw. der Sättigungsmassenbruch an der Flüssigkeitsoberfläche. Die Sherwood-Zahl Sh_k wird gebildet mit dem Tropfendurchmesser d_d

$$Sh = \frac{\beta_k d_d}{\Gamma_k}. \tag{4.2.2}$$

Hierbei ist β_k der Stoffübergangskoeffizient an der Tropfenoberfläche. Zur Bestimmung des Stoffübergangskoeffizienten wird die Korrelation von Ranz und Marshall [112] angewandt. Die von Ranz und Marshall vorgeschlagene Korrelation für die Sherwood-Zahl ist in Zusammenhang mit Verbrennungssprays die wohl meist angewandte. Sie lautet

$$Sh = 2 + 0{,}6 Re_d^{\frac{1}{2}} Sc_k^{\frac{1}{3}}. \tag{4.2.3}$$

Thermodiffusion und der Dufour-Effekt werden vernachlässigt. Der hierdurch eingeführte Fehler wird in [23] zu maximal 10% geschätzt.

4.2.1. Relaxationszeit der Massenerhaltung

Die Relaxationszeit der Massenerhaltung lässt sich durch Umstellen von Gleichung (4.2.1) in folgende Form bringen:

$$\frac{Dm_d}{Dt} = -\frac{m_d}{\tau_m} \tag{4.2.4}$$

Aus Gleichung (4.2.1) folgt dann

$$\tau_m = \frac{m_d}{\pi d_d \Gamma_k Sh_k \rho_g \ln \frac{1-Y_{k,\infty}}{1-Y_{k,*}}} = \frac{\rho_d d_d^2}{6\Gamma_k Sh_k \rho_g \ln \frac{1-Y_{k,\infty}}{1-Y_{k,*}}}. \tag{4.2.5}$$

Das Zeitmaß τ_m ist das Zeitmaß der Verdampfung des Tropfens. Für die Massenerhaltungsgleichung eines Cluster gilt

$$\frac{Dm_{cl}}{Dt} = -\frac{m_{cl}}{\tau_m}. \tag{4.2.6}$$

Die Masse eines Clusters m_{cl} berechnet sich nach Gleichung (4.1.11).

4.2.2. Kopplung der Massenerhaltung mit der Gasphase

Der Massenbeitrag der diskreten Phase zur Gasphase bestimmt sich erneut durch ein Ensemble-Mittel aller Cluster:

$$S_{m,p} = -\lim_{\substack{\Delta t \to 0 \\ \Delta V \to 0}} \frac{1}{\Delta t \Delta V} \int_{\Delta V} \left(\sum_{cl=1}^{cl=N_{cl}} \int_t^{t+\Delta t} \delta\left(\vec{x} - \vec{x}_p\right) \frac{Dm_{cl}}{Dt} Dt \right) dV \tag{4.2.7}$$

Dieser Quellterm ist als Quellterm in der Massenerhaltungsgleichung der Gasphase (2.1.1) zu berücksichtigen und wird hier auf der rechten Seite hinzuaddiert. Somit ist die Kontinuitätsgleichung nicht mehr gleich Null, da die Euler-Phase hier nun eine Quelle besitzt. Da in dieser Arbeit nur einkomponentige Flüssigkeiten verwendet werden, ist dieser Quellterm auch gleichzeitig als zweiter Quellterm der Brennstoffkomponente in der Komponentenerhaltungsgleichungen 2.3.1 neben dem Reaktionsquellterm zu berücksichtigen.

4.3. Energieerhaltung

Während des Verdampfens des Tropfens wird dem Tropfen Wärme zugeführt. Ein Teil dieser Wärme dient dem Aufheizen des Tropfens, solange die Beharrungstemperatur noch nicht erreicht ist, ein Teil dient zum Überführen der Masse in die Gasphase und somit zum Überwinden der Verdampfungsenthalpie. Die Energieerhaltungsgleichung der diskreten Phase lautet:

$$m_d \frac{D}{Dt}\left(c_{p,l}T_d\right) = \dot{Q}_d + \frac{Dm_d}{Dt}h_v\left(T_d\right) \tag{4.3.1}$$

Der zweite Term auf der rechten Seite beschriebt den Anteil an Wärme, der zum Überwinden der Verdampfungsenthalpie $h_v\left(T_d\right)$ aufgebracht werden muss. $\frac{Dm_d}{Dt}$ ist der Verdunstungsstrom, welcher aus Gleichung (4.2.1) bestimmt wird. Für den aus der Gasphase mittels Wärmeleitung zugeführten Wärmestrom gilt:

$$\dot{Q}_d = \pi d_d \kappa Nu \phi_A\left(T_g - T_d\right) \tag{4.3.2}$$

Die Stoffgröße κ ist die Temperaturleitfähigkeit. Für sie gilt

$$\kappa = \frac{\lambda_g}{\rho_g c_{p,g}}. \tag{4.3.3}$$

Der Term ϕ_A ist die Ackermann-Korrektur. Sie berücksichtigt die Korrektur des Wärmestroms unter Berücksichtigung des Stoffstroms [122]

$$\phi_A = \frac{z}{e^z - 1} \tag{4.3.4}$$

$$z = -\frac{c_{p,g}\frac{Dm_d}{Dt}}{\pi d_d \kappa Nu}. \tag{4.3.5}$$

Für die Nusselt-Zahl ist wie schon zuvor für die Sherwood-Zahl der Ansatz von Ranz und Marshall der gebräuchlichste [112]. Die Nusselt-Zahl berechnet sich in Analogie zu Gleichung (4.2.3) durch

$$Nu = 2 + 0{,}6Re_d^{\frac{1}{2}}Pr^{\frac{1}{3}}. \tag{4.3.6}$$

4.3.1. Relaxationszeit der Energieerhaltung

Stellt man Gleichung (4.3.1) um, so erhält man erneut eine Darstellung, welche die Relaxationszeiten einführt

$$\frac{DT_d}{Dt} = \frac{\phi A}{\tau_h}\left(T_g - T_d\right) - \frac{1}{c_{p,l}\tau_m}h_v\left(T_d\right).\qquad(4.3.7)$$

Für die Relaxationszeit der Wärmezufuhr τ_h folgt aus dem Vergleich von Gleichung (4.3.1) und (4.3.7):

$$\tau_h = \frac{m_d c_{p,l}}{\pi d_d \kappa Nu} = \frac{\rho_d d_d^2 c_{p,l}}{6\kappa Nu}.\qquad(4.3.8)$$

Sie ist das Zeitmaß der Wärmezufuhr aus der Gasphase. Die Relaxationszeit τ_m ist die Relaxationszeit der Verdunstung aus Gleichung (4.2.5). Das Argument der Ackermann-Korrektur kann ebenfalls mit Hilfe der Relaxationszeiten ausgedrückt werden. Es gilt dann

$$z = \frac{c_{p,g}\tau_h}{c_{p,l}\tau_m}.\qquad(4.3.9)$$

Da wiederum alle Tropfen eines Clusters die gleichen Eigenschaften aufweisen, folgt die Erhaltungsgleichung eines Clusters durch einfaches Ersetzen der Indizes in Gleichung (4.3.7)

$$\frac{DT_{cl}}{Dt} = \frac{\phi A}{\tau_h}\left(T_g - T_{cl}\right) - \frac{1}{c_{p,l}\tau_m}h_v\left(T_{cl}\right).\qquad(4.3.10)$$

4.3.2. Kopplung der Energieerhaltung mit der Gasphase

Der Bildung des Quellterms der Energieerhaltung, welcher berücksichtigt, dass die zur Verdunstung benötigte Wärme der Gasphase entzogen wird, erfolgt auch hier über ein Ensemble-Mittel aller Cluster.

$$S_{h,p} = -\lim_{\substack{\Delta t\to 0\\ \Delta V\to 0}}\frac{1}{\Delta t\Delta V}\int_{\Delta V}\left(\sum_{cl=1}^{cl=N_{cl}}\int_t^{t+\Delta t}\delta\left(\vec{x} - \vec{x}_p\right)\frac{m_{cl}c_{p,l}DT_d}{Dt}Dt\right)dV$$

$$(4.3.11)$$

Dieser Quellterm ist in der Energieerhaltung in Gleichung 2.4.7 zu berücksichtigen.

4.4. Sekundärzerfall

Durch aerodynamische Kräfte, die bei hoher Relativgeschwindigkeit auf den Tropfen wirken, kann es zu einem Tropfenzerfall kommen. Während der Zerfall beim Einspritzen der Flüssigkeit als Primärzerfall bezeichnet wird, nennt man diesen zweiten Zerfall Sekundärzerfall. Zur Beschreibung des Sekundärzerfalls wurde das Modell von Reitz und Diwakar verwendet [115][114][113]. Es basiert auf den Korrelationen von Nicholls [90].

In diesem Modell werden zwei unterschiedliche Regime betrachtet. Dem sogenannten "bag-breakup" und dem "stripping-breakup". Als einzige Kennzahl, welche die Zerfallsbereiche beschreibt wird in diesem Modell die Weber-Zahl verwendet.

$$We = \frac{\rho_g u_{rel}^2 d_d}{2\sigma} \tag{4.4.1}$$

Die Stoffgröße σ ist die Oberflächenspannung der Flüssigkeit. Anhand der Weber-Zahl werden die beiden Bereiche unterschieden:

1. **bag-breakup** $We > C_{bag}$

2. **stripping-breakup** $We > C_{strip} Re_d^{\frac{1}{2}}$

Die Modellkonstanten sind in Tabelle 4.1 angegeben. Anhand der beiden Bereiche wird jeweils ein kritischer Durchmesser bestimmt, für welchen der Tropfen stabil ist.

Ist der Tropfen kleiner als dieser kritische Durchmesser so zerfällt er nicht. Die Durchmesser berechnen sich nach den folgenden Beziehungen:

$$d_{s,bag} = 2C_{bag} \frac{\sigma}{\rho_g u_{rel}^2} \tag{4.4.2}$$

$$d_{s,strip} = 4C_{strip}^2 \frac{\sigma^2}{\rho u_{rel}^3 \mu} \tag{4.4.3}$$

Ist eines der beiden Kriterien erfüllt, so ändert sich der Tropfendurchmesser entsprechend der Gleichung

$$\frac{\partial d_d}{\partial t} = -\frac{d_d - d_s}{\tau_b}. \tag{4.4.4}$$

Der Durchmesser d_s ist der stabile Durchmesser im jeweiligen Regime und τ_b die Relaxationszeit des Tropfenzerfalls. Die Relaxationszeit kann über folgende Korrelationen bestimmt werden:

$$\tau_{b,bag} = C_b d_d \sqrt{\frac{\rho_d d_d}{\sigma}} \tag{4.4.5}$$

$$\tau_{b,strip} = \frac{C_s d_D}{u_{rel}} \sqrt{\frac{\rho_d}{\rho_g}} \tag{4.4.6}$$

$C_{bag}[-]$	$C_{strip}[-]$	$C_b[-]$	$C_s[-]$
$6,0$	$0,5$	$0,785$	$10,0$

Tabelle 4.1.: Koeffizienten des Sekundärzerfallmodells nach Reitz und Diwakar [115]

4.5. Turbulente Dispersion

Wird ein Partikel durch eine turbulente Strömung transportiert, so kann seine Bewegung nicht alleine durch die Mittelwerte der Strömungsgrößen bestimmt werden. Zusätzlich zur mittleren Geschwindigkeit wirkt die Fluktuationsgeschwindigkeit auf den Tropfen. Dies resultiert in der turbulenten Dispersion. Da die Fluktuationsgrößen in einer RANS-Modellierung nicht bekannt sind, müssen diese modelliert werden. Zur Modellierung der turbulenten Dispersion wurde das "eddy-lifetime"-Konzept verwendet. Dieses Konzept verwendet ein integrales Zeitmaß τ_t, welches die Zeit, die ein Tropfen innerhalb eines turbulenten Wirbels verweilt, beschreibt.

Der hier angewandte Ansatz geht zurück auf Gosmann und Ioannides [37]. Er geht von einer isotropen Turbulenz aus, deren Fluktuationsgeschwindigkeiten Gauß-verteilt sind. Zur Berücksichtigung der turbulenten Fluktuation auf die Tropfentrajektorie wird die auf den Tropfen wirkende Geschwindigkeit $\vec{u}_g$ aus der mittleren Strömungsgeschwindigkeit $\widetilde{u}$ und einer Fluktuationsgeschwindigkeit $\vec{u}''$ berechnet.

$$\vec{u}_g = \widetilde{\vec{u}} + \vec{u}''. \tag{4.5.1}$$

Die Fluktuationsgeschwindigkeit wird bestimmt über die Varianz der Geschwindigkeit.

$$\vec{u}'' = \zeta \sqrt{\widetilde{\vec{u}''^2}} \tag{4.5.2}$$

Die Zahl ζ ist eine Gauß-verteilte Zufallszahl mit einem Mittelwert von 0. Die Varianz der Geschwindigkeit kann unter der Annahme einer isotropen Turbulenz aus der turbulenten kinetischen Energie berechnet werden.

$$\widetilde{\vec{u}''^2} = \frac{2}{3}k \tag{4.5.3}$$

Diese Fluktuationsgeschwindigkeit wirkt nun solange auf den Tropfen, bis die Lebenszeit des turbulenten Wirbels τ_e oder die Verweilzeit im Wirbel τ_t überschritten ist. Wird eines dieser Zeitmaße während der Integration der Partikelbahn überschritten, so wird eine neue Fluktuationsgeschwindigkeit bestimmt. Die Zeitmaße können wie folgt berechnet werden.

$$\tau_e = \frac{l_t}{\|\widetilde{u''^2}\|} \tag{4.5.4}$$

$$\tau_t = \frac{l_t}{\|\widetilde{\vec{u}_g - \vec{u}_d}\|} \tag{4.5.5}$$

Das Längenmaß l_t ist die charakteristische Länge eines turbulenten Wirbels, die sich aus dem Dissipationslängemaß bestimmen lässt

$$l_t = C_\mu^{\frac{1}{2}} \frac{k^{\frac{3}{2}}}{\epsilon}. \tag{4.5.6}$$

5. Verbrennungsmodellierung

Zunächst wird in diesem Kapitel in die Beschreibung chemischer Reaktionskinetiken im Allgemeinen eingeführt. Es soll hierbei kurz auf die Problematik der direkten Verwendung von detaillierten Mechanismen zur Modellierung von Verbrennungsvorgängen eingegangen werden. Diese erfordern in der direkten Anwendung einen Rechenaufwand, der nur die Simulation einfacher Systeme zu lässt. In den darauf folgenden Abschnitten werden Modellsysteme vorgestellt, die es ermöglichen diese detaillierten Mechanismen über Modellannahmen zu reduzieren, um auch die Simulation komplexerer, technischer Systeme zu ermöglichen. Anschließend wird die Anwendung dieser Modelle für reagierende, turbulente Strömung beschrieben. Den Schwerpunkt bilden hierbei die Verbundwahrscheinlichkeitsdichtemodelle.

5.1. Reaktionskinetische Grundlagen

Die Reaktionskinetik beschreibt die Geschwindigkeit, in welcher eine chemische Reaktion abläuft. Während die Thermodynamik anhand der chemischen Potentiale der Komponenten eines Gemisches das stoffliche Gleichgewicht bestimmt, so beschreibt die Reaktionskinetik die Zeit, in welcher dieser Gleichgewichtszustand erreicht wird. In der Regel laufen während einer Verbrennungsreaktion eine Vielzahl unterschiedlicher Reaktionen in unterschiedlichen Zeitskalen gleichzeitig und zum Teil auch in Konkurrenz zueinander ab. Ein solches Reaktionssystem wird anhand eines Reaktionsmechanismuses beschrieben, der aus einer bestimmten

Anzahl an Elementarreaktionen besteht. Sie beschreiben die chemischen Pfade, in welcher eine Gesamtreaktion bis zum Gleichgewichtszustand ablaufen kann.

Betrachten wir die Verbrennungsreaktion von Brennstoff und Oxidator, so ist die Reaktion zu den Gleichgewichtskomponenten Kohlendioxid und Wasser die sogenannte Globalreaktion. Sie ist allerdings direkt sehr unwahrscheinlich, da hierzu eine große Zahl von chemischen Bindungen gespalten und neu verknüpft werden müssten. Elementarreaktionen hingegen beschreiben die Reaktion entlang ihrer Reaktionspfade anhand der Gesamtheit ihrer elementaren Schritte und ihrer Zwischenprodukte. In einer kompakten Schreibweise lässt sich ein Reaktionsmechanismus in folgender Form schreiben.

$$\sum_{k=1}^{N_k} v'_{ki} X_k \rightleftharpoons \sum_{k=1}^{N_k} v''_{ki} X_k \qquad i = 1 \dots N_r \qquad (5.1.1)$$

Die Koeffizienten v'_{ki} und v''_{ki} sind die stöchiometrischen Koeffizienten der Hin- und Rückreaktion der k-ten Komponenten in der i-ten Elementarreaktion und X_k sind die Komponenten der N_r Elementarreaktion. Die Produktionsrate einer Komponente k lässt sich ausdrücken durch

$$\dot{\omega}_k = \sum_{i_1}^{N_r} v_{ki} r_i \qquad i = 1 \dots N_r. \qquad (5.1.2)$$

v_{ki} ist der stöchiometrische Koeffizient der Gesamtreaktion

$$v_{ki} = \left(v'_{ki} - v''_{ki} \right). \qquad (5.1.3)$$

In dieser Gleichung beschreibt r_i die Reaktionsgeschwindigkeit der Vor- und Rückreaktion der i-ten Elementarreaktion. Für eine Elementarreaktion ist die Reaktionsordnung einer Komponenten gleich ihrem stöchiometrischen Koeffizienten und die Reaktionsgeschwindigkeit kann somit berechnet werden über

$$r_i = k_{fi} \prod_{k=1}^{N_k} [X_k]^{v'_{ki}} - k_{ri} \prod_{k=1}^{N_k} [X_k]^{v''_{ki}}. \qquad (5.1.4)$$

In dieser Gleichung sind k_{fi} und k_{ri} die Reaktionsgeschwindigkeitskoeffizienten der Hin- und Rückreaktion und $[X_k]$ die molare Konzentration der k-ten Komponente. Die Reaktionsgeschwindigkeitskoeffizienten sind abhängig von der Stoßrate der Moleküle und der Wahrscheinlichkeit, dass ein Stoß zur Reaktion der Moleküle führt. Basierend auf der molekularen Stoßtheorie [131] kann ein Ausdruck für die Reaktionsgeschwindigkeitskoeffizienten hergeleitet werden.

$$k_{fi} = A_{fi}e^{-\frac{E_{A,fi}}{RT}} \tag{5.1.5}$$

$$k_{ri} = A_{ri}e^{-\frac{E_{A,ri}}{RT}} \tag{5.1.6}$$

Hierin sind $A_{(r,f)i}$ die Stoßkoeffizienten und $E_{A,(r,f)i}$ die Aktivierungsenergien. Dieser Ansatz wird als Arrhenius-Ansatz bezeichnet. Um die Aktivierungsenergie messtechnisch zu bestimmen, wird k im Arrhenius-Diagramm über $1/T$ aufgetragen. Die Aktivierungsenergie ergibt sich dann anhand der Steigung $-\frac{E_A}{RT}$. Der Arrhenius-Ansatz wird auch häufig in einer dreiparametrigen Form verwendet, welche einen weiteren Temperaturparameter einführt, um die Genauigkeit über einen größeren Temperaturbereich zu erhöhen.

$$k_{fi} = A_{fi}T^{b_{fi}}e^{-\frac{E_{A,fi}}{RT}} \tag{5.1.7}$$

$$k_{ri} = A_{ri}T^{b_{ri}}e^{-\frac{E_{A,ri}}{RT}} \tag{5.1.8}$$

Die Produktionsrate ω_k ist der eingeführte Reaktionsquellterm aus Gleichung (2.3.1).

5.2. Idealisierte Modellsysteme

Die zuvor in Abschnitt 5.1 beschriebenen Gleichungen der Reaktionskinetik beschreiben lediglich die reine Reaktionsrate in Abhängigkeit der Größen Temperatur, Druck und Zusammensetzung. In einem technischen System beeinflussen jedoch noch weitere Mechanismen wie Stoff- und Energietransport die Verbrennungsreaktion. Während es beispielsweise zur Bestimmung der adiabatischen Flammentemperatur ausreicht, das betrachtete Reaktionssystem rein thermodynamisch zu betrachten, da hier nur der Gleichgewichtszustand zu berücksichtigen ist, muss zur Bestimmung reaktionskinetisch bestimmter Verbrennungsgrößen, wie die Flammengeschwindigkeit, die Reaktionskinetik mit den fundamentalen Erhaltungsgleichungen, wie Massen- und Energieerhaltung, gekoppelt werden. Zur Analyse von Verbrennungssystemen werden häufig Modellsysteme verwendet, die die zu untersuchenden Abhängigkeiten berücksichtigen. Diese ermöglichen den Verlauf der Reaktionskomponenten, Temperatur und Druck als Funktion der Zeit oder des Ortes, während die Zusammensetzung vom Anfangszustand bis in das Gleichgewicht reagiert, zu bestimmen. In den folgenden Abschnitten sollen die in dieser Arbeit angewandten Modellsysteme kurz beschrieben werden. Dies sind drei Modelle.

Das Modell des homogenen Reaktors beschreibt den Reaktionspfad eines Gemisches ausgehend von dessen Anfangszusammensetzung, Temperatur und Druck bis in das chemische Gleichgewicht anhand des Reaktionsmechanismuses. Hierbei bestimmen die Reaktionsraten der einzelnen Komponenten aus Gleichung 5.1.2 den Verlauf. Im Modell der laminaren, planaren Vormischflamme wird zusätzlich zur Reaktionsrate die laminare Diffusion und Wärmeleitung berücksichtigt. Das dritte Modell, das Modell der Gegenstromdiffusionsflamme, beschreibt insbesondere den Einfluss der Streckung einer Diffusionsflamme auf die Reaktion. Auf die Bedeutung der Modellannahmen hinsichtlich der Modellierung reagierender Strömungen wird in Kapitel 6 eingegangen.

5.2.1. Homogener Reaktor

In Abbildung 5.1 ist das Modell des homogenen Reaktors dargestellt. Im Modell des homogenen Reaktors wird ein zum Zeitpunkt t_0 vorliegendes Gemisch der Zusammensetzung $Y_{i,u}$ bei konstantem Druck und Enthalpie bis zum thermodynamischen Gleichgewichtszustand $Y_{i,b}$ zeitlich integriert. Es handelt sich also um ein Anfangswertproblem. Hierbei wird die Zusammensetzung im Reaktor zu jedem Zeitpunkt als homogen betrachtet. Als Ergebnis liefert es den zeitlichen Verlauf von Temperatur und Zusammensetzung. Da die Mischung zu jedem Zeitpunkt als homogen angesehen wird, werden keine Transportprozesse berücksichtigt. Die zu lösenden Modellgleichungen bestehen aus den Komponentenerhaltungsgleichungen und einer thermischen Zustandsgleichung. Die Lösung der Energieerhaltung entfällt hierbei, wenn das System als adiabat betrachtet wird und somit die Enthalpie während der Reaktion konstant bleibt. Es ändert sich lediglich der Anteil der fühlbaren und chemisch gebundenen Wärme, wodurch es bei einer exothermen Verbrennungsreaktion zu einer Temperaturerhöhung kommt.

Komponentenerhaltung

$$\frac{\partial Y_k}{\partial t} = \dot{\omega}_k \ddot{M}_k v \tag{5.2.1}$$

Thermische Zustandsgleichung

$$V(t) = \frac{n(t)\,RT(t)}{p} \tag{5.2.2}$$

$$n(t) = \frac{m}{\widetilde{M}(t)} \tag{5.2.3}$$

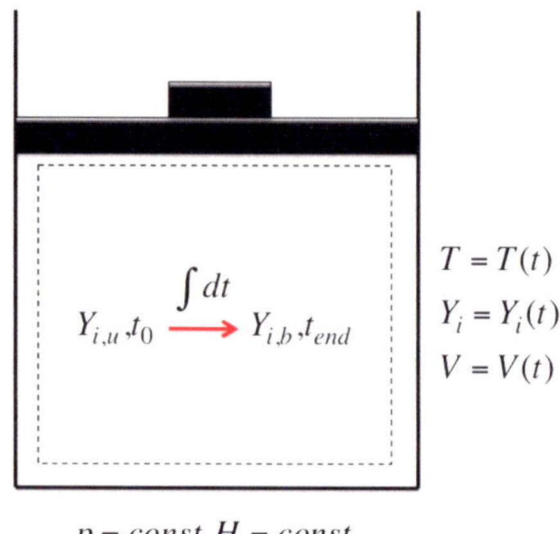

Abbildung 5.1.: Modell des homogenen Reaktors

Hierin ist v das spezifische Volumen des Reaktors $v = \frac{V(t)}{m}$. Das Volumen des Reaktors, kann für ein ideales Gas aus der Stoffmenge und der Bedingung eines konstanten Drucks berechnet werden. Dabei ist $\widetilde{M}(t)$ die zeitlich sich ändernde Molmasse des Gemisches, die aus der zeitlichen Zusammensetzung bestimmt werden kann. Die Gesamtmasse m ist hierbei konstant. Das hier beschriebene Modell des homogene Reaktor beschreibt den reinen Einfluss der Reaktionskinetik auf den Reaktionspfad ohne Wärmeverluste und Transportprozesse.

5.2.2. Eindimensionale laminare Vormischflamme

Im Vergleich zum homogenen Reaktor wird im Modell der eindimensionalen laminaren Vormischflamme der Einfluss der laminaren Diffusion und der Wärmeleitung berücksichtigt. In Abbildung 5.2 ist eine reale annähernd planare laminare Vormischflamme dargestellt.

Im stationären Fall ist die Ausbreitungsgeschwindigkeit der Flammenfront unter Berücksichtigung der Wärme- und Stofftransportprozesse gleich der Anströmgeschwindigkeit durch das Frischgas. Diese Geschwindigkeit wird als laminare Brenngeschwindigkeit bezeichnet. Sie hängt ab von den Diffusions- und Wärmeleitungseigenschaften der Gemischkomponenten und von deren Reaktionsraten.

Die laminare Brenngeschwindigkeit ist leicht zu messen und wird daher häufig zur Validierung von Reaktionsmechanismen herangezogen. Sie ist jedoch, wie bereits erwähnt, auch abhängig von den Transportdaten des Gemisches und die Qualität der Validierung der Reaktionsmechanismen hängt somit ebenfalls von der Qualität der Stoffdaten ab.

Abbildung 5.2.: Abbildung einer planaren laminaren Vormischflamme

Im Modell der 1-dimensionalen, planaren, laminaren Vormischflamme werden die folgenden Differentialgleichungen gelöst.

Massenerhaltung

$$\frac{\partial (\rho u)}{\partial x} = 0 \qquad (5.2.4)$$

Energieerhaltung

$$\rho u c_p \frac{\partial T}{\partial x} - \frac{\partial}{\partial x}\left(\lambda \frac{\partial T}{\partial x}\right) + \sum_{k=1}^{N_k} j_x^{d,k} c_{p,k} \frac{\partial T}{\partial x} + \sum_{k=1}^{N_k} \dot{\omega}_k h_k \widetilde{M}_k = 0 \qquad (5.2.5)$$

Komponentenerhaltung

$$\rho u \frac{\partial Y_k}{\partial x} + \frac{\partial}{\partial x}\left(\rho Y_k V_k\right) - \dot{\omega}_k \widetilde{M}_k = 0 \qquad (5.2.6)$$

Thermische Zustandsgleichung

$$\rho = \frac{p\widetilde{M}}{RT} \qquad (5.2.7)$$

Eine ausführlichere Beschreibung des Modells findet sich unter anderem in [59].

5.2.3. Gegenstromdiffusionsflamme

Die Abbildung 5.3 zeigt eine Gegenstromdiffusionsflamme. Brennstoff und Oxidator strömen hier in entgegengesetzter Richtung, wodurch sich ein Staupunkt ausbildet, in welchem sich die Flamme stabilisiert. Aufgrund der Umlenkung im Staupunkt der Flamme wird die Flamme gestreckt. Diese Streckung ist abhängig vom Geschwindigkeitsgradienten zwischen den Einlässen. Durch die Streckung der Flamme kommt es zu einem erhöhten Stoff- und Wärmetransport aus der Flammenfront in das Frischgas. Kann der hierdurch entstandene Wärmeverluststrom aus der Reaktionszone nicht mehr durch die Reaktionswärme kompensiert werden, so erlischt die Flamme. Es kommt zum "Quenchen" der Flamme. Die Gegenstromdiffusionsflamme wird daher gerne experimentell und theoretisch verwendet, um den Effekt der Streckung einer Flamme zu untersuchen.

In der turbulenten Verbrennungsmodellierung wird angenommen, dass es aufgrund der Turbulenzstrukturen zu einer Streckung der Flammenfront kommt. Im Flamelet-Modell nach Peters [91],[92] wird die Modellannahme getroffen, dass eine turbulente Flamme aus einer Vielzahl einzelner sogenannter Flamelets besteht, welche durch turbulente Wirbel gestreckt werden. In diesem Zusammenhang wird die Gegenstromdiffusionsflamme häufig verwendet, um ein solches Flamelet nach dem Flamelet-Modell abzubilden.

Unter der Voraussetzung einer Rotationssymmetrie des betrachteten Systems, kann die Gegenstromdiffusionsflamme durch das folgende Differentialgleichungssystem beschrieben werden [94],[131]:

Abbildung 5.3.: Abbildung einer Gegenstromdiffusionsflamme

Massenerhaltung

$$\frac{\partial}{\partial z}(\rho u) + 2\rho V = 0 \tag{5.2.8}$$

Radiale Impulserhaltung

$$\frac{\partial}{\partial z}\left(\mu \frac{\partial V}{\partial z}\right) - \Lambda - \rho u \frac{\partial V}{\partial z} - \rho V^2 = 0 \tag{5.2.9}$$

Energieerhaltung

$$\rho c_p u \frac{\partial T}{\partial x} - \frac{\partial}{\partial z}\left(\lambda \frac{\partial T}{\partial z}\right) + \sum_{k}^{N_k} \widetilde{M}_k \dot{\omega}_k h_k + \sum_{k}^{N_k} j_z^{d,k} c_{p,k} \frac{\partial T}{\partial z} \tag{5.2.10}$$

Komponentenerhaltung

$$\rho u \frac{dY_k}{dx} + \frac{\partial j_z^{d,k}}{\partial z} - \dot{\omega}_k \widetilde{M}_k = 0 \tag{5.2.11}$$

Thermische Zustandsgleichung

$$\rho = \frac{p\widetilde{M}}{RT} \tag{5.2.12}$$

Mit $v = rV$, wobei v der radialen Geschwindigkeit und r dem Radius entspricht. Für Λ gilt

$$\frac{1}{r}\frac{\partial p}{\partial r} = \Lambda = constant. \tag{5.2.13}$$

Somit wird eine weitere Differentialgleichung gelöst

$$\frac{\partial \Lambda}{\partial z} = 0. \tag{5.2.14}$$

5.3. Reduktion der Chemie auf Basis idealisierter Modellsysteme

Detaillierte kinetische Mechanismen umfassen je nach Brennstoff hunderte Elementarreaktionen und berücksichtigen eine Vielzahl von Zwischenprodukten und Radikalen in ihren Mechanismen. In Zusammenhang mit typischen, technischen Verbrennungssystemen übersteigt die Anforderung auch heutige Rechenkapazitäten. Dies gilt nicht nur für turbulente Verbrennungssimulationen. Detaillierte Mechanismen werden hauptsächlich zur Untersuchung mittels 1-dimensionaler oder einfacher laminarer Probleme, wie sie im vorangehenden Kapitel eingeführt wurden, verwendet.

Zur Simulation turbulenter Flammen kann die Chemie zunächst reduziert werden, ohne dabei die wichtigen Informationen, wie beispielsweise die Hauptkomponenten, untersuchte Schadstoffe oder Wärmefreisetzungsraten, zu verlieren oder zu verfälschen. Der radikalste Ansatz zur Reduktion sind Globalmechanismen. Sie geben lediglich die Edukte und Produkte, sowie die Wärmefreisetzungsrate wieder. Ihre Kinetiken sind meist Anpassungen an die laminare Brenngeschwindigkeit. Auch geben sie die Wärmefreisetzungsrate häufig nur in einem kleinen stöchiometrischen Intervall und für einen Druck ausreichend wieder. Bekannte Globalmechanismen sind z.B. die Kohlenwasserstoff-Mechanismen von Westbrook und Dryer [19], [136]. Globalmechanismen können, wie dieses Beispiel zeigt, somit auch aus Mechanismen mit mehreren Einzelreaktionen bestehen, wobei diese jedoch keine Elementarreaktionen darstellen. Eine Reduktion detaillierter Mechanismen an sich ist nur möglich, da sich die Reaktionsgeschwindigkeiten der einzelnen Elementarreaktionen in ihren Zeitskalen über mehrere Größenordnungen erstrecken. Die Gesamtreaktionsgeschwindigkeit ist bestimmt durch ihre langsamsten

Glieder. Dies führt zum Ansatz des partiellen Gleichgewichts, welcher davon ausgeht, dass die schnellen Glieder der Reaktionskette sich im Gleichgewicht befinden. Befindet sich eine der Reaktionskomponenten auf einem sehr kleinen Konzentrationsniveau, so wird ein Quasistationaritätsansatz gewählt, welcher davon ausgeht, dass Produktion und Abbau dieser Komponente gleich sind und diese Komponente somit keine Netto-Bildungsrate besitzt. Durch diese Ansätze, kann ein detaillierter Mechanismus über analytische Annahmen reduziert werden. Für jede Elementarreaktion, für welche einer dieser Ansätze getroffen werden kann, reduziert sich der Mechanismus um einen Freiheitsgrad. Auf diese Weise können detaillierte Mechanismen z.T. bis auf wenige Reaktionen reduziert werden [67].

Das Hauptproblem der Reduktion detaillierter Mechanismen mittels partieller Gleichgewichte und Quasistationaritätsannahmen ist, dass diese häufig nur für einen bestimmten Druck-, Temperatur- und Zusammensetzungsbereich gerechtfertigt sind und daher nicht über den gesamten Bereich einer Verbrennung bzw. Flamme gültig sind. Dieses Problem wird durch den von Maas entwickelten Ansatz der intrinsischen mehrdimensionalen Mannigfaltigkeit (ILDM) umgangen, indem für das Gesamtsystem (Druck-, Temperatur- und Zusammensetzungsbereich) eine Reduktion auf Basis einer Sensitivitätsanalyse durchgeführt wird und in Abhängigkeit von einer oder mehrerer Fortschrittsvariablen, welche die Dimension bestimmen, tabellarisch abgelegt wird [80].

Häufig lässt sich jedoch mit Hilfe der ILDM ein Verbrennungssystem nur schwer auf eine Reaktionsfortschrittsvariable reduzieren. Ein weiterer Ansatz zur Reduktion, welcher partielle Gleichgewichte und Quasistationaritätsannahmen mit einer analytischen Aufteilung der Reaktion in zwei Bereiche zur Beschreibung der Sensitivität verbindet, ist der Ansatz der 1-Schritt/2-Bereichskinetik für Kohlenwasserstoffe [39],[43],[9], [60]. Hierbei wird unter der Annahmen, dass die Oxidation des Brennstoffes zu Kohlenmonoxid wesentlich schneller abläuft als die Oxidation von Kohlenmonoxid zu Kohlendioxid, die Verbrennungsreaktion in zwei Bereiche aufgeteilt. In jedem dieser Bereiche wird die Reaktion über eine Globalkinetik beschrieben. Eine ausführliche Beschreibung findet sich wiederum in [39],[43].

Eine Variante zur Reduktion der Chemie auf eine Fortschrittsvariable unter Beibehaltung der detaillierten Reaktionsmechanismen ist die Reduktion mittels eines idealisierten Modellsystems (siehe Kapitel 5.2). Auf diese Methode wird in den folgenden Kapiteln näher eingegangen, da sie in dieser Arbeit hauptsächlich Anwendung findet. Diese Methode wird in letzter Zeit auch häufig "Flame Generated Manifolds" genannt, da sie ein Flammenmodell verwendet, um die Manigfaltigkeiten der Reaktionspfade auf einen zu reduzieren [132], [133].

Wird der Verlauf der Reaktion nun über eine Reaktionsfortschrittsvariable beschrieben, so lassen sich die numerischen Kosten zur Simulation einer reagierenden Strömung deutlich reduzieren. Zunächst kann die Mischung von der Reaktion durch die Beschreibung der lokalen Zusammensetzung über eine Erhaltungsgröße entkoppelt werden, die durch die chemische Reaktion nicht beeinflusst wird. Diese Erhaltungsgröße ist der Mischungsbruch, der im nächsten Kapitel 5.3.1 beschrieben wird. Anhand der Reduktion der Reaktionspfade mittels Modellsystemen auf einen Reaktionspfad, der durch eine Reaktionsfortschrittsvariable beschrieben wird, kann die lokale Zusammensetzung des reagierenden Gemisches dann über den Mischungsbruch und die Reaktionsfortschrittsvariable vollständig beschrieben werden.

Mögliche Definitionen des Reaktionsfortschritts werden in Kapitel 5.3.2 beschrieben. Die Chemie wird als Funktion dieser Variablen vor der Simulation in chemischen Tabellen gespeichert, auf die dann während der Simulation zur Bestimmung der lokalen Zusammensetzung, thermodynamischen Zustandsgrößen und Transportgrößen zugegriffen wird. Auf die Tabellierung der Chemie über den Mischungsbruch und Reaktionsfortschritt wird in Kapitel 6 detailliert eingegangen.

Durch diesen Ansatz kann anstelle der Simulation aller einzelnen Komponenten des reagierenden Gemischs, die lokale Zusammensetzung lediglich über die Simulation einer Mischungsbruchtransportgleichung und einer Transportgleichung für den Reaktionsfortschritt beschrieben werden. Diese Transportgleichungen werden auf den nächsten Seiten zusammen mit dem Mischungsbruch und Reaktionsfortschritt eingeführt.

5.3.1. Beschreibung der Mischung

In einer reagierenden Strömung stellen die Massenbrüche der einzelnen Komponenten der Mischung keine Erhaltungsgröße dar. Sie sind stark abhängig vom Zustand der Reaktion. Um die Beschreibung des Mischungszustands vom Reaktionszustand unabhängig zu machen, wird der Mischungsbruch verwendet. Er basiert auf den Elementenmassenbrüchen Z_k. Im Gegensatz zu den Komponentenmassenbrüchen werden die Elementenmassenbrüche nicht durch die chemische Reaktion verändert. Für den Fall einer Verbrennungsreaktion kann der Mischungsbruch in entdimensionierter Form definiert werden als

$$f = \frac{Z_j - Z_{j,Ox}}{Z_{j,Br} - Z_{j,Ox}}. \tag{5.3.1}$$

Hierbei entspricht $Z_{j,Ox}$ der Summe aller Elementenmassenbrüche der j charakteristischen Massenbrüche des reinen Oxidators und $Z_{j,Br}$ der Summe der Massenbrüche des reinen Brennstoffes. Z_j ist die Summe der Massenbrüche in der Mischung. Für einen Kohlenwasserstoff liegt die Verwendung der Elemente Wasserstoff und Kohlenstoff als charakteristische Elemente des Brennstoffes nahe.

Für einen Kohlenwasserstoff lässt sich der Mischungsbruch somit beschreiben durch

$$f = \frac{(Z_C + Z_H) - (Z_C + Z_H)_{Ox}}{(Z_C + Z_H)_{Br} - (Z_C + Z_H)_{Ox}}. \qquad (5.3.2)$$

Ein Mischungsbruch von 0 entspricht demnach dem reinen Oxidator, wohingegen ein Mischungsbruch von 1 dem reinen Brennstoff entspricht. Zwischen den Komponentenmassenbrüchen und den Elementenmassenbrüchen gilt folgender Zusammenhang:

$$Z_j = \sum_{k=1}^{N_k} \nu_{k,j} \frac{\widetilde{M}_j}{\widetilde{M}_k} Y_k \qquad (5.3.3)$$

In dieser Gleichung ist $\nu_{k,j}$ die Anzahl an Elementen j der Komponenten k. Eine detailliertere Einführung in die Beschreibung der Mischung mittels eines Mischungsbruchs findet sich in [74].

Wie schon zuvor einleitend erwähnt, wird während der Simulation eine Erhaltungsgleichung des Mischungsbruchs gelöst, der den Mischungsprozess von Brennstoff und Oxidator beschreibt. Die Erhaltungsgleichung für den Favre-gemittelten Mischungsbruch in der RANS-Formulierung lautet entsprechend der skalaren Transportgleichung 3.4.5:

$$\frac{\partial \left(\overline{\rho} \widetilde{f} \right)}{\partial t} + \frac{\partial \left(\overline{\rho} \widetilde{u_i} \widetilde{f} \right)}{\partial x_i} = -\frac{\partial}{\partial x_i} \left(\frac{\mu_t}{Sc_f} \frac{\partial \widetilde{f}}{\partial x_i} \right) + \overline{S}_f \qquad (5.3.4)$$

Der Quellterm $\overline{S}_f$ ist kein Reaktionsquellterm, sondern ergibt sich aus dem Massenquellterm der dispersen Phase (siehe Gleichung 4.2.7). Der Mischungsbruch bleibt durch die Reaktion unverändert, die Transportgleichung hat daher keinen Reaktionsquellterm. Der sich aus der Verdunstung des flüssigen Brennstoffes ergebende Quellterm $\overline{S}_f$ lautet:

$$\overline{S}_f = f \cdot \overline{S}_m \qquad (5.3.5)$$

Hierbei ist $\overline{S}_m$ der Massenquellterm der dispersen Phase.

Zur Simulation laminarer, reagierender Strömung ist Gleichung 5.3.4 ausreichend. Zur Simulation turbulenter, reagierender Strömung wird zusätzlich eine Gleichung zur Bestimmung der turbulenten Fluktuation des Mischungsbruchs zur vollständigen Beschreibung benötigt. Subtrahiert man von der gemittelten, skalaren Transportgleichung (3.4.5) die ungemittelte Transportgleichung (2.5.1), erhält man eine Transportgleichung der skalaren Fluktuation. Durch Multiplikation der skalaren Fluktuation auf beiden Seiten und Mittlung kann eine Transportgleichung der Varianz des Skalars hergeleitet werden [74]. Für den Mischungsbruch lässt sich so folgende Gleichung herleiten:

$$\frac{\partial \left(\overline{\rho}\widetilde{f''^2}\right)}{\partial t} + \frac{\partial \left(\overline{\rho}\widetilde{u_i}\widetilde{f''^2}\right)}{\partial x_i} = -\frac{\partial}{\partial x_i}\left(\frac{\mu_{eff}}{Sc_{\widetilde{f''}}}\frac{\partial \widetilde{f''^2}}{\partial x_i}\right) + C_{f'',1}\frac{\mu_t}{Sc_{f''^2}}\|\nabla f\|^2$$

$$- C_{f'',2}\overline{\rho}\frac{\epsilon}{k}\widetilde{f''^2} + \overline{S_f'' f''} \tag{5.3.6}$$

Für die Modellkonstanten gilt $C_{f'',1} = 2.8$ und $C_{f'',2} = 2$. Der zweite und dritte Term auf der rechten Seite beschreibt die turbulente Produktion und Dissipation der Varianz.

Der Varianzquellterm der dispersen Phase wird berechnet gemäß der folgenden Beziehung[45][44]:

$$\overline{S_f'' f''} = \overline{S_f}\widetilde{f''^2}\left(2C_{f''}\frac{\left(1-\widehat{f}\right)}{\widehat{f}} - 1\right) \tag{5.3.7}$$

Die Modellkonstante ist $C_{f''} = 0{,}5$. Zur Beschreibung der Subgrid-Varianz der LES-Modellierung wird ein Ansatz verwendet, der von Pierce und Moin [98][99] für die Beschreibung der Varianz eines passiven Skalars vorgeschlagen wurde und vollständig analog zum Smagorinsky-Ansatz der Subgrid-Viskosität wie folgt formuliert wird:

$$\widetilde{f''^2}_{sgs} = C_{\widetilde{f''},sgs}\Delta^2\|\nabla\widetilde{f}\|^2 \tag{5.3.8}$$

In dieser Arbeit wurde für die Konstante $c_{\widetilde{f''},sgs}$ der Wert $0,1$ gewählt. Pierce and Moin [98] gaben hier einen Wert von $0,5$ an. Vreman et al [134] wiederum verwendeten einen Wert von 1. Generell sind in der Literatur Werte von $0,1$ bis 1 zu finden. Ein Wert von $0,1$ ergab in dieser Arbeit die besten Ergebnisse. Alternativ zu einem Ansatz mit konstantem $c_{\widetilde{f''},sgs}$ finden sich auch dynamische Modelle zu Bestimmung der Konstante [99]. Δ ist die Filterweite, welche im Rahmen dieser Arbeit aus der kubischen Gitterweite bestimmt wird.

$$\Delta = \left(\Delta_x^3 + \Delta_c^3 + \Delta_z^3 \right)^3 \qquad (5.3.9)$$

Zwar gibt es Ansätze, die die Subgrid-Fluktuation analog zur RANS-Formulierung über eine Varianztransportgleichung beschreiben [47], doch finden diese hier keine Anwendung.

5.3.2. Beschreibung des Reaktionsfortschritts

Um eine reagierende Mischung vollständig zu beschreiben, bedarf es zusätzlich zum Mischungsbruch noch einer oder mehrerer Variablen, welche den Fortschritt der Reaktion beschreiben. Hier soll der Schwerpunkt auf einer Fortschrittsvariablen liegen. In [39],[138] und [43] wird der Reaktionsfortschritt zurückgehend auf [73] über eine Sauerstoffbilanz des chemisch gebundenen und des freien Sauerstoffs formuliert:

$$c = \frac{Z_O - Y_{O_2}}{min\left(Z_{O,stoich}, Z_O\right)} \qquad (5.3.10)$$

Der Zähler entspricht der chemisch gebundenen Menge an Sauerstoff, welche sich aus der Differenz des lokalen Sauerstoffelementenmassenbruch Z_O und dem Sauerstoffmassenbruch Y_{O_2}, der dem chemisch noch ungebundenen Sauerstoffanteil entspricht, ergibt. Die chemisch gebundenen Sauerstoffmenge wird entdimensioniert mit dem Minimum aus dem stöchiometrischen Sauerstoffmassenbruch, der maximal chemisch zu bindenden Sauerstoffmenge, und dem lokalen Sauerstoffelementenmassenbruch, der lokal maximal verfügbaren Sauerstoffmenge. Die Fortschrittsvariable nimmt demnach Werte zwischen Null und Eins an, wobei Null einem völlig unreagiertem System und Eins einem völlig abreagiertem System entspricht.

Eine weitere Möglichkeit den Reaktionsfortschritt zu beschreiben ist die Formulierung auf Basis charakteristischer Variablen, bezogen auf deren Wert im unverbrannten und verbrannten Zustand [133]. Der so definierte Reaktionsfortschritt lautet:

$$c = \frac{Y_{j,u} - Y_j}{Y_{j,u} - Y_{j,b}} \tag{5.3.11}$$

Hierin ist $Y_{j,u}$ die Summe der Mischungsbrüche aller für die Reaktion charakteristischer Komponenten im unverbrannten Zustand und $Y_{j,b}$ die Summe dieser Mischungsbrüche im vollständig ausgebrannten Zustand. Die Bedingung der charakteristischen Variable ist, dass sie über den gesamten Reaktionsverlauf entweder monoton steigt oder fällt, da der Zusammenhang zwischen Reaktionsfortschritt und charakteristischer Variable ansonsten nicht eindeutig wäre. Der Reaktionsfortschritt würde als Umkehrfunktion somit keine Funktion darstellen.

Die Definition des Reaktionsfortschritts über die Temperatur, wie sie in verschiedenen Arbeiten zu finden ist, ist jedoch ungenügend. Zum einen hängt die Temperatur auch von Wärmeverlusten ab. Zum andern ist sie vor Allem in Bereichen mit Brennstoffüberschuss unter Beteiligung von Dissoziationsreaktionen und Pyrolysepfaden nicht monoton steigend.

Während der Simulation kann im RANS-Kontext jeweils eine Gleichung für den Mittelwert und die Varianz gelöst werden. Die Gleichungen werden analog, wie zuvor für den Mischungsbruch beschrieben, hergeleitet. Die Gleichung für den Favre-gemittelten Reaktionsfortschritt lautet:

$$\frac{\partial \left(\bar{\rho}\tilde{c}\right)}{\partial t} + \frac{\partial \left(\bar{\rho}\tilde{u}_i\tilde{c}\right)}{\partial x_i} = -\frac{\partial}{\partial x_i}\left(\frac{\mu_t}{Sc_c}\frac{\partial c}{\partial x_i}\right) + \bar{S}_c. \tag{5.3.12}$$

Der Quellterm $\overline{S}_c$ ist hier der Reaktionsquellterm. Im Gegensatz zur Transportgleichung des Mischungsbruchs enthält die Transportgleichung des Reaktionsfortschritts keinen Quellterm der dispersen Phase. Die Varianz der Reaktionsfortschritt wird durch folgende Gleichung beschrieben:

$$\frac{\partial \left(\overline{\rho}\widetilde{c''^2}\right)}{\partial t} + \frac{\partial \left(\overline{\rho}\widetilde{u_i}\widetilde{c''^2}\right)}{\partial x_i} = -\frac{\partial}{\partial x_i}\left(\frac{\mu_{eff}}{Sc_{\widetilde{c''}}}\frac{\partial \widetilde{c''^2}}{\partial x_i}\right) + C_{c'',1}\frac{\mu_t}{Sc_{c''}}\|\nabla c\|^2$$
$$- C_{f'',2}\overline{\rho}\frac{\epsilon}{k}\widetilde{c''^2} + \overline{S_c'' c''}. \tag{5.3.13}$$

Für die Varianz der Reaktionsfortschrittsvariable im Fall von LES-Simulationen wird der schon zuvor für den Mischungsbruch verwendete Ansatz gewählt. Die Konstante $C_{\widetilde{c''},sgs}$ wurde ebenfalls auf den Wert $0,1$ gesetzt.

$$\widetilde{c''^2}_{sgs} = C_{\widetilde{c''},sgs}\Delta^2\|\nabla\widehat{c}\|^2 \tag{5.3.14}$$

5.4. Reaktionsmodellierung turbulenter Diffusionsflammen

Wie schon zuvor beschrieben, werden im Fall einer turbulenten Strömung unter Verwendung der RANS- oder LES-Modellierung jeweils nur die Gleichungen der gemittelten bzw. gefilterten Strömungsgrößen gelöst. Hierbei werden für die Lösung einer reagierenden Strömung die mittleren Reaktionsquellterme $\overline{\dot{\omega}_k\left(Y_k,T\right)}$ der Mischungskomponenten benötigt. Da kein linearer Zusammenhang zwischen Konzentration, Temperatur und Reaktionsrate besteht gilt:

$$\widetilde{\dot{\omega}_k\left(Y_k,T\right)} \neq \dot{\omega}_k\left(\widetilde{Y}_k,\widetilde{T}\right). \tag{5.4.1}$$

Daher wird ein turbulentes Reaktionsmodell benötigt, welches den Zusammenhang zwischen den gemittelten Konzentrationen, Temperatur und Reaktionsquellterm beschreibt.

5.4.1. Das Eddy-Dissipation-Konzept

Eines der ersten und noch heute verwendeten Reaktionsmodelle für turbulente Diffusionsflammen ist das Wirbel-Dissipations-Konzept, welches von Magnussen [82] vorgeschlagen wurde. In der Literatur finden sich einige überarbeitete Varianten von welchen wiederum einige auf Magnussen selbst zurückgehen [83][81][21]. Im Folgenden wird die in dieser Arbeit verwendete Variante [81] kurz beschrieben. Das Wirbel-Dissipationsmodell geht von der Annahme aus, dass die chemischen Zeitmaße um ein Vielfaches kleiner sind als die turbulenten Zeitmaße. Der limitierende Schritt ist die Mischung von Brennstoff und Oxidator. Zur Modellierung der Reaktionsgeschwindigkeiten gilt nach Magnussen:

$$r_{ie} = A\frac{\epsilon}{k} min \left(\frac{[X_k]}{v'_{ik}} \right) \tag{5.4.2}$$

$$r_{ip} = AB\frac{\epsilon}{k} \left(\frac{\sum_p [X_k]\tilde{M}_k}{\sum_p v''_{ik}\tilde{M}_k} \right) \tag{5.4.3}$$

$$r_{if} = k_{fi} \prod_{k=1}^{N_k} [X_k]^{v'_{ki}} - k_{ri} \prod_{k=1}^{N_k} [X_k]^{v''_{ki}}. \tag{5.4.4}$$

r_{ie} und r_{ie} sind die Produktionsbegrenzer der Edukte bzw. Produkte. r_{if} ist die in Kapitel 5.1 beschriebene Reaktionsgeschwindigkeit, welche als sogenannte Finite Rate als weiterer Begrenzer der Rate hinzukommt. $[X_k]$ beschreibt die mittleren, molaren Konzentrationen der Stoffkomponenten. $\sum_p$ bezeichnet die Summe über alle Produkte. Die mittlere Reaktionsrate bestimmt sich dann über die kleinste der oben eingeführten Reaktionsgeschwindigkeiten:

$$\overline{\dot{\omega}_k (Y_k, T)} = \sum \left(v'_{ki} - v''_{ki} \right) min \left(r_{ie}, r_{ip}, r_{if} \right) \tag{5.4.5}$$

5.4.2. Verbundwahrscheinlichkeitsdichtemodell

Wie bereits diskutiert, sind im Falle der Verbrennung in einer turbulenten Strömung die Feldgrößen als stochastische Variablen ϕ zu betrachten. Hierbei unterliegen die reaktionsbestimmenden Größen wie Zusammensetzung Y_i und Temperatur T ebenso wie die Strömungsgrößen einer unregelmäßigen Fluktuation um ihren Erwartungswert $\overline{\phi}$, der häufig im Zusammenhang der Modellierung turbulenter Verbrennung auch als Mittelwert bezeichnet wird. Die Feldgröße ist eine Funktion von Ort $\mathbf{x}$ und Zeit t und vollständig beschrieben durch ihre Wahrscheinlichkeitsdichtefunktion $\mathcal{P}\left(\varphi; \mathbf{x}, t\right)$ PDF (engl.: Propability Density Function) [104] [107], für den Fall, dass diese bekannt ist. Die Wahrscheinlichkeitsdichtefunktion (siehe Gleichung (5.4.7)) beschreibt die Wahrscheinlichkeitsverteilung einer Größe in ihrem Definitionsbereich. Die Integration über ein Teilintervall des Definitionsbereichs $[a : b]$ ergibt die Wahrscheinlichkeit, mit welcher die Größe einen Wert in diesem Intervall annimmt. In Abbildung 5.4 ist in der linken Abbildung der Verlauf eines fluktuierenden Skalares ϕ über der Zeit dargestellt. Der Skalar fluktuiert um seinen Mittelwert $\overline{\phi}$. Im mittleren Diagramm in Abbildung 5.4 ist die Wahrscheinlichkeit abgebildet mit welcher der Skalar einen Wert kleiner gleich ϕ annimmt. Dies ist die kumulative Verteilungsfunktion. Die Ableitung der kumulativen Verteilungsfunktion ist im rechten Diagramm dargestellt. Sie ergibt die Wahrscheinlichkeitsdichtefunktion.

Die statistischen Grundlagen, welche zum Verständnis der getroffenen Vereinfachungen und der in Kapitel 6 beschriebenen Integration chemischer Tabellen notwendig sind, werden im Folgenden kurz eingeführt. Zur besseren Übersichtlichkeit ist die Abhängigkeit von Ort $\mathbf{x}$ und Zeit t nicht explizit angegeben. Ist $F\left(\varphi\right)$ die Wahrscheinlichkeit für die Bedingung $\phi < \varphi$, wobei φ die skalare Variable im Stichprobenraum

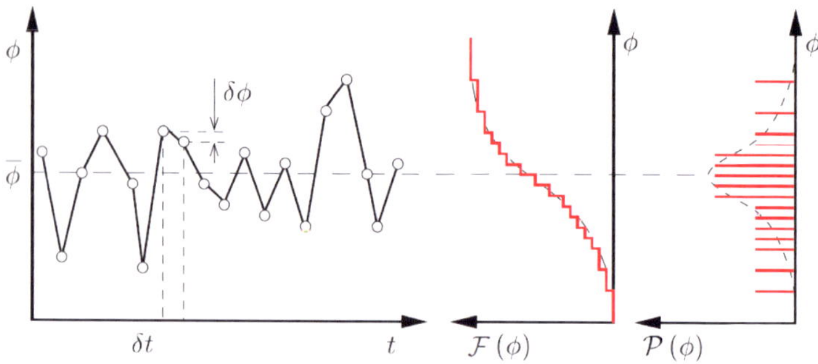

Abbildung 5.4.: Wahrscheinlichkeitsdichtefunktion (Quelle: Hoffmann
[43])

bezeichnet, so gilt

$$\mathcal{F}(\varphi) = Prob\,(\phi < \varphi).$$
(5.4.6)

Die Wahrscheinlichkeitsdichtefunktion ist dann definiert durch

$$\mathcal{P}(\varphi) = \frac{d\mathcal{F}(\varphi)}{d\varphi}.$$
(5.4.7)

Somit ist die Wahrscheinlichkeit eine Variable ϕ im Intervall $[\varphi : \varphi + d\varphi]$
zu finden

$$Prob(\varphi < \phi < \varphi + d\varphi) = \mathcal{P}(\varphi)\,d\varphi.$$
(5.4.8)

Betrachten wir nun eine Funktion $Q(\varphi)$ und suchen deren Erwartungswert, so erhalten wir diesen durch Integration über den Stichprobenraum

$$\overline{Q}(\phi) = \int_{-\infty}^{\infty} Q(\varphi)\mathcal{P}(\varphi)\,d\varphi.$$
(5.4.9)

Diese Größe wird auch als erstes zentrales Moment der Zufallsgröße
bezeichnet. Das zweite zentrale Moment ergibt sich aus

$$\overline{Q'^2}(\phi) = \int_{-\infty}^{\infty} \left(Q(\varphi) - \overline{Q}(\varphi)\right)^2 \mathcal{P}(\varphi)\,d\varphi$$
(5.4.10)

und wird häufiger auch als Varianz bezeichnet. Die Quadratwurzel der Varianz ergibt die Standardabweichung.

$$Q'(\phi)) = \sqrt{\overline{Q'^2}(\phi)} \tag{5.4.11}$$

Das dritte zentrale Moment wird als Schiefe und das vierte Moment als Wölbung bezeichnet. Sie bilden die höheren Momente und werden oft als Maß der Abweichung von einer Normalverteilung verwendet. Sie finden in der Turbulenzmodellierung nur wenig Anwendung und sollen hier nur der Vollständigkeit halber erwähnt werden. Ist die Funktion der Wahrscheinlichkeitsdichte bekannt, so können alle Momente beliebiger Ordnung bestimmt werden. Umgekehrt kann jedoch selbst bei Kenntnis aller Momente nicht von diesen auf die Wahrscheinlichkeitsdichte zurückgeschlossen werden.

Da die in der Verbrennung relevanten Prozessgrößen selten nur Funktion einer Variablen sind, werden im Folgenden die sogenannten Verbundwahrscheinlichkeiten eingeführt. Betrachten wir zwei Zufallsvariablen ϕ_1 und ϕ_2 in deren Stichprobenraum φ_1 und φ_2, so gilt für die Wahrscheinlichkeit, dass Bedingung A $\{\phi_1 < \varphi_1\}$ und Bedingung B $\{\phi_2 < \varphi_2\}$ erfüllt sind

$$\mathcal{F}_{12}(\varphi_1, \varphi_2) = Prob\,(A \cap B)\,. \tag{5.4.12}$$

Die Verbundwahrscheinlichkeitsdichte JPDF (engl.: Joint Propability Density Function) ist wiederum definiert über die Ableitung der kumulativen Verteilungsfunktion F nach ihren unabhängigen Variablen

$$\mathcal{P}_{12}(\varphi_1, \varphi_2) = \frac{\partial^2 \mathcal{F}_{12}(\varphi_1, \varphi_2)}{\partial \varphi_1 \partial \varphi_2}\,. \tag{5.4.13}$$

Integrieren wir die Verbundwahrscheinlichkeitsdichte nur über einen Stichprobenraum, so erhalten wir die Randverteilung

$$\mathcal{P}_2(\varphi_2) = \int_{-\infty}^{\infty} \mathcal{P}_{12}(\varphi_1, \varphi_2)\,d\varphi_1\,. \tag{5.4.14}$$

Dies führt zum Konzept der bedingten Wahrscheinlichkeitsdichte. Betrachten wir die Wahrscheinlichkeitsdichte für ϕ_2 bedingt auf $\phi_1 = \varphi_1$, so erhalten wir die bedingte Wahrscheinlichkeitsdichte für ϕ_2

$$\mathcal{P}_{2|1}\left(\varphi_2|\varphi_1\right) = \frac{\mathcal{P}_{12}\left(\varphi_1,\varphi_2\right)}{\mathcal{P}_1(\varphi_1)}. \qquad (5.4.15)$$

Für die turbulente Verbrennungsmodellierung ist das Prinzip der statistischen Unabhängigkeit von besonderer Bedeutung. Sind zwei Variablen voneinander unabhängig, so liefert die Kenntnis einer dieser Variablen keine Information über die andere Variable. Somit sind die bedingte Wahrscheinlichkeitsdichte und die Randverteilungsfunktion gleich. Es gilt:

$$\mathcal{P}_{2|1}\left(\varphi_2|\varphi_1\right) = \mathcal{P}_2\left(\varphi_2\right) \qquad (5.4.16)$$

Unter Annahme einer statistischen Unabhängigkeit der Variablen vereinfacht sich Gleichung (5.4.13) dann zu

$$\mathcal{P}_{12}\left(\varphi_1,\varphi_2\right) = \mathcal{P}_1\left(\varphi_1\right) \cdot \mathcal{P}_2\left(\varphi_2\right). \qquad (5.4.17)$$

Betrachten wir nun eine Funktion $Q(\phi_1,\phi_2)$, so gilt analog zu Gleichung (5.4.9) und (5.4.10):

$$\overline{Q}(\phi_1,\phi_2) = \int_{-\infty}^{\infty}\int_{-\infty}^{\infty} Q(\varphi_1,\varphi_2)\mathcal{P}_{12}\left(\varphi_1,\varphi_2\right) d\varphi_1 d\varphi_2. \qquad (5.4.18)$$

$$\overline{Q''^2}(\phi_1,\phi_2) = \int_{-\infty}^{\infty}\int_{-\infty}^{\infty} \left(Q(\varphi_1,\varphi_2) - \overline{Q}(\varphi_1,\varphi_2)\right)^2 \mathcal{P}_{12}\left(\varphi_1,\varphi_2\right) d\varphi_1 d\varphi_2 \qquad (5.4.19)$$

Betrachten wir nun noch die beiden Skalare als statistisch unabhängig, so vereinfachen sich diese Beziehungen noch weiter zu:

$$\overline{Q}(\phi_1,\phi_2) = \int_{-\infty}^{\infty}\int_{-\infty}^{\infty} Q(\varphi_1,\varphi_2)\mathcal{P}_1\left(\varphi_1\right)\mathcal{P}_2\left(\varphi_2\right) d\varphi_1 d\varphi_2. \qquad (5.4.20)$$

$$\overline{Q''^2}(\phi_1,\phi_2) = \int_{-\infty}^{\infty}\int_{-\infty}^{\infty} \left(Q(\varphi_1,\varphi_2) - \overline{Q}(\varphi_1,\varphi_2)\right)^2 \mathcal{P}_1\left(\varphi_1\right)\mathcal{P}_2\left(\varphi_2\right) d\varphi_1 d\varphi_2 \qquad (5.4.21)$$

Sind die Prozessgrößen, beispielsweise die Reaktionsrate, eine Funktion der unabhängigen Variablen ϕ_1 und ϕ_2, so kann, wenn die Verbundwahrscheinlichkeitsdichtefunktion bekannt ist, über Gleichungen (5.4.20) und (5.4.21) deren Mittelwert und Varianz bestimmt werden. Das in dieser Arbeit verwendete Flamelet-Konzept sowie die Reaktionsmodellierung auf Basis eines Reaktionsfortschritts verwenden Wahrscheinlichkeitsdichtefunktionen zur Beschreibung der Wechselwirkung von Turbulenz und Chemie. Diese Modelle werden im folgenden Kapitel eingeführt.

5.4.2.1. Das Steady-State-Flamelet-Konzept

Das Flamelet-Konzept wurde von Peters entwickelt [91][92][93] und hat sich seit seiner Einführung über die letzten Jahre weit verbreitet. In dieser Arbeit kommt eine von Pitsch et al. vorgeschlagene Erweiterung zur Anwendung [102]. Peters nahm an, dass die Flammenfront einer Diffusionsflamme sich am Punkt der stöchiometrischen Mischung befindet und die Gradienten der Mischung und Temperatur normal zur Flammenfront sind. Unter diesen Annahmen konnte er eine Koordinatentransformation der Komponentenerhaltung und der Energieerhaltung vom Ortsraum in den Mischungsbruchraum durchführen. Die transformierten Gleichungen lauten:

Komponentenerhaltung

$$\rho \frac{\partial Y_k}{\partial t} = 0,5\rho\chi\frac{\partial^2 Y_k}{\partial f^2} + \dot{\omega}_k \tag{5.4.22}$$

Energieerhaltung

$$\rho \frac{\partial T}{\partial t} = 0,5\rho\chi\frac{\partial^2 T}{\partial f^2} - \frac{1}{c_p}\sum h_k\dot{\omega}_k + \frac{1}{2c_p}\chi\left[\frac{\partial c_p}{\partial f} + \sum c_{p,k}\frac{\partial Y_k}{\partial f}\right]\frac{\partial T}{\partial f} \tag{5.4.23}$$

Der Variable χ ist die skalare Dissipationsrate des Mischungsbruchs und ist definiert über:

$$\chi = 2\Gamma_f \|\nabla f\|^2 \tag{5.4.24}$$

Die Stoffgröße Γ_f ist die Diffusivität des Mischungsbruchs. Die Dissipationsrate χ ist eine Funktion des Mischungsbruchs sowie der stöchiometrischen Streckungsrate a_{st} der Flamme. Kim et al. [62] haben folgende Funktion für die Dissipationsrate vorgeschlagen, welche sie aus der Untersuchung von Gegenstromdiffusionsflammen hergeleitet haben:

$$\chi\left(f, a_{st}\right) = \frac{a_s}{4\pi} \frac{3\left(\sqrt{\rho_\infty/\rho} + 1\right)^2}{2\sqrt{\rho_\infty/\rho} + 1} \exp\left(-2\left[erfc^{-1}(2f)\right]^2\right). \tag{5.4.25}$$

Die stöchiometrische Streckungsrate wiederum ist definiert über den Geschwindigkeitsgradienten an der Position der stöchiometrischen Zusammensetzung im Strömungsfeld durch

$$a_{st} = \left(\frac{\partial u}{\partial x}\right)_{st}. \tag{5.4.26}$$

Sie beschreibt den Einfluss der Streckung der Flamme durch die Strömung. Aufgrund der Streckung der Flamme steigt der lokale Stoff- und Temperaturgradient über die Flamme. Hierdurch kommt es zu einem erhöhten Stoff- und Wärmetransport aus der Flammenfront auf welchen lokale Reaktionsrate reagiert und sich die Zusammensetzung der Flamme zum chemischen Gleichgewicht ändert. Kann die lokale Wärmefreisetzungsrate den Wärmeverlust nicht mehr kompensieren, kommt es sogar zum Quenchen – Verlöschen – der Flamme. Im Unterschied zum Wirbel-Dissipationskonzept hat das Flamelet-Konzept somit einen Nichtgleichgewichtsparameter, der eine Auslenkung der Reaktion aus dem Gleichgewicht beschreibt.

Um das oben beschriebene laminare Flamelet-Konzept auf turbulente Strömung zu übertragen, wird folgender empirischer Ansatz für RANS-Simulationen verwendet [57]:

$$\chi_{st} = C_\chi \frac{\epsilon}{k} \widetilde{f''^2} \tag{5.4.27}$$

Für die Modellkonstante gilt $C_\chi = 2$. Durch Gleichung 5.4.25 und 5.4.27 besteht somit ein funktionaler Zusammenhang zwischen den turbulenten Größen $k, \epsilon, \widetilde{f''^2}$ und der stöchiometrischen Streckungsrate a_{st}.

Die sogenannten Flamelet-Gleichungen (5.4.22) und (5.4.23) können für eine Reihe an stöchiometrischen Streckungsraten gelöst werden und tabellarisch gespeichert werden. Das Ergebnis ist ein vortabellierter Zusammenhang der abhängigen Variablen ϕ, beispielsweise Temperatur und Massenbruch der Komponenten, als Funktion der unabhängigen Variablen Mischungsbruch f und Streckungsrate bzw. stöchiometrischer Dissipationsrate χ_{st}. Zur Betrachtung einer turbulenten Strömung muss zusätzlich noch die Varianz des Mischungsbruchs berücksichtigt werden, um den Einfluss der turbulenten Fluktuation der lokalen Mischung zu berücksichtigen. Dies erfolgt durch Integration der Tabelle über eine vorangenommene Form der Wahrscheinlichkeitsdichtefunktion des Mischungsbruchs. Daher ist das Flamelet-Modell für turbulente reaktive Strömungen unter den auf einer Wahrscheinlichkeitsdichtefunktion basierenden Reaktionsmodellen einzuordnen. Für die zweite unabhängige Variable des Flamelet-Modells – der stöchiometrischen Dissipationsrate – wird in dieser Arbeit eine δ-PDF angenommen, d.h. sie unterliegt keiner Fluktuation.

Ist die Wahrscheinlichkeitsdichtefunktion des Mischungsbruchs bekannt, so können die Mittelwerte der Strömungsgrößen durch Integration bestimmt und ebenfalls tabelliert werden:

$$\overline{\phi}\left(\overline{f}, \overline{f'^2}, \chi_{st}\right) = \int_0^\infty \int_0^1 \phi\left(f, \chi_{st}\right) \mathcal{P}_f \delta\left(\overline{\chi_{st}} - \chi_{st}\right) df d\chi \tag{5.4.28}$$

Für einen Mittelwert gemäß der Favre-Mittlung gilt analog die folgende Beziehung:

$$\widetilde{\phi}\left(\widetilde{f},\widetilde{f''^2},\chi_{st}\right) = \widetilde{\rho}\left(\widetilde{f},\widetilde{f''^2},\chi_{st}\right) \int_0^\infty \int_0^1 \frac{\phi\left(f,\chi_{st}\right)}{\rho\left(f,\chi_{st}\right)} \mathcal{P}_f \delta\left(\widetilde{\chi_{st}} - \chi_{st}\right) df d\chi.$$

$$(5.4.29)$$

Hier sind ϕ z.B. die Größen Konzentration, Temperatur, Dichte und die physikalischen Transportgrößen. Auf die Integration chemischer Tabellen wird in Kapitel 6 noch genauer eingegangen.

Während der Simulation kann nun zusätzlich zu den Erhaltungsgleichungen einer turbulenten Strömung eine Erhaltungsgleichung für den Mischungsbruch und seiner Varianz gelöst werden (siehe Gleichung (5.3.4) und (5.3.6)). Die stöchiometrische Dissipationsrate χ_{st} lässt sich dann anhand der turbulenten, kinetischen Energie k und der turbulenten Dissipationsrate ϵ sowie der Mischungsbruchvarianz $\widetilde{f''^2}$ anhand von Gleichung (5.4.27) bestimmen. Da hiermit alle unabhängigen Variablen bekannt sind, lässt sich die lokale Zusammensetzung aus der vortabellierten chemischen Datenbank auslesen.

Alternativ lässt sich zum Lösen der Flamelet-Gleichungen zur Tabellierung der Chemie auch eine Gegenstromdiffusionsflamme lösen. Dieser Ansatz wird im Folgenden verwendet und in Kapitel 6 noch ausführlicher beschrieben.

Das in dieser Arbeit verwendete Flamelet-Modell entspricht den von Peters ursprünglich vorgeschlagenen Annahmen. Hierbei sollen die folgenden Punkte betont werden. Der einzige Parameter, der ein Abweichen der Flamme vom chemischen Gleichgewicht beschreibt, ist die Streckungsrate bzw. stöchiometrische Dissipationsrate der Flamme. Es berücksichtigt keine reaktionskinetischen Zeitmaße. Die Reaktion wird an jedem Ort als unendlich schnell im Vergleich zu Strömungs- und Mischungszeitmaßen betrachtet. Die Flamme antwortet dabei der Streckung ohne Verzögerung.

Es finden sich jedoch in der Literatur einige Arbeiten, welche das Flamelet-Modell erweitern. Pitsch et al. versuchte unter anderem das Flamelet-Modell um eine instationäre Formulierung zu erweitern, um die Reaktion der Flamme auf die Geschwindigkeit der Änderung der Streckungsrate zu beschreiben [100] [103]. Auch auf dem Flamelet-Modell basierende Level-Set-Ansätze finden sich in der Literatur, um die reaktionskinetischen Zeitmaße zu berücksichtigen und so auch u.a. abgehobene Flammen beschreiben zu können [101]. Ihme und Pitsch erweiterten das Flamelet-Modell um einen Reaktionsfortschrittsterm und verwendeten es in einer LES-Formulierung um Verlösch- und Wiederzündeffekte zu untersuchen [47] [48] [127]. Es finden sich auch Ansätze um teilvorgemischte Flammen zu rechnen [26]. Die genannten Arbeiten stellen hierbei nur eine exemplarische Auswahl dar und erheben nicht den Anspruch der Vollständigkeit.

5.4.2.2. Reaktionsmodellierung auf Basis eines Reaktionsfortschritts

Statistische Methoden auf Basis von Wahrscheinlichkeitsdichtefunktionen (PDF Probability Density Funtion) bzw. Verbundwahrscheinlichkeitsdichten (JPDF - Joint Probability Density Function) mit einer Reaktionsfortschrittsvariablen finden seit mehreren Jahren Anwendung in der Reaktionsmodellierung zur Beschreibung der Turbulenz/Chemie-Interaktion. Eine Einführung findet sich unter anderem in [104] [7] [33].

Am Engler-Bunte-Institut wurden JPDF-Reaktionsmodelle zunächst von Phillip für nicht vorgemischte Drallflammen verwendet, wobei der Reaktionsfortschritt über die Temperatur bestimmt wurde [97]. Habisreuther verwendete einen Ausbrandgrad zur Beschreibung des Reaktionsfortschritts [39], welcher in einer ähnlichen Formulierung auch Anwendung in der Arbeit von Hoffmann fand [43]. Wetzel erweiterte das JPDF-Reaktionsmodell um die Berücksichtigung von Wärmeverlusten [138], was auch in Ansätzen schon in der Arbeit von Habisreuther diskutiert wurde. In all diesen Arbeiten basierte die Reduktion der Chemie auf einer Globalchemie bei gleichzeitiger Aufteilung der Reaktion in zwei Bereiche. Im ersten Bereich findet die Oxidation des Brennstoffes zu Kohlenmonoxid statt, welches im zweiten Bereich zu Kohlendioxid weiter oxidiert wird. Eine genauere Beschreibungen findet sich in den zuvor zitierten Arbeiten. In dieser Arbeit basiert die Reduktion der Chemie auf den idealisierten Modellsystemen, welche in Kapitel 5.2 beschrieben wurden. Weiterhin wird das JPDF-Reaktionsmodell in dieser Arbeit um eine LES-Formulierung erweitert, die zitierten Arbeiten verwenden ausschließlich eine RANS-Formulierung. Des weiteren wird das JPDF-Modell mit Zweiphasenströmungen gekoppelt.

Zur Modellierung der turbulenten Reaktion auf Basis einer Verbundwahrscheinlichkeitsdichte wird in dieser Arbeit die Mischung wie auch im Flamelet-Modell mittels des Mischungsbruchs f beschrieben. Der Fortschritt der Reaktion wird über den Reaktionsfortschritt c (siehe Kapitel (5.3.2)) beschrieben.

Mit Hilfe der in Kapitel 5.2.1 und 5.2.2 beschriebenen Modellsysteme können nun, wie zuvor beim Flamelet-Modell angeführt, chemische Tabellen erzeugt werden, in welchen die unabhängigen Variablen als Funktion des Mischungsbruchs und des Reaktionsfortschritts tabelliert sind. Hierbei dienen die Modellsysteme zur Reduktion der chemischen Reaktion auf einen durch den Reaktionsfortschritt beschriebenen Reaktionspfad.

Beide Größen, Mischungsbruch und Reaktionsfortschritt, unterliegen in einer turbulenten Strömung Schwankungen. Somit sind die von ihnen abhängigen Größen Funktion einer Verbundwahrscheinlichkeit. Nimmt man jeweils eine Wahrscheinlichkeitsdichtefunktion für den Mischungsbruch und Reaktionsfortschritt an, so kann unter Annahme der statistischen Unabhängigkeit eine Verbundwahrscheinlichkeitsdichtefunktion generiert werden und die chemische Tabelle integriert werden.

Die Bestimmung der Mittelwerte der Größen ϕ erfolgt wie zuvor für das Flamelet-Konzept beschrieben durch folgende Gleichungen

$$\overline{\phi}\left(\overline{f},\overline{f'^2},\overline{c},\overline{c'^2}\right) = \int_0^1 \int_0^1 \phi\left(f,c\right) \mathcal{P}_f \mathcal{P}_c df dc. \tag{5.4.30}$$

Für eine Favre-Mittlung gilt analog

$$\widetilde{\phi}\left(\widetilde{f},\widetilde{f'^2},\widetilde{c},\widetilde{c'^2}\right) = \widetilde{\rho}\left(\widetilde{f},\widetilde{f'^2},\widetilde{c},\widetilde{c'^2}\right) \int_0^1 \int_0^1 \frac{\phi\left(f,c\right)}{\rho\left(f,c\right)} \mathcal{P}_f \mathcal{P}_c df dc. \tag{5.4.31}$$

Die Schließung des mittleren Reaktionsquellterms $\dot{S}_c$ erfolgt hierbei ebenfalls nach Gleichungen (5.4.30) und (5.4.31). Der Reaktionsquellterm der Transportgleichung der Reaktionsfortschrittvarianz kann wie folgt berechnet werden:

$$\overline{S_c'c'}\left(\overline{f},\overline{f'^2},\overline{c},\overline{c'^2}\right) = \int_0^1 \int_0^1 \left(S_c\left(f,c\right) - \overline{S_c}\left(\overline{f},\overline{f'^2},\overline{c},\overline{c'^2}\right)\right)^2 \mathcal{P}_f \mathcal{P}_c df dc \tag{5.4.32}$$

bzw.

$$\widetilde{S_c''c''}\left(\widetilde{f},\widetilde{f''^2},\widetilde{c},\widetilde{c''^2}\right) = \widetilde{\rho}\left(\widetilde{f},\widetilde{f''^2},\widetilde{c},\widetilde{c''^2}\right)$$

$$\int_0^1 \int_0^1 \frac{\left(S_c\left(f,c\right) - \widetilde{S_c}\left(\widetilde{f},\widetilde{f''^2},\widetilde{c},\widetilde{c''^2}\right)\right)^2}{\rho\left(f,c\right)} \mathcal{P}_f \mathcal{P}_c df dc \tag{5.4.33}$$

Auf die Integration der chemischen Tabellen wird in Kapitel 6 noch genauer eingegangen. Während der Simulation wird nun jeweils eine Transportgleichung für jeweils den Mittelwert und die Varianz der Variablen Mischungsbruch und Reaktionsfortschritt gelöst. Die Transportgleichungen sind in Kapitel 5.3.1 und 5.3.2 bereits beschrieben.

6. Chemische Tabellen für die Reaktionsmodellierung turbulenter Strömungen

In diesem Kapitel soll näher auf die Methodik der Generierung chemischer Tabellen eingegangen werden. Im ersten Teil wird die Erstellung chemischer Tabellen über das Flamelet-Modell sowie idealisierte Modellsysteme, wie sie in Kapitel 5.2 und 5.4.2.1 besprochen wurden, beschrieben. Zweck dieser Tabellen ist es, die durch die Modellsysteme reduzierten Reaktionspfade als Funktion der modellspezifischen unabhängigen Variablen abzulegen und während der Simulation mittels Auslesen dieser zugänglich zu machen. Neben der Einführung in die Erstellung solcher Tabellen soll in diesem Kapitel anhand der Tabellen auch der Einfluss der Modellannahmen auf die tabellierten Daten und somit die Simulation gezeigt werden.

Die chemischen Tabellen beinhalten noch keine statistischen Informationen wie sie zur Modellierung turbulenter Reaktion benötigt werden. Um die Tabellen um diese Informationen zu erweitern, müssen diese unter Annahme einer Verbundwahrscheinlichkeitsdichte, gemäß den Gleichungen (5.4.20) und (5.4.19), integriert werden.

Im zweiten Teil dieses Kapitels soll diese Integration unter Annahme einer vorangenommenen Form Wahrscheinlichkeitsdichtefunktion diskutiert werden. Hierfür werden zunächst die numerischen Integrationsalgorithmen zur Integration eindimensionaler Daten besprochen und anschließend die Erweiterung zur Integration multidimensionaler chemischer Tabellen beschrieben.

6.1. Chemische Tabellen

Zur Generierung chemischer Tabellen für die Simulation reagierender, turbulenter Strömungen wurden in dieser Arbeit drei Modellsysteme untersucht, die Gegenstromdiffusionsflamme, der homogene Reaktor und die planare laminare Vormischflamme. Die Gegenstromdiffusionsflamme wird verwendet um Flamelet-Tabellen zu erzeugen. Sie werden in Kapitel 6.1.1 besprochen und dienen zur Simulation turbulenter reaktiver Strömungen mittels des Flamelet-Konzepts (siehe Kapitel 5.4.2.1).

Über die zwei weiteren Modelle des homogenen Reaktors und der planaren laminare Vormischflamme werden Tabellen zur Reaktionsmodellierung auf Basis eines Reaktionsfortschritts (siehe Kapitel 5.4.2.2) erstellt. Die Generierung dieser Tabellen wird in Kapitel 6.1.2 näher beschrieben.

6.1.1. Flamelet-Tabellen

Das Flamelet-Modell nach Peters beschreibt die chemische Reaktion über zwei Parameter, den Mischungsbruch f und die Dissipationsrate χ (siehe Kapitel 5.4.2.1). Diese beiden Parameter beschreiben gemäß dem Flamelet-Modell vollständig die chemische Reaktion und sie kann in Abhängigkeit dieser beiden Parameter vortabelliert werden. Die Tabellierung kann durch das Lösen der Flamelet-Gleichungen (5.4.22) und (5.4.23) oder durch das Lösen einer Gegenstromdiffussionsflamme (siehe Kapitel 5.2.3), welches die Annahmen des Flamelet-Modells nach Peters gut abbildet, erfolgen. Die Gegenstromdiffusionsflamme hat den signifikanten Vorteil, dass der Verlauf der Dissipationsrate über dem

Mischungsbruch nicht modelliert werden muss, sondern sich durch das Lösen der Impuls- und Komponentenerhaltungsgleichungen (5.2.9) und (5.2.11) direkt aus der Lösung ergibt. Gleichung (5.4.25), welche diese Abhängigkeit empirisch modelliert, entfällt somit und muss nicht mehr modelliert werden. Weiterhin ermöglicht die Gegenstromdiffusionsflamme im Vergleich zu den Flamelet-Gleichungen die Berücksichtigung der unterschiedlichen Diffusion der einzelnen Komponenten der Mischung, während die Formulierung der Flamelet-Gleichungen von einer Lewis-Zahl gleich Eins für alle Komponenten ausgeht.

In Abbildung 6.1(a) ist das Ergebnis der Simulation einer Wasser-stoff/Luft-Gegenstromdiffusionsflamme anhand der Edukte und Haupt-produkte sowie der Temperatur dargestellt. Der Brennstoff ist hier ein Gemisch aus 50 Vol% H_2 und 50 Vol% N_2. Der Oxidator ist technische Luft. Die Vorwärmtemperatur beträgt für diese Flamme 298 K.

Der Brennstoff wird in diesem Fall von oben zugegeben, der Oxidator strömt von unten zu. Es bildet sich eine Flamme aus, welche sich zwischen den Einlässe stabilisiert. Die Lage ist hierbei von den Geschwindigkeitsverhältnissen an den Einlässen abhängig. Die Temperatur und die Reaktionsprodukte zeigen an der Position der Flamme ihren höchsten Wert und fallen jeweils in Richtung der Einlässe auf die entsprechenden Werte im jeweiligen Frischgas ab. Unter Anwendung der Definition des Mischungsbruchs (Gleichung (5.3.1)) lässt sich die Lösung einer Gegenstromdiffusionsflamme vom Ortsraum in den Mischungsbruchraum transformieren, welche die erste unabhängige Variable des Flamelet-Modells darstellt. Die transformierte Lösung ist in Abbildung 6.1(b) und 6.1(d) gezeigt. Die Temperatur zeigt im Mischungsbruchraum ihren höchsten Wert im Bereich des stöchiometrischen Mischungsbruchs. Der Maximalwert kann hierbei durch den Effekt der bevorzugten Diffusion leicht vom stöchiometrischen Mischungsbruch verschoben sein. Für das hier verwendete Gemisch ist der stöchiometrische Mischungsbruch

$f_{st} = 0,31$. Wie anfangs angesprochen wird die Gegenstromflamme verwendet um Streckungseffekt auf die Flamme zu untersuchen. Ein Maß für die Streckung der Flamme stellt die globale Streckungsrate a_0 dar. Sie ist definiert als

$$a_0 = \frac{\Delta u}{\Delta s},\tag{6.1.1}$$

wobei Δu die Differenz der Geschwindigkeiten an den beiden Einlässen (Brennstoff und Oxidator) und Δs die Distanz zwischen den Einlässen beschreibt. Je höher die globale Streckungsrate ist, desto stärker wird die Flamme gestreckt. In dem in Abbildung 6.1(a) und 6.1(b) gezeigten Beispiel beträgt die Streckungsrate $a_0 = 7\frac{1}{s}$, was einer gemäßigten Streckung entspricht.

Erhöht man die Streckungsrate auf $a_0 = 100\frac{1}{s}$, so wird die Flamme, wie in Abbildung Abbildung 6.1(c) gesehen werden kann, aufgrund der Streckung dünner. Hierdurch steigen Temperatur- und Stoffgradienten über die Flamme hinweg an und der Wärmeverlust aus der Flamme nimmt zu. Dies kann auch anhand der sinkenden maximalen Temperatur der Flamme gesehen werden. Über den Mischungsbruchraum betrachtet, kommt es zu einer Verbreiterung der Flamme aufgrund der zunehmenden Transportprozesse (siehe Abbildung 6.1(d)). Wird eine kritische Streckungsrate überschritten, kommt es zum Quenchen der Flamme, da der Wärmeverlust aus der Flamme nicht mehr durch die Wärmefreisetzungsrate kompensiert werden kann. Dieser Prozess kann anschaulich anhand der folgenden vereinfachten Energieerhaltungsgleichung des Flamelet-Modells nach Peters [93] gezeigt werden:

$$0,5\rho\chi\frac{\partial^2 T}{\partial f^2} = \frac{1}{c_p}\sum h_k\dot{\omega}_k\tag{6.1.2}$$

Die Dissipationsrate in Gleichung (6.1.2) ist nach Gleichung (5.4.25) abhängig von der Streckungsrate und steigt mit dieser. Sie ist ein Maß für die durch die Streckung erhöhten Diffusionsprozesse im Mischungsbruchraum. Steigt die Dissipationsrate bei unveränderter Reaktionsrate so sinkt die lokale Temperatur. Hierdurch sinkt jedoch wiederum die Reaktionsrate, bis sich ein neues Gleichgewicht entsprechend der erhöhten Streckung einstellt. Ist die Dissipationsrate jedoch zu hoch, kann die chemische Reaktionsrate dies nicht mehr kompensieren und es kommt zum Quenchen der Flamme.

Wird nun eine Reihe von Gegenstromdiffusionsflammen vom ungestreckten bis zum gequenchten Zustand berechnet, so erhält man eine Flamelet-Tabelle. Abbildung 6.2(a) zeigt solch eine 2-dimensionale Tabelle. Dargestellt ist die Temperatur in Abhängigkeit des Mischungsbruchs und der stöchiometrischen Dissipationsrate, welche die zweite Dimension gemäß dem Flamelet-Modell beschreibt. Abbildung 6.2(b) zeigt den Verlauf der Dissipationsrate. Ihr Wert beim stöchiometrischen Mischungsbruch f_{st} ergibt die stöchiometrische Dissipationsrate. Dieser Wert wird jeweils direkt nach der Simulation der Gegenstromdiffusionsflamme aus dem Ergebnis gewonnen und anhand dieses Wertes der gewonnene Datensatz in der Tabelle abgelegt. Verfolgt man den Verlauf der Temperatur entlang der stöchiometrischen Dissipationsrate χ_{st}, so sieht man deutlich den Abfall der maximalen Temperatur bis zum Quenchen der Flamme bei $\chi_{st} \approx 1500 \frac{1}{s}$, welches dem letzten Punkt einer Flamelet-Tabelle entspricht.

Durch diese Formulierung berücksichtigt das Flamelet-Modell zwar den Einfluss der Streckung auf die Flamme, beschreibt jedoch immer einen Gleichgewichtszustand. Dieser entspricht nicht dem chemischen Gleichgewicht wie es über die Minimierung der Gibbschen Enthalpie bestimmt werden kann, sondern einem Gleichgewichtszustand zwischen chemischer Reaktion und Wärmeverlust. Auf diese Weise beschreibt das Steady-State-Flamelet-Modell die Auslenkung der Reaktion aus dem chemischen Gleichgewicht über die Streckung der Flamme, geht jedoch davon aus, dass die Flamme ohne Verzögerung auf diese Streckung antwortet.

Diese Gegebenheit lässt sich gut anhand der typischen S-Kurve der maximalen Temperatur eines stationären Diffusions-Flamelets, dargestellt in Abbildung 6.3, zeigen. Der obere Verlauf der Kurve – oberhalb des Punktes Q – entspricht dem Zustand eines brennenden Flamelets. Für eine Erhöhung der Streckungsrate und somit steigender Dissipationsrate verläuft die Kurve nach links bis zum Quenchpunkt Q. Ab hier existiert nur der Zustand des erloschenen Flamelets, der dem unteren Verlauf der Kurve – unterhalb I – entspricht. Die Kurve zwischen I und Q wiederum entspricht dem Zünden bzw. Quenchen eines Flamelets. Dies ist ein instationärer Prozess und wird nicht durch das Flamelet-Modell wiedergegeben. Peters [93] argumentiert, dass dieser Wiederzündprozess in einer Diffusionsflamme unwahrscheinlich wäre, da er zu hohe Verweilzeiten aufgrund zu hoher Selbstzündzeiten bedarf. Dies ist jedoch mit Sicherheit nicht der Fall für technische Flammen, für welche durch beispielsweise Einmischen heißer Abgase die Selbstzündzeiten deutlich in den Bereich der Verweilzeiten innerhalb der Brennkammer fallen. Modelle, die diesen instationären Bereich des Zündens beschreiben können, werden im nächsten Kapitel diskutiert.

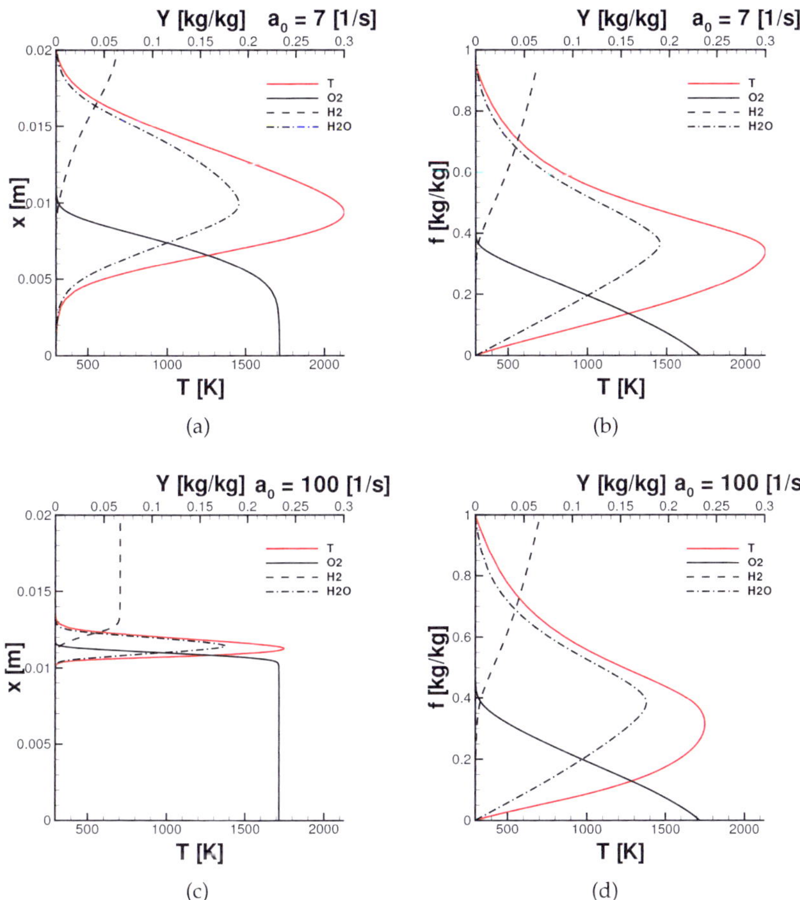

Abbildung 6.1.: Gegenstromdiffusionsflammen unterschiedlicher globaler Streckungsraten im Orts- und Mischungsbruchraum für ein H_2/N_2-Gemisch aus 50 Vol% H_2 in technischer Luft ($T_0 = 298K$, $p = 1bar$)

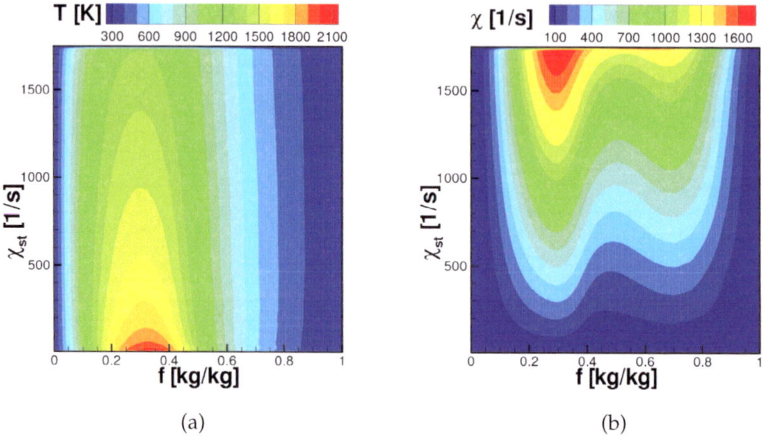

Abbildung 6.2.: Temperatur- und Dissipationsratenkontur einer Flamelet-Tabelle eines H_2/N_2-Gemischs aus 50 Vol% H_2 in technischer Luft generiert mittels Simulationen von Gegenstromdiffusionsflammen ($T_0 = 298K$, $p = 1bar$)

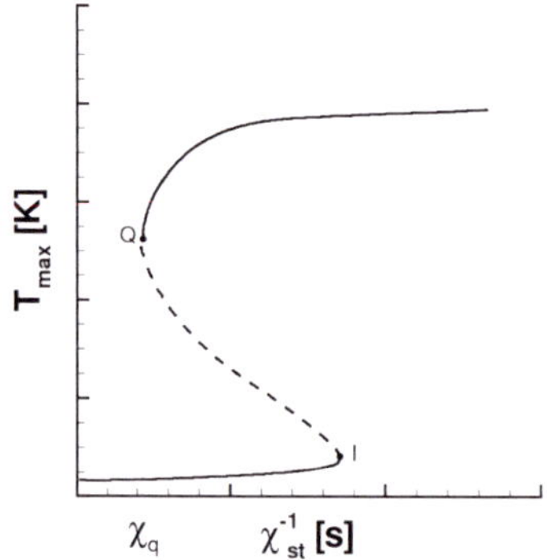

Abbildung 6.3.: Verlauf der maximalen Temperatur eines kalten Flamelets über den Zündvorgang bis zum stabil brennenden Zustand als Funktion der Streckungsrate [93]

6.1.2. Tabellen auf Basis eines Reaktionsfortschritts

Zur Tabellierung der Chemie auf Basis eines Reaktionsfortschritts wird zunächst die Chemie, wie in Kapitel 5.3 beschrieben, über einfache Modellsysteme auf einen Reaktionspfad reduziert. Dieser Reaktionspfad wird durch eine Reaktionsfortschrittsvariable beschrieben. Hierbei werden Modellsysteme gewählt, die die Struktur bzw. den Bedingungen in der realen, technischen Flamme entsprechen. Im Folgenden werden zwei Ansätze verfolgt.

Der homogene Reaktor (siehe Kapitel 5.2.1) beschreibt die Reaktion von einer Anfangszusammensetzung bis zum vollständig verbrannten Gemisch, ohne den Einfluss von Transportmechanismen wie Diffusion oder Konvektion. Unter der Annahme, dass dieser Reaktionspfad auch dem Reaktionspfad während der technischen Verbrennung entspricht, d.h. das Gemisch während des Verbrennungsprozesses diesem über den homogenen Reaktor bestimmten Hauptreaktionspfad folgt bzw. in einer gegenüber den Zeitskalen der Transportprozesse vernachlässigbaren Relaxationszeit auf diesen relaxiert, kann das Modell des homogenen Reaktors auf reale Flammen übertragen werden. Die chemischen Tabellen beinhalten keinerlei Information über den Transport der Komponenten bzw. der Energie. Dieser wird nur durch die Transportgleichungen während der Simulation beschrieben. Die in der Tabelle gespeicherten Raten beziehen sich ausschließlich auf die mittlere Rate des Reaktionsfortschritts $\widetilde{\omega_c}$, wie sie sich über die reine Reaktionskinetik des verwendeten Mechanismus ergibt.

Das zweite Modell ist das Modell der laminaren planaren Vormischflamme. Abbildung 6.4 zeigt anhand der Temperatur und der Hauptkomponenten einer Wasserstoff/Luft-Vormischflamme deren Struktur. Die Vormischflamme kann in drei Zonen aufgeteilt werden, der Vorwärmzone, der Reaktionszone und der Ausbrandzone. Die Vorwärmzone

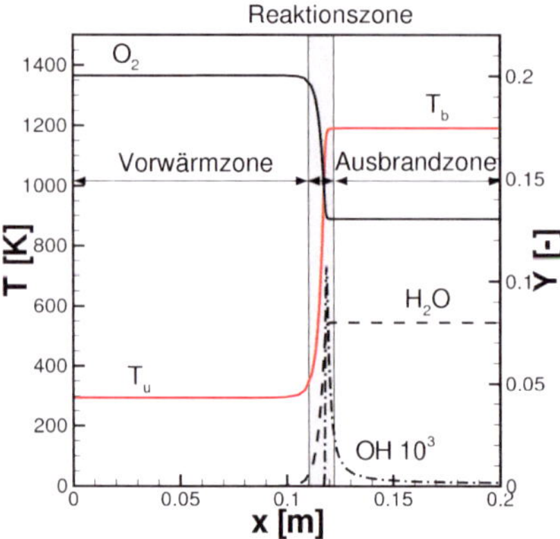

Abbildung 6.4.: Darstellung der drei Zonen einer laminaren Vormischflamme

ist durch den Transportprozess von Wärme aus der Reaktionszone in
diese geprägt. Das Gemisch wird bis zur Zündtemperatur vorgewärmt.
Nach dem Zünden der Flamme schließt sich die Reaktionszone an die
Vorwärmzone an. Hier finden die schnellen, wärmefreisetzenden Reak-
tionen statt. Die langsameren Reaktionen – z.B. die CO-Oxidation einer
Kohlenwasserstoffverbrennung – laufen in der Ausbrandzone ab.

Ein Maß für die Reaktionskinetik einer Vormischflamme ist die laminare Brenngeschwindigkeit S_l, mit der sich eine Flamme in Richtung des
Frischgases bewegt. Sie ist maßgeblich geprägt durch den Wärmetransport über die Reaktionszone hinweg. Aus einer einfachen Herleitung
kann über die Erhaltungsgleichung der Energie über die Flamme hinweg
gezeigt werden, dass für die Brenngeschwindigkeit folgende Beziehung
gilt [131]:

$$S_l = 2\frac{\kappa}{\delta}. \tag{6.1.3}$$

Hierbei ist κ die über die Flammendicke gemittelte Temperaturleitfähigkeit und δ die Flammendicke. Aus Gleichung (6.1.3) ist direkt ersichtlich,

dass die Flammengeschwindigkeit linear mit der Temperaturleitfähigkeit skaliert. Somit ist die Reaktionsrate der Flamme maßgeblich durch den Wärmetransport beeinflusst.

Dieses Modellsystem wird unter der Annahme, dass der Zustand einer Diffusionsflamme in einem Volumenelement des Rechengitters über eine lokal vorgemischte Vormischflamme beschreiben lässt, zur Abbildung des Reaktionspfades der zu simulierenden realen Flamme verwendet. Hierbei ist in der chemischen Tabelle der Effekt der Vorwärmung, welcher anhand Gleichung (6.1.3) ersichtlich ist, in der Tabelle enthalten. Die Zellgröße eines Rechengitter einer numerischen Simulation ist – abgesehen von DNS-Simulationen – in der Regel deutlich größer als die Flammendicke δ. Es lässt sich somit argumentieren, dass dieser Einfluss der Vorwärmung über die Flammenfront hinweg in der Simulation nicht aufgelöst werden kann und es somit gerechtfertigt ist, diesen über die Tabelle zu berücksichtigen.

Es soll nun kurz auf die Erzeugung chemischer Tabellen mittels des homogenen Reaktors und der Vormischflamme eingegangen werden. Der homogene Reaktor wird im weiteren vereinfacht als HRCT (**H**omogeneous **R**ea**CT**or) bezeichnet, die Vormischflamme als PREMIX (**PRE**-**MIX**ed).

In Abbildung 6.5 und 6.6 ist das Ergebnis einer planaren Vormischflamme für einen Mischungsbruch von $f = 0,14$ sowie für den stöchiometrischen Mischungsbruch $f = 0,31$ dargestellt. Das Stoffsystem entspricht dem Wasserstoff-Luft-Gemisch, welches schon zuvor im Rahmen der Diskussion der Flamelet-Tabelle verwendet wurde.

Wird der Verlauf des Produktes Wasser über die Flammenlänge hinweg betrachtet, so sieht man wie die Konzentration des Reaktionsproduktes Wasser kontinuierlich über die Länge ansteigt. Nehmen wir nun zur Beschreibung des Reaktionsfortschritts den Ansatz der charakteristischen Variablen nach Gleichung (5.3.11) und Wasser als charakteristische

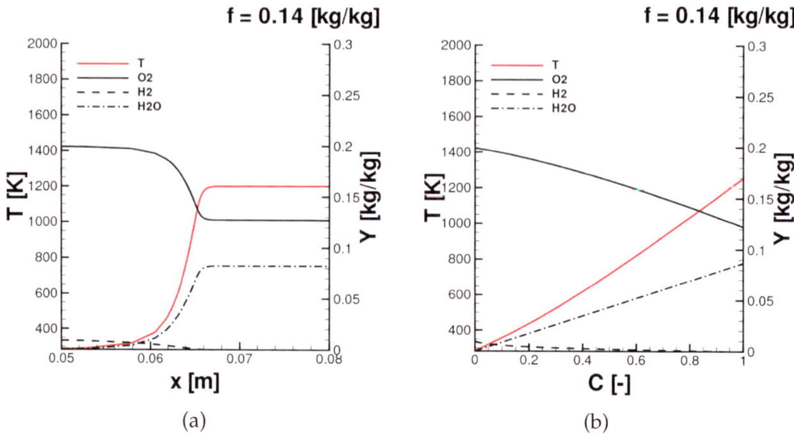

Abbildung 6.5.: Planare laminare Vormischflamme im Orts- und Reakti-onsfortschrittsraum für ein H_2/N_2-Gemisch aus 50 Vol% H_2 in technischer Luft ($T_0 = 298K$, $p = 1bar$, $f = 0,31$)

Variable, so lässt sich nach Gleichung (5.3.11) die Lösung in den Reakti-onsfortschrittsraum transformieren (siehe Abbildung 6.5b). Da Wasser als einzige charakteristische Variable verwendet wurde, steigt die Kon-zentration im Reaktionsfortschrittsraum nun linear an. Es könnte auch eine lineare Kombination mehrerer Variablen verwendet werden. Die Transformation ist somit zunächst von der Wahl der charakteristischen Variablen, hier Wasser, abhängig. Um in der Simulation unter Verwen-dung der chemischen Tabelle eine von der Wahl der charakteristischen Variablen unabhängige Lösung zu erhalten, wird die Reaktionsrate des Reaktionsfortschritts bestimmt durch:

$$\dot{\omega}_c = \frac{\sum_j \dot{\omega}_j}{\sum_j Y_{j,u} - \sum_j Y_{j,b}} \tag{6.1.4}$$

Die Rate $\sum_j \dot{\omega}_j$ ist die Summe der Reaktionsraten aller charakteristischen Variablen. Die Reaktionsrate der Reaktionsfortschrittsvariablen $\dot{\omega}_c$ be-

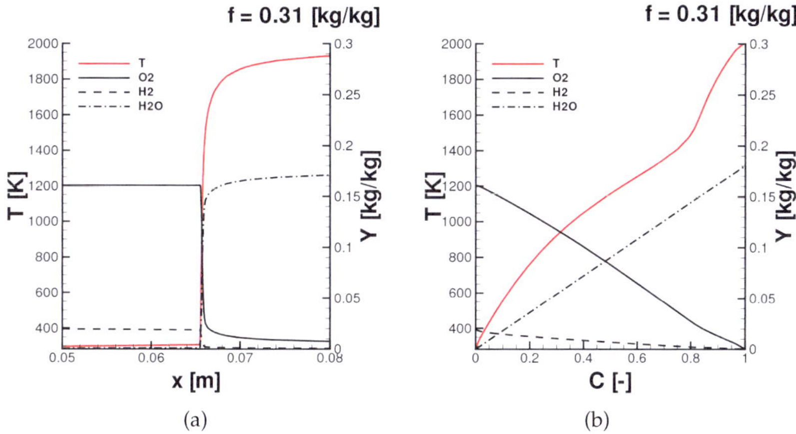

Abbildung 6.6.: Planare laminare Vormischflamme im Orts- und Reaktionsfortschrittsraum für ein H_2/N_2-Gemisch aus 50 Vol% H_2 in technischer Luft ($T_0 = 298K$, $p = 1bar$, $f = 0,31$)

schreibt die Kinetik im Reaktionsfortschrittsraum und bildet nach der Mittlung den Reaktionsquellterm in Gleichung 5.3.12. Sie skaliert das chemische Zeitmaß im Reaktionsfortschrittsraum unabhängig von der Wahl der charakteristischen Variablen.

Analog zur Reduktion anhand der laminaren planaren Vormischflamme kann – wie oben beschrieben – auch das Modell des homogenen Reaktors zur Reduktion verwendet werden. Die Ergebnisse der homogenen Reaktorrechnungen für die Mischungsbrüche $f = 0,14$ sowie $f = 0,31$ sind in Abbildung 6.7 über dem Reaktionsfortschritt dargestellt. Im Vergleich zur Vormischflamme erfolgt hier jedoch die Transformation vom Zeitraum in den Reaktionsfortschrittsraum.

Zur Erstellung 2-dimensionaler chemischer Tabellen in Abhängigkeit des Mischungsbruchs und Reaktionsfortschritts werden Simulationen laminarer Vormischflammen bzw. homogener Reaktoren über den ge-

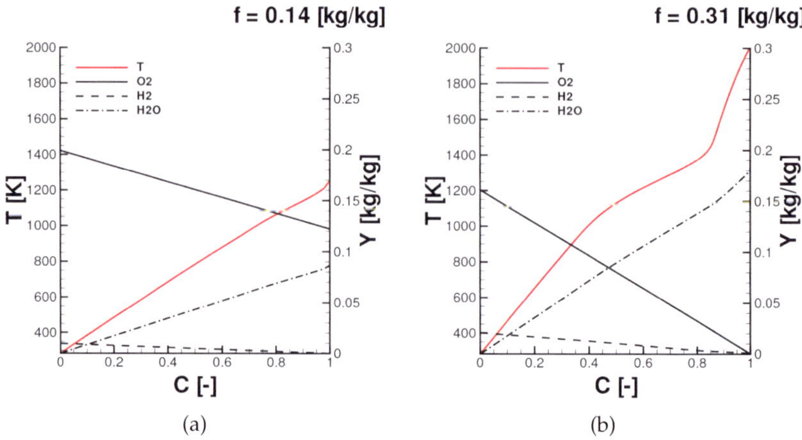

Abbildung 6.7.: homogene Reaktorrechnungen für zwei unterschiedliche Mischungsbrüche im Reaktionsfortschrittsraum für ein H_2/N_2-Gemisch aus 50 Vol% H_2 in technischer Luft ($T_0 = 298K$, $p = 1bar$, $f = 0,14|0,31$)

samten Mischungsbruchraum durchgeführt. Hierbei ist im Fall der laminaren Vormischflamme nur eine Lösung innerhalb der Zündgrenzen möglich. Außerhalb der Zündgrenzen geht die Reaktionsrate gegen Null. Die Zusammensetzung und die thermophysikalischen Größen werden von den Zündgrenzen zu den reinen Zuständen des Brennstoffes bzw. Oxidators hin linear interpoliert. Hierbei ist die Rate gleich Null und die Interpolation beschreibt lediglich die Mischung und ist daher gerechtfertigt. Die Lösung des homogenen Reaktors ist über den gesamten Mischungsbruchbereich hinweg möglich.

In Abbildung 6.8 ist die Temperaturkontur im linken Bild anhand der Reduktion über den homogenen Rektor und rechts anhand der laminaren Vormischflamme gezeigt. Hier ist der Effekt der Vorwärmung anhand des Temperaturverlaufs im Reaktionsfortschrittsraum zu erkennen. Die Temperaturkontur der laminaren Vormischflamme ist leicht in Richtung $c \to 0$ verschoben. In Abbildung 6.9 ist die zugehörige Kontur der Reaktionsrate abgebildet. Anhand der Reaktionsrate des Reaktionsfortschritts ist deutlich der Unterschied der beiden Tabellen ersichtlich. Der Einfluss der Vorwärmung im Falle der laminaren Vormischflamme – nur leicht anhand der Temperaturkontur erkennbar – führt zu einer ausgeprägten Verbreiterung der Reaktionszone im Reaktionsfortschrittsraum und zu einer deutlich erhöhten maximalen Reaktionsrate über die Flamme und somit dem Reaktionsfortschrittsraum hinweg.

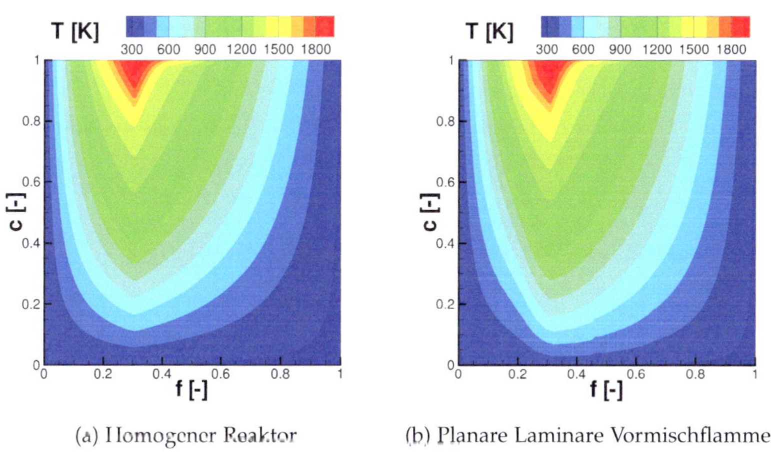

(a) Homogener Reaktor　　　　(b) Planare Laminare Vormischflamme

Abbildung 6.8.: Kontur der Temperatur der Tabellen auf Basis eines Reaktionsfortschritts für ein H_2/N_2-Gemisch aus 50 Vol% H_2 in technischer Luft ($T_0 = 298K$, $p = 1bar$, $f = 0,14|0,31$, $Y_c = Y_{H_2O}$)

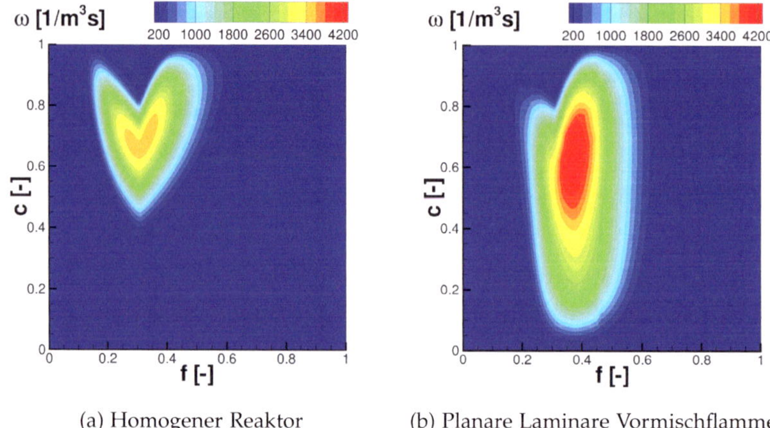

(a) Homogener Reaktor   (b) Planare Laminare Vormischflamme

Abbildung 6.9.: Kontur der Reaktionsrate des Reaktionsfortschritts der Tabellen auf Basis eines Reaktionsfortschritts für ein H_2/N_2-Gemisch aus 50 Vol% H_2 in technischer Luft ($T_0 = 298K$, $p = 1bar$, $f = 0,14|0,31$, $Y_c = Y_{H_2O}$)

6.2. Numerische Integration chemischer Tabellen

Zur Beschreibung der Turbulenz/Chemie-Interaktion werden sowohl im Flamelet-Modell als auch im JPDF-Reaktionsmodell eine vorangenommene Form der Wahrscheinlichkeitsdichtefunktion verwendet. Sie beschreiben die Statistik der transportierten Skalare – Mischungsbruch und Reaktionsfortschritt – über deren Mittelwert und Varianz. Sollen chemische Tabellen vortabelliert werden, um die Berechnung und Integration während der Simulation zu ersetzen und somit Rechenzeit zu sparen, so muss die Form dieser PDF bzw. JPDF vorangenommen werden. Daher werden diese Modelle im Englischen auch als "Presumed JPDF" Modelle bezeichnet. Alternativ können die Wahrscheinlichkeitsdichtefunktionen auch mittels stochastischer Partikel online erstellt werden [105]. Die numerischen Kosten sind jedoch im Vergleich zu vorangenommenen PDFs deutlich größer und daher für technische Systeme nur eingeschränkt anwendbar. In Kapitel 6.2.1 soll kurz auf die für die Modellierung von Verbrennungsprozessen üblichen Wahrscheinlichkeitsdichtefunktionen eingegangen werden.

Unter Annahme der PDF bzw. JPDF werden die chemischen Tabellen, wie sie im vorhergehenden Abschnitt beschrieben wurden, numerisch integriert, um die statistischen Informationen der Tabelle hinzuzufügen. Da während der Integration große Datenmengen in möglichst kurzer Zeit integriert werden müssen, sind die Integrationsalgorithmen sowohl vom mathematischen Ansatz – z.B. adaptiv oder feste Stützstellenverteilung – als auch vom numerischen Algorithmus – u.a. effiziente Speichernutzung – geschwindigkeitsoptimiert. Die Integrationsmethoden werden in Kapitel 6.2.2 beschrieben.

Insbesondere im Zusammenhang mit der JPDF-Reaktionsmodellierung erfolgt die Integration im mehrdimensionalen Raum. Die Erweiterung dieser Methoden auf mehrdimensionale chemische Tabellen wird in Kapitel 6.2.3 vorgestellt. Zunächst werden jedoch die hier zur Integration der Tabellen verwendeten Wahrscheinlichkeitsdichtefunktionen kurz vorgestellt.

6.2.1. Wahrscheinlichkeitsdichtefunktion

Die beiden bekanntesten und in der Literatur am weitesten verbreiteten Wahrscheinlichkeitsdichtefunktionen zur Beschreibung eines turbulenten Skalares sind die abgeschnittene Gauß'sche Verteilungsfunktion sowie die β-Verteilungsfunktion. Diese finden in dieser Arbeit ausschließlich Anwendung und sollen im Folgenden kurz eingeführt werden.

6.2.1.1. Abgeschnittene Gauß'sche Verteilungsfunktion

Die abgeschnittene Gaußverteilung für einen Skalar, welcher den Wertebereich 0 bis 1 aufweist, ist definiert über

$$\mathcal{P} = \alpha\delta\left(\phi\right) + \beta\delta\left(1 - \phi\right) + \left[\mathcal{H}\left(\phi\right) - \mathcal{H}\left(\phi - 1\right)\right]\gamma\mathcal{G}\left(\phi\right). \qquad (6.2.1)$$

Hier ist δ die Diracfunktion und $\mathcal{H}$ die Heavysidefunktion. Die Funktion $\mathcal{G}$ ist die Gaußverteilung. Während die Gaußverteilung einen Definitionsbereich von $-\infty$ bis ∞ besitzt, hat die abgeschnittene Gaußverteilung einen Definitionsbereich von 0 bis 1. Die Gaußverteilung $\mathcal{G}$ selbst ist definiert über

$$\mathcal{G} = \frac{1}{\sigma\sqrt{2\pi}}e^{\frac{-(\phi-\mu)^2}{2\sigma^2}}. \qquad (6.2.2)$$

Die Parameter α und β der abgeschnittenen Gaußverteilung beschränken die Verteilungsfunktion auf den Definitionsbereich $[0:1]$. Sie ergeben sich aus der Integration der Gaußverteilung $\mathcal{G}$ von $-\infty$ bis 0 bzw. von 1 bis ∞.

$$\alpha = \int_{-\infty}^{0} \mathcal{G}d\phi = \frac{1}{2}\left[1 - erf\left(\frac{\mu}{\sqrt{2}\sigma}\right)\right] \qquad (6.2.3)$$

$$\beta = \int_{-\infty}^{0} \mathcal{G}d\phi = \frac{1}{2}\left[1 - erf\left(\frac{1-\mu}{\sqrt{2}\sigma}\right)\right] \qquad (6.2.4)$$

Sie beschreiben die Wahrscheinlichkeit auf den Rändern 0 und 1 über die Diracfunktion δ (siehe Gleichung (6.2.1)). Der Parameter γ normiert die abgeschnittene Gaußverteilung innerhalb des Intervalls $[0:1]$, so dass die Normierungsbedingung der Verteilungsfunktion $\int_0^1 \mathcal{P}\left(\phi\right)d\phi = 1$ stets erfüllt ist. Durch die Normierungsbedingung ergibt sich der Parameter zu

$$\gamma = \frac{2\left(1 - \alpha - \beta\right)}{erf\left(\frac{\mu}{\sqrt{2}\sigma}\right) + erf\left(\frac{1-\mu}{\sqrt{2}\sigma}\right)}. \qquad (6.2.5)$$

Die Parameter μ und σ der Gaußverteilung (6.2.2) entsprechen nicht dem Erwartungswert und der Standardabweichung der abgeschnittenen Gaußverteilung. Die Parameter μ und σ müssen als Funktion des

Mittelwerts und der Standardabweichung bestimmt werden. Hierfür wird ein Verfahren angewandt, welches an das von Lockwood und Naguib [77] angelehnt ist. Mittels eines binären Suchalgorithmus werden μ und σ als Kombinationen von Mittelwert $\overline{\phi}$ und Varianz $\overline{\phi''}$ tabellarisch gespeichert und können zur Integration über die Verteilungsfunktion aus diesen mit Hilfe der Tabelle durch Interpolation bestimmt werden. Der binäre Suchalgorithmus erzeugt hierzu eine Tabelle, in welcher der Fehler durch lineare Interpolation kleiner 1% ist. In Abbildung 6.10 ist ein exemplarischer Verlauf der abgeschnittenen Gauß'schen Verteilungsfunktion abgebildet. Die oben diskutierten Verhältnisse zwischen den Parametern der Gaußverteilung σ und μ sowie dem Mittelwert $\overline{\Phi}$ und der Varianz $\overline{\Phi''}$ sind schematisch dargestellt.

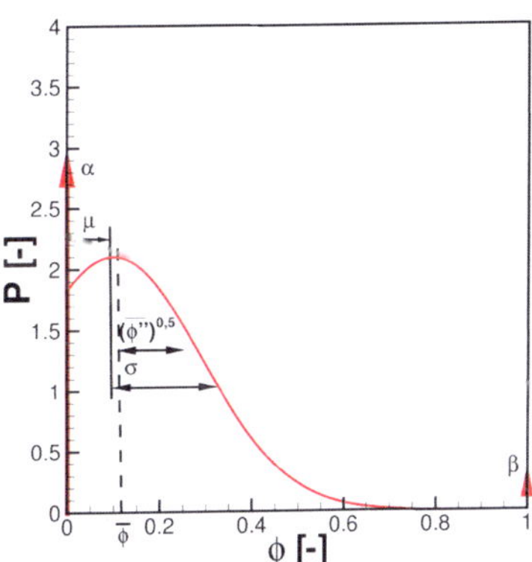

Abbildung 6.10.: Abgeschnittene Gauß'sche Verteilungsfunktion

6.2.1.2. β-Verteilungsfunktion

Die β-Verteilungsfunktion im Intervall $[0:1]$ ist gegeben durch

$$\mathcal{P}(\phi) = \frac{1}{B(\alpha,\beta)}\phi^{\alpha-1}(1-\phi)^{\beta-1}. \tag{6.2.6}$$

Für den Normierungsfaktor $B(\alpha,\beta)$ gilt die Beziehung

$$B(\alpha,\beta) = \frac{\Gamma(\alpha)\,\Gamma(\beta)}{\Gamma(\alpha+\beta)} = \int_0^1 \varphi^{\alpha-1}(1-\varphi)^{\beta-1}\,d\varphi. \tag{6.2.7}$$

Hier ist Γ die Gammafunktion. Für den Mittelwert und die Varianz der β-Verteilung gelten die folgenden funktionalen Zusammenhänge:

$$\overline{\phi} = \frac{\alpha}{\alpha+\beta} \tag{6.2.8}$$

$$\overline{\phi'^2} = \frac{\alpha\beta}{(\alpha+\beta+1)(\alpha+\beta)^2} \tag{6.2.9}$$

Aus den Gleichungen (6.2.8) und (6.2.9) können die Parameter α und β durch Umformen als Funktion von Mittelwert und Varianz bestimmt werden.

$$\alpha = \overline{\phi}\left[\frac{\overline{\phi}(1-\overline{\phi})}{\overline{\phi'^2}} - 1\right] \tag{6.2.10}$$

$$\beta = (1-\overline{\phi})\left[\frac{\overline{\phi}(1-\overline{\phi})}{\overline{\phi'^2}} - 1\right] \tag{6.2.11}$$

Abbildung 6.11 zeigt den Verlauf der β-Verteilungsfunktion für verschiedene Kombinationen aus Mittelwert und normierter Varianz $\overline{\phi'^2_n} = \frac{\overline{\phi'^2}}{\overline{\phi'^2}_{max}}$. Der Verlauf der β-Verteilungsfunktion zeigt für bestimmte Mittelwerte und Varianzen Singularitäten an den Rändern. Der Verlauf für einen Mittelwert von $0,1$ und einer normierten Varianz von $0,3$ in Abbildung 6.11 zeigt eine Singularität am linken Rand. Dies muss für die Integration der Gleichungen (5.4.28) bis (5.4.33) berücksichtigt werden. Für eine schnelle und robuste Integration bedarf es somit einer Behandlung der Integrationsränder. Hierauf wird im nächsten Abschnitt eingegangen.

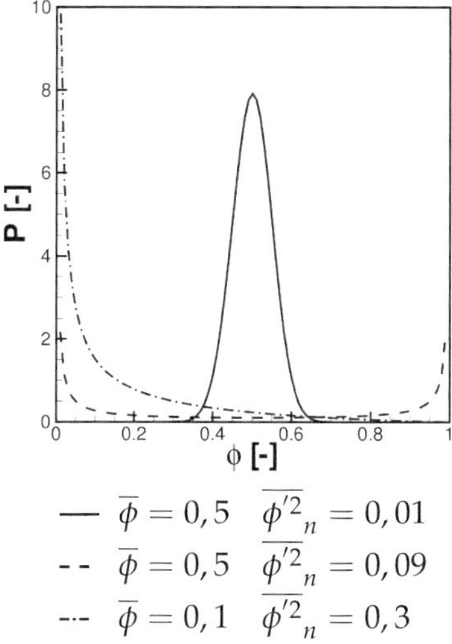

$$— \quad \overline{\phi} = 0,5 \quad \overline{\phi'^2}_n = 0,01$$
$$\text{-- --} \quad \overline{\phi} = 0,5 \quad \overline{\phi'^2}_n = 0,09$$
$$\text{-- -- --} \quad \overline{\phi} = 0,1 \quad \overline{\phi'^2}_n = 0,3$$

Abbildung 6.11.: β-Verteilungsfunktion

6.2.2. Numerische Integrationsmethoden

Zur Integration der chemischen Tabellen wurden in dieser Arbeit zwei Algorithmen verwendet der Romberg-Algorithmus und ein Integrationsalgorithmus nach Liu et al. [76]. Mit Hilfe dieser Integrationsalgorithmen erfolgt die Integration der Gleichungen (5.4.28) bis (5.4.33). Beide Algorithmen sind Integrationsmethoden zur Integration eindimensionaler Funktionen. Die Erweiterung für die Integration mehrdimensionaler Funktionen wird in Kapitel 6.2.3 beschrieben.

6.2.2.1. Romberg-Algorithmus

Der Romberg-Algorithmus ist ein von Werner Romberg [119] vorgeschlagenes numerisches Verfahren zur Bestimmung von Integralen. Er ist eine Erweiterung der Trapezregel durch Extrapolation. Die Trapezregel besagt, dass die Fläche unter einem Integral durch eine Trapezfläche angenähert werden kann

$$\int_a^b f(x)dx \approx \frac{b-a}{2}\left(f(a)+f(b)\right).$$ (6.2.12)

Unterteilt man das Integral in N Intervalle der Breite $h = \frac{b-a}{N}$, so erhält man durch N-fache Anwendung der Trapezregel

$$\int_a^b f(x)dx \approx \frac{b-a}{2N}\left(f(a)+f(b)+2\sum_{i=1}^{N-1}f(a+ih)\right)+\mathcal{O}(h^2).$$ (6.2.13)

Wobei der Fehler der Integration quadratisch von der Intervallbreite h abhängt. Im Romberg-Verfahren wird der Fehler durch Extrapolation abgeschätzt und in die Integration mit einbezogen. Hierdurch reduziert sich die Ordnung des Fehlerglieds und es werden weniger Iterationsschritte benötigt, bis eine ausreichende Genauigkeit der Integration erreicht wird. Abbildung 6.12 zeigt exemplarisch die Unterteilung einer β-pdf in Teilintervalle. Im Romberg-Verfahren haben diese Teilintervalle eine konstante Intervallbreite h. Für die Integration von tabellierten Werten mit dem Romberg-Verfahren bedeutet dies, dass die Intervallbreite immer weiter halbierbar sein muss. Daher wird eine hohe Tabellenauflösung der chemischen Tabellen benötigt. Weiterhin kann das Romberg-Verfahren keine Funktionen integrieren, welche im Integrationsintervall eine Singularität aufweisen. Die abgeschnittene Gaußverteilung sowie die β-Verteilungsfunktion weißen an den Rändern eine Unstetigkeit bzw. Singularität auf. Daher werden die Ränder nicht mit dem Romberg-Verfahren integriert. Hierzu wird das Integral in drei Integrale zerlegt. Nehmen wir eine Prozessgröße ϕ an, welche nur vom Mischungsbruch f abhängt, so gilt

$$\begin{aligned}\widetilde{\phi} &= \int_0^\delta \phi(f)\mathcal{P}_f(f)\,df + \int_\delta^{1-\delta}\phi(f)\mathcal{P}_f(f)\,df \\ &\quad + \int_{1-\delta}^1 \phi(f)\mathcal{P}_f(f)\,df.\end{aligned}$$ (6.2.14)

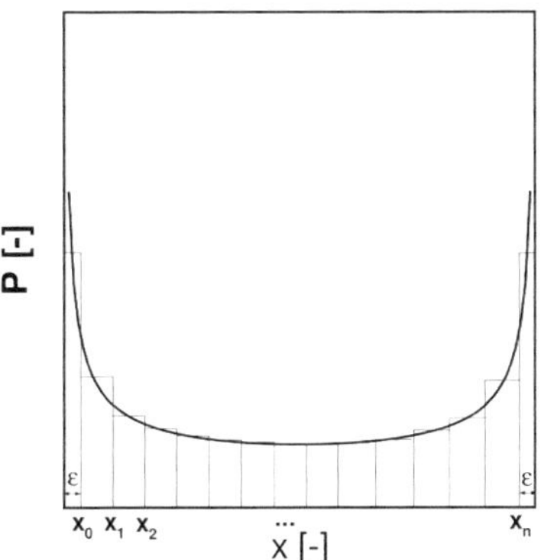

Abbildung 6.12.: Numerische Integration mit dem Romberg-Verfahren

Die Randintegrale werden hierbei über die kumulative Verteilungsfunktion $\mathcal{F}$ unter Annahme eines konstanten Funktionswertes $\phi(f)$ am Rand gelöst:

$$\int_0^\delta \phi(f)\mathcal{P}_f(f)\,df = \mathcal{F}(\delta)\phi(\delta/2) \tag{6.2.15}$$

$$\int_{1-\delta}^1 \phi(f)\mathcal{P}_f(f)\,df = [1-\mathcal{F}(1-\delta)]\,\phi(1-\delta/2) \tag{6.2.16}$$

Wird der Abstand zum Rand δ klein gewählt, so ist der hierdurch entstandene Fehler als klein anzunehmen. Der Einfluss des Randabstands auf die Genauigkeit wird in Kapitel 8 noch diskutiert. Die Integration der chemischen Tabellen in dieser Arbeit erfolgt je nach Modell über den Mischungsbruch und Reaktionsfortschritt. Da sowohl im Zustand des reinen Oxidator oder Brennstoffes ($f = 0$ bzw. $f = 1$) als auch im Zustand der unverbrannten bzw. vollständig verbrannten Mischung ($c = 0$ bzw $c = 1$) sich die Prozessgrößen kaum ändern, ist auch die Annahme eines konstanten Funktionswertes in diesem Bereich als gerechtfertigt anzusehen.

Die in dieser Arbeit verwendete Form des Romberg-Algorithmus wurde dem Buch "Numerical Recipies" [109] entnommen.

6.2.2.2. Liu-Integration

Das Integrationsverfahren nach Liu et al. basiert auf der Publikation [76]. Es stellt kein eigenständiges numerisches Integrationsverfahren wie das Romberg-Verfahren dar, sondern ist eine optimierte Aufteilung der Integrationsintervalle.

Da die β-PDF die größten Gradienten an den Rändern aufweist und im mittleren Intervall eher gemäßigt verläuft, schlägt Liu vor, die Stützstellen am Rand exponentiell zu verteilen. Zusätzlich werden, wie schon zuvor anhand des Romberg-Verfahrens diskutiert, die Randbereiche nicht integriert, sondern über die kumulative Verteilungsfunktion gelöst. Er schlägt die folgende Aufteilung des Integrals in Teilintegrale vor:

$$\widetilde{\phi} = \int_0^{\delta} \phi(f)\mathcal{P}_f(f)\,df + \sum_{i=1}^{10} \int_{f_i}^{f_{i+1}} \phi(f)\mathcal{P}_f(f)\,df$$
$$+ \int_{1-\delta}^{1} \phi(f)\mathcal{P}_f(f)\,df \tag{6.2.17}$$

Die Integrationsgrenzen der Teilintegrale f_i lauten δ, 10^{-5}, 10^{-4}, 10^{-3}, 10^{-2}, $0,1$, $0,9$, $1-10^{-2}$, $1-10^{-3}$, $1-10^{-4}$, $1-10^{-5}$ und $1-\delta$. Sie sind somit logarithmisch verteilt, bis auf den Bereich $[0,1:0,9]$. Jedes dieser Integrale wird nach der einfachen Rechteckregel bestimmt. Die Rechteckregel lautet:

$$\int_a^b f(x) = \frac{b-a}{N} \sum_{i=1}^{N} f(a+ih) + \mathcal{O}(h). \tag{6.2.18}$$

Die Anzahl der Stützstellen pro Teilintegral beträgt n_{log} für den logarithmisch verteilten Bereich und n_{lin} für das Intervall $[0,1:0,9]$. Die Stützstellen innerhalb eines Teilintegrals sind gleichmäßig verteilt. Der

Funktionswert wird auf dem Mittelpunkt eines Intervalls bestimmt. Zusätzlich wendet Liu ein Verfahren zur Skalierung der Parameter α und β nach Chen et al. [13] an. Bei sehr hohen Werten von α und β werden diese skaliert, um ein numerisches Überlaufen zu vermeiden. Für Details sei auf [13] verwiesen. Diese Methodik findet im Rahmen dieser Arbeit ebenfalls Anwendung. Wie zu erkennen ist, ist das Verfahren nach Liu et al. auf die Integration der β-PDF spezialisiert und findet daher auch nicht Anwendung zur Integration der abgeschnittenen Gaußverteilung. Diese wird ausschließlich mittels des Romberg-Algorithmus integriert.

6.2.3. Multidimensionale Integration chemischer Tabellen

Ist eine Prozessgröße ϕ eine Funktion mehrerer Variablen φ_n, so erfolgt die Integration im n-dimensionalen Raum. Kann eine statistische Unabhängigkeit der Variablen angenommen werden (siehe Kapitel 5.4.2), so gilt für die Integration

$$\overline{\phi} = \int_{\varphi_n} \cdots \int_{\varphi_2} \int_{\varphi_1} \phi\left(\varphi_1, \varphi_2, \ldots \varphi_n\right) \mathcal{P}\left(\varphi_1, \varphi_2, \ldots \varphi_n\right) d\varphi_1 d\varphi_2 \ldots d\varphi_n.$$

$$(6.2.19)$$

Die mehrdimensionale Integration kann auf eine Unterteilung in eindimensionale Integrationen zurückgeführt werden durch

$$\overline{\phi} = \int_{\varphi_n} f_{n-1}\left(\varphi_1, \varphi_2, \ldots, \varphi_n\right) \mathcal{P}_n\left(\varphi_n\right) d\varphi_n. \qquad (6.2.20)$$

Hierbei wurde unter Annahme der statistischen Unabhängigkeit der Variablen, die Verbundwahrscheinlichkeit vereinfacht zu

$$\mathcal{P}\left(\varphi_1, \varphi_2, \ldots \varphi_n\right) = \prod_{i=1}^{n} \mathcal{P}_i\left(\varphi_i\right). \qquad (6.2.21)$$

Für die zu integrierende Funktion gilt dann die nachfolgende Beschreibung:

$$f_{n-1}\left(\varphi_1, \varphi_2, \ldots, \varphi_n\right) =$$
$$\int\limits_{\varphi_{n-1}} \cdots \int\limits_{\varphi_2} \int\limits_{\varphi_1} \phi\left(\varphi_1, \varphi_2, \ldots \varphi_{n-1}\right) \mathcal{P}\left(\varphi_1, \varphi_2, \ldots \varphi_{n-1}\right) d\varphi_1 d\varphi_2 \ldots d\varphi_{n-1}.$$

$$(6.2.22)$$

Auf diese Weise kann die mehrdimensionale Integration auf eindimensionale Integrationen reduziert werden, für welche die zuvor beschriebenen Integrationsalgorithmen nach Romberg und Liu Anwendung finden.

7. Tabellierungsroutinen und numerische Löser

Im Rahmen dieses Kapitels werden die Tabellierungsroutinen und numerischen Löser, die im Zuge dieser Arbeit entwickelt wurden, vorgestellt. Die Simulation einer turbulenten, reagierenden Strömung mit Hilfe chemischer Tabellen erfolgt in drei Schritten. Im ersten Schritt, dem chemischen Tabellierungsschritt, erfolgt die Reduktion der chemischen Reaktionspfade über die Modellsysteme. Im zweiten Schritt werden die im ersten Schritt gewonnenen chemischen Tabellen unter Annahme einer Verbundwahrscheinlichkeitsdichtefunktion numerisch integriert. Der dritte und letzte Schritt ist der eigentliche Simulationsprozess mit Hilfe eines CFD-Lösers. Im Folgenden wird die programmtechnische Umsetzung dieser drei Schritte beschrieben.

7.1. Tabellierung der Chemie

Die Tabellierung der Chemie stellt den ersten Schritt dar. Er beinhaltet die Reduktion des Reaktionsmechanismus über die Modellsysteme und die Ausgabe der Reduktion in einem Format, das durch die Folgeprogramme – Integrator und Löser – lesbar ist. Das Schema dieser Reduktion ist in Abbildung 7.1 dargestellt. Es besteht aus drei Schritten. Im ersten Schritt wird der Reaktionsmechanismus, die Transportdaten, die thermodynamischen Zustandsfunktionen und die Benutzereingabe aus Eingabedateien eingelesen. Anschließend erfolgt im zweiten Schritt die

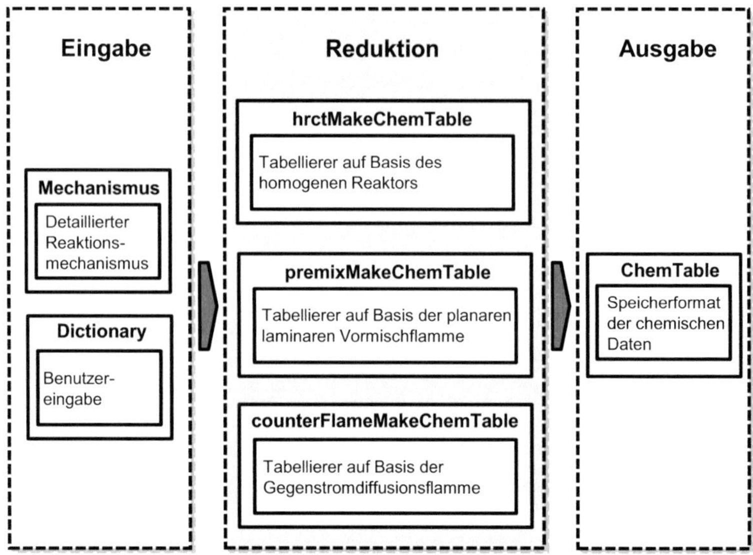

Abbildung 7.1.: Schema der Erstellung chemischer Tabellen

Reduktion durch das Modellsystem und im letzten Schritt die Ausgabe der durch die Reduktion erzeugten Daten.

Es wurden drei Modellsysteme betrachtet: die Gegenstromdiffusionsflamme, der homogene Reaktor und die planare laminare Vormischflamme. Für jedes dieser Modellsysteme wurde ein eigener Tabellierer entwickelt, der jedoch durch die Verwendung der objektorientierten Programmiersprache C++ modular aufgebaut ist, d.h. Teilprobleme der Tabellierung wie Interpolationen, Ein- und Ausgabeoperationen u.a. sind über Klasseninstanzen eingebunden und daher zum einen allen Tabellierern gemein und zum anderen einfach erweiterbar.

Die Eingabe der Tabellierer besteht aus einer Mechanismusdatei und einem sogenannten Dictionary, welches die Benutzereingabe beinhaltet. Die Eingabe des Mechanismus erfolgt über das Cantera-Format. Cantera ist eine nichtkommerzielle, objektorientierte C++-Bibliothek [36], die Funktionen zur Lösung reaktionstechnischer Problemstellungen bietet. Zusätzlich zu den Elementarreaktionen des detaillierten Mechanismus enthält die Mechanismusdatei die Transportdaten der einzelnen Komponenten sowie die thermodynamischen Zustandsfunktionen im NASA-Polynom-Format [10]. Über ein von Goodwin et al. entwickeltes Konvertierungsprogramm ist es weiterhin möglich Mechanismen und Stoffdaten im Chemkin-Format in das Cantera-Format zu konvertieren. Chemkin [59] ist wie Cantera eine Computer-Chemie Software, die jedoch kommerziell ist. Chemkin ist weit verbreitet und es wurden eine Vielzahl an Mechanismen für diese Software elektronisch publiziert, die zum Teil frei verfügbar sind. Die Tabellierer reduzieren den detaillierten Mechanismus entsprechend der Modellsysteme und speichern das Ergebnis in einer ChemTable, welches ein im Rahmen dieser Arbeit entwickeltes Format darstellt, das einen Austausch der Daten zwischen den einzelnen Programmen ermöglicht. Dieses Format wird von allen Programmen zur Ein- und Ausgabe der Daten verwendet.

Die Tabellierer des homogenen Reaktors (HRCT) und der laminaren Vormischflamme (PREMIX) lassen sich vereinfacht in einem gemeinsamen Schema (Abbildung 7.2) darstellen. Der Tabellierer liest die Daten des Mechanismus sowie die Benutzereingabe. Anhand der Benutzereingabe werden die Stützstellen des Mischungsbruchs f festgelegt und für jeden dieser Mischungsbrüche eine Simulation eines homogenen Rektors bzw. einer planaren laminaren Vormischflamme durchgeführt.

Zur Lösung des homogenen Reaktors werden die Gleichungen (5.2.1) bis (5.2.2) gelöst. Die Lösung erfolgt über ein Objekt der Klasse *ConstPressureReactor* aus der Cantera-Bibliothek [36]. Das Differentialgleichungssystem wird hierbei mit einer BDF-Methode (Backward Differentiation Formula) [109] aus der CVODE-Bibliothek gelöst.

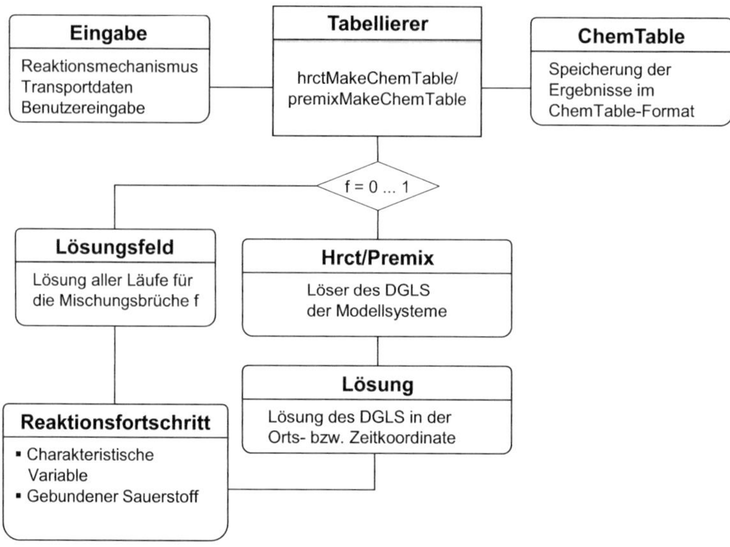

Abbildung 7.2.: Schema der Tabellierung über den homogenen Reaktor
und die laminare Vormischflamme

Zur Simulation der planaren laminaren Vormischflamme wird ein Objekt
der Klasse *FreeFlame* ebenfalls aus der Cantera-Bibliothek verwendet. Die
Lösung des eindimensionalen Differentialgleichungssystems (Gleichungen (5.2.4) bis (5.2.7) erfolgt über ein hybrides Newton-Iteration/Euler-
Zeitschritt-Verfahren angelehnt an den *TwoPnt*-Löser [38] des Chemkin-
Programmpaketes, welches durch Goodwin et al. leicht überarbeitet
wurde.

Die Lösung der Simulation wird jeweils in einem Lösungsfeld gespeichert. Mit Hilfe der Definitionen des Reaktionsfortschritts über wahl-
weise je nach Benutzereingabe dem gebundenen Sauerstoff (Gleichung
(5.3.10)) oder ausgewählten charakteristischen Komponentenmassenbrüchen (Gleichung (5.3.11)) erfolgt anschließend die Transformation dieser

Lösung in den Reaktionsfortschrittsraum und die Berechnung der Reaktionsfortschrittsrate ω_c. Die einzelnen transformierten Lösungen werden vollständig mit den Transportgrößen in einem Lösungsfeld abgelegt. Diese Lösungen werden dann in einer *ChemTable* gespeichert. Hierbei lässt sich über die Benutzereingabe steuern, welche Variablen ausgegeben werden sollen. Es empfiehlt sich nur die notwendigen Variablen für die Simulation in die Tabelle zu schreiben, um sie klein zu halten. Dies hängt jedoch vom gewählten Löser ab (siehe Kapitel 7.3).

Die Ausgabe erfolgt im bereits angesprochenen ChemTable-Format, welches von allen Tabellierungsprogrammen sowie dem Löser gelesen werden kann. Weiterhin kann die Ausgabe zu Darstellungs- und Analysezwecken im Tecplot- und VTK-Format ausgegeben werden. Die Ausgabe entspricht somit einer zweidimensionalen Tabelle, die das Ergebnis – die abhängigen Variablen – der einzelnen Simulationen als Funktion der unabhängigen Variablen Mischungsbruch und Reaktionsfortschritt speichert.

Für die Tabellierung mittels der Gegenstromdiffusionsflamme wird nicht über eine Anzahl an Stützstellen für den Mischungsbruch sondern der globalen Streckungsrate a_0 iteriert (siehe Abbildung 7.3). Die zu tabellierenden Streckungsraten werden aus einer Datei eingelesen. Die Iteration endet, sobald eine Streckungsrate erreicht wurde, die zum Quenchen der Flamme führt a_q. Die Lösung des Differentialgleichungssystems der Gegenstromdiffusionsflamme (Gleichungen (5.2.8) bis (5.2.7)) erfolgt hinsichtlich des mathematischen Lösungsverfahren analog zur planaren laminaren Vormischflamme. Die Lösung wird anschließend über die Definition des Mischungsbruchs (Gleichung (5.3.1)) in den Mischungsbruchraum transformiert und in einem Lösungsfeld gespeichert. Die Ausgabe erfolgt wie zuvor für die beiden anderen Modellsysteme. Die unabhängigen Variablen der Tabelle sind hierbei jedoch der Mischungsbruch f und die stöchiometrische Dissipationsrate χ_{st}, welche sich aus der Lösung der Gegenstromflamme über die Dissipationsrate χ an der Stelle des stöchiometrischen Mischungsbruchs f_{st} bestimmen lässt. Die Bestimmung der Dissipationsrate erfolgt gemäß Gleichung (5.4.24).

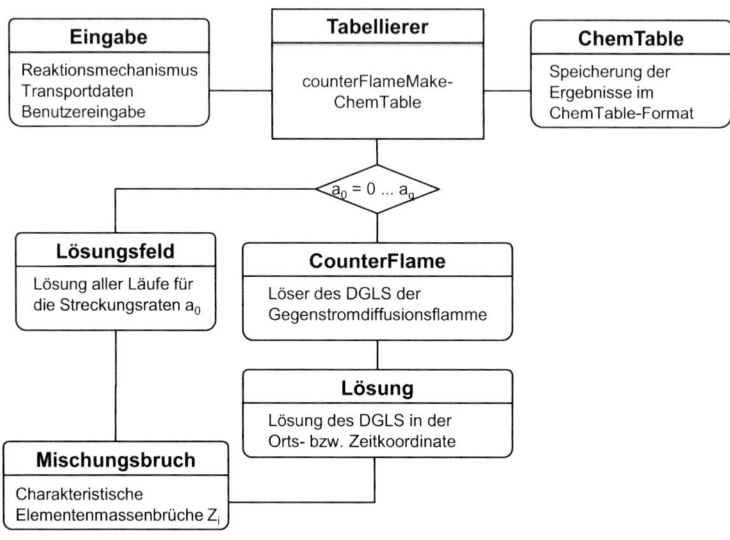

Abbildung 7.3.: Schema der Tabellierung über die Gegenstromdiffusionsflamme

7.2. Integration der chemischen Tabellen

Der zweite Schritt der Tabellierung ist die Integration der zuvor generierten chemischen Tabellen mittels einer angenommenen Verbundwahrscheinlichkeitsdichtefunktion. Die mathematische Beschreibung des Integrationsprozesses wurde in Kapitel 6.2.3 beschrieben. Sie beruht auf der sukzessive erfolgenden Integration von Unterintegralen der einzelnen Dimensionen der Tabelle (siehe Gleichung (6.2.22)). Numerisch erfolgt die Integration durch einen rekursiven Aufruf eindimensionaler Integratoren, wobei die zu integrierende Funktion das Ergebnis der Funktion f_{n-1} aus Gleichung (6.2.22) ist.

In Abbildung 7.4 ist der Algorithmus der Integration vereinfacht dargestellt. Das Programm zur Integration der Tabellen liest eine n-dimensionale, chemische Tabelle im zuvor beschriebenen *ChemTable*-Format ein, welche den funktionalen Zusammenhang zwischen den Prozessgrößen und den unabhängigen Variablen (z.B. Mischungsbruch und Reaktionsfortschritt) liefert. Über die Benutzereingabe wird festgelegt, welche der unabhängigen Variablen zu integrieren sind. Entsprechend der Anzahl an zu integrierenden Variablen ist die Dimension der Integration bestimmt. Für jede dieser Variablen ist zu definieren, welche Wahrscheinlichkeitsdichtefunktion zu verwenden ist und wie die Verteilung der Stützstellen zu erfolgen hat.

Zur Integration der Tabelle erzeugt das Programm zunächst eine Instanz der Klasse *JpdfFunctionIntegrator* für die höchste Dimension der Tabelle. *JpdfFuntionIntegrator* ist der Name einer Klasse, welche darauf spezialisiert ist, das Produkt aus einer Wahrscheinlichkeitsdichtefunktion und einer Funktion zu integrieren. Die zu integrierende Funktion kann hierbei eine weiteres Objekt der Klasse *JpdfFunctionIntegrator* sein oder ein Funktionsobjekt z.B. *ChemTable*.

Weiterhin erzeugt das Objekt dieser Klasse jeweils eine Instanz der abstrakten Klassen *Integrator* sowie *Pdf*. Die Klasse *Integrator* stellt als abstrakte Klasse die Schnittstellen zur Implementierung eindimensionaler Integratoren zur Verfügung. *Romberg* und *Liu* sind jeweils spezialisierte Klassen der abstrakten Klasse *Integrator*, welche die Integratoren aus Abschnitt 6.2.2.1 und 6.2.2.2 implementieren. Jede Dimension kann mit

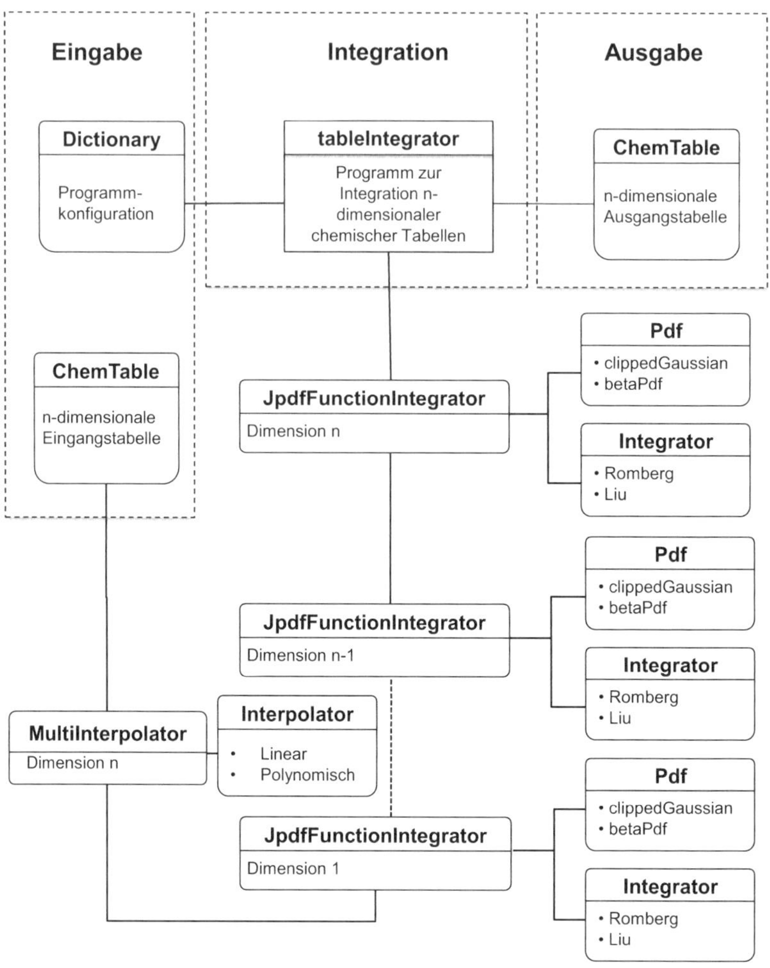

Abbildung 7.4.: Vereinfachtes Schema der n-dimensionalen Integration chemischer Tabellen

einem unterschiedlichen Integrationsalgorithmus integriert werden. *Pdf* ist ebenfalls eine abstrakte Klasse, welche die Wahrscheinlichkeitsdichtefunktion der aktuellen Dimension $\mathcal{P}_n\left(\varphi_n\right)$ einbindet. Spezialisierungen dieser Klasse sind die abgeschnittene Gaussverteilung und die β-PDF aus Kapitel 6.2.1.1 und 6.2.1.2. Ist die aktuelle Dimension des *JpdfFunctionIntegrators* größer als Eins erzeugt das Objekt rekursiv eine weitere Instanz der Klasse *JpdfFunctionIntegrator* als zu integrierende Funktion f_{n-1} aus Gleichung (6.2.22). Ist die Dimension gleich Eins wird die chemische Tabelle mit Hilfe der Klasse *MultiInterpolator* als zu integrierende Funktion eingebunden. Die Klasse *MultiInterpolator* ermöglicht hierbei die Verwendung der diskreten Tabelle als kontinuierliche Funktion.

Die chemische Tabelle stellt somit über die Interpolation die zu integrierende Funktion $\phi\left(\varphi_1, \varphi_2, \ldots \varphi_n\right)$ zur Verfügung. Die Klasse *MultiInterpolator* implementiert eine Interpolation im n-dimensionalen Raum. Hierzu wird für jede Dimension ein eindimensionaler Interpolator als Instanz der Klasse *Interpolate* eingebunden. *Interpolate* ist erneut eine abstrakte Klasse, deren spezialisierte Klassen jeweils eine lineare oder polynomische Interpolation einbinden. Es kann für jede Dimension eine unterschiedliche Interpolationsmethode verwendet werden. Bei der Einbindung der chemischen Tabelle als zu integrierende Funktion ist eine gute Auflösung der Tabelle entscheidend, um den Funktionsverlauf korrekt wiederzugeben.

Das Ergebnis der Integration ist eine chemische Tabelle, deren Dimension sich in Abhängigkeit der Anzahl an integrierten, unabhängigen Variablen von n auf m erhöht hat.

7.3. Einbindung der Reaktionsmodelle

Die Programmierung der numerischen CFD-Löser erfolgt über das nicht-kommerzielle Programmpaket OpenFOAM [2], welches wie Cantera in C++ programmiert ist und über Klassen, die zur Entwicklung numerischer CFD-Löser notwendige Algorithmen zur Verfügung stellt. Unter anderem bietet OpenFOAM eine Vielzahl an Diskretisierungsschematas wie das Gamma-Schema [52] sowie lineare Löser [51]. In Abbildung 7.5 ist das allgemeine Schema des Lösungsprozesses abgebildet. Dieses allgemein Schema teilen sich alle verwendeten CFD-Löser.

Der Löser liest zunächst die Randbedingungen, Anfangswerte und die Benutzereingabe ein. Anschließend beginnt der eigentliche Lösungsprozess. Im Falle einer stationären Simulation beginnt eine Schliefe über die Anzahl an Iterationsschritten n bis zur vorgegebenen maximalen Anzahl an Iterationen n_{end}. Ist die Konvergenz schon zuvor erreicht, kann die Simulation vorzeitig beendet werden. Für eine instationäre Simulation erfolgt die Schleife über die Zeitschritte t ausgehend von der Startzeit t_0 bis zur vorgegebenen Endzeit der Simulation t_{end}. Hierbei muss die der Zeitschritt Δt so gewählt werden, dass jeder einzelne Zeitschritt konvergiert. Innerhalb der Schleife werden die einzelnen Gleichungen nacheinander, getrennt gelöst, wobei während des Lösens einer Variable, alle anderen Variablen konstant gehalten werden.

Wird eine Zweiphasenströmung gelöst, so ist der erste Schritt das Lösen der Tropfentransportgleichungen über die Klassen *tableSpray/steadyTableSpray*, welche den Transport der Tropfen über eine Lagrange-Formulierung gemäß den in Kapitel 4 beschriebenen Modellen modelliert. Hierzu wird dem Objekt der Klasse die zur Lösung notwendigen Felder (Dichte, Geschwindigkeit etc.) übergeben. Über diese Felder werden nun die Erhaltungsgleichungen der Tropfen im Falle einer stationären Simulation bis zur vollständigen Verdampfung oder dem Austritt aus dem Rechengebiet gelöst. Für eine instationäre Simulation erfolgt der Transport über das Zeitintervall eines Zeitschritts der äußeren Schleife. Nach dem Lösen der dispersen Phase gibt das Funktionsobjekt die Quellterme an den Löser zurück. Die Kopplung der dispersen Phase erfolgt somit in beide Richtungen (kontinuierliche Phase $\Leftrightarrow$ disperse Phase). Der Lösungsschritt der dispersen Phase wird in Kapitel 7.3.1 noch genauer beschrieben.

Als nächster Schritt erfolgt die Lösung der Favre-gemittelten bzw. Favre-gefilterten Navier-Stokes-Gleichungen und die anschließende Korrektur des Drucks zur Massenerhaltung nach dem SIMPLE[120]/PISO [49]-Algorithmus. Für stationäre Simulationen erfolgt die Druckkorrektur über den SIMPLE-Algorithmus, wohingegen für instationäre Simulationen der PISO-Algorithmus verwendet wird. Informationen zur Einbindung dieser Algorithmen in OpenFOAM finden sich in [50]. Anschließend werden die Turbulenzgrößen entsprechend des Turbulenzmodells aktualisiert. Hier bietet OpenFOAM eine große Zahl an RANS- sowie LES-Modellen an. In dieser Arbeit wurden die in Kapitel 3 beschriebenen Modelle angewendet. Die Turbulenzmodelle können einfach über die Benutzereingabe ausgewählt werden (siehe [2]).

Nach den Turbulenzgleichungen erfolgt die Aktualisierung des Reaktionsmodells. Hierzu werden die zur Lösung der Transportgleichung nötigen Felder dem Reaktionsmodell übergeben. Das Reaktionsmodell wird über eine spezialisiertes Objekt der abstrakten Klasse *tableChemistry* eingebunden. Die generelle Schnittstelle ist für alle Reaktionsmodelle gleich. Die implementierten Reaktionsmodelle sind in Tabelle 7.1 aufgeführt.

Entsprechend dem Reaktionsmodell werden die unabhängigen Variablen über Transportgleichungen oder algebraisch bestimmt. Die für die Transportgleichung der Reaktionsmodelle notwendigen abhängigen Variablen – wie beispielsweise die Reaktionsrate des Reaktionsfortschritts –

flameletRAS	Steady-State-Flamelet-Modell für RANS-Simulationen
jpdfRAS	JPDF-Modell (Mischungsbruch und Reaktionsfortschritt) für RANS-Simulationen
jpdfLES	JPDF-Modell für LES-Simulationen wobei die Varianzen von Mischungsbruch und Reaktionsfortschritt algebraisch bestimmt werden (siehe Gleichungen (5.3.8) und (5.3.14))
jpdfLESvariance-Transport	JPDF-Modell für LES-Simulationen wobei die Varianzen von Mischungsbruch und Reaktionsfortschritt über eine Transportgleichung gelöst werden
jpdfRASradiation	JPDF-Modell (Mischungsbruch und Reaktionsfortschritt) für RANS-Simulationen mit Schnittstelle zu den OpenFOAM-Strahlungsmodellen

Tabelle 7.1.: Beschreibung der implementierten Reaktionsmodelle

Transportgleichung der Reaktionsmodelle notwendigen abhängigen Variablen – wie beispielsweise die Reaktionsrate des Reaktionsfortschritts – werden von der eingebundenen Tabelle an das Modell übergeben. Dies geschieht für den ersten Iterationsschritt in Abhängigkeit der Rand- und Anfangswertfelder. Die so ermittelten Felder der unabhängigen Variablen werden der eingebundenen Tabelle übergeben. Zur Einbindung der Tabelle sind zwei spezialisierte Klassen entwickelt worden. Die Klasse *chemTable* bietet eine Schnittstelle zu dem in diesem Kapitel beschriebenen *chemTable*-Format. Neben diesem Format wird das am Engler-Bunte-Institut entwickelte Format der adaptiven Tabellen unterstützt. Hier-

In Abhängigkeit der übergebenen unabhängigen Variablen werden die abhängigen aktualisiert. Hierbei werden jedoch nur die zur Simulation notwendigen Felder aktualisiert. Um dies zu garantieren, setzen die Reaktionsmodelle und thermodynamischen Modelle logische Schalter auf die durch die Modelle benötigten Variablen. Der Ausleseschritt der chemischen Tabellen ist einer der zeitbestimmenden Schritte der Simulation. Daher werden die Ausleseoperationen so gering wie möglich gehalten. Das Auslesen der Tabelle erfolgt nur einmal pro Iterationsschritt und nur für die benötigten Variablen. Die Kopplung des Reaktionsmodell mit dem Strömungsfeld erfolgt nicht direkt über das *tableChemistry*-Objekt sondern über eine thermodynamische Schnittstelle. Der Name der abstrakten Klasse, welche diese Schnittstelle zur Verfügung stellt, ist *tableThermo*, welche zur Einbindung in die OpenFOAM-Struktur von der OpenFOAM-Klasse *basicThermo* erbt. Die spezialisierten Klassen dieser abstrakten Klasse besitzen ebenfalls eine Schnittstelle zur chemischen Tabelle. Im Unterschied zum Reaktionsmodell erhält das thermodynamische Objekt jedoch die anhand der durch das Reaktionsmodell aktualisierten unabhängigen Variablen bestimmten abhängigen Variablen der Tabelle, die es benötigt die stoffbezogenen Größen für den Löser zur Verfügung zu stellen. Auch hier fordert das Objekt nur die benötigten Felder von der Tabellenschnittstelle über einen logischen Schalter an. Diese unterscheiden sich erneut je nach verwendetem thermodynamischen Modell. Die implementierten thermodynamischen Modelle sind in Tabelle 7.2 zusammengefasst.

Nach der Aktualisierung der thermodynamischen und Transportgrößen ist diese Iteration beendet und der Löser geht in die nächste Iteration. Je nach Iteration oder Zeitschritt erfolgt die Ausgabe der Lösungsfelder.

7.3.1. Spraysolver

Das Lösungsschema der dispersen Phase ist in Abbildung 7.6 dargestellt. Das Vorgehen unterscheidet sich je nach stationärem oder instationärem Löser.

Für die Simulation instationärer Strömungen wird die Klasse *table-Spray* eingebunden. Sie verwaltet die einzelnen Tropfen-Cluster und ruft die entsprechenden Funktionen zum Lösen der Lagrange-Gleichungen gemäß den in Kapitel 4 beschriebenen Tropfenmodellen. Der Lösungsalgorithmus basiert auf der von OpenFOAM zur Verfügung gestellten Klasse *dieselSpray*, welche der Arbeit von Kralj [66] entspricht. Diese wurde im Rahmen der Arbeit soweit modifiziert und überarbeitet, dass sie mit den Schnittstellen der chemischen Tabelle kompatibel ist. Die Integration der Transportgleichungen in der Lagrange-Formulierung erfolgt explizit in der Zeit über den aktuellen Zeitschritt der Euler-Lösung Δt hinweg. Die Startzeit $t = 0$ ist hierbei bezogen auf den aktuellen Zeitschritt der Simulation. Die Zeitintegration erfolgt für jeden der n_P Tropfen-Cluster getrennt und das Programm beginnt eine Schleife über alle momentan im System befindlichen Cluster. Für jeden dieser Cluster wird zunächst anhand der in Kapitel 4 eingeführten Gleichungen die Relaxationszeit bestimmt. Der aktuelle explizite Zeitschritt der Integration wird dann bestimmt aus dem Minimum der Relaxationszeiten τ_n aller berücksichtigten physikalischen Tropfenmodelle.

$$\Delta t_i = min(\tau_n) \tag{7.3.1}$$

Dieser Zeitschritt wird nochmals entsprechend der Benutzereingabe in eine Anzahl an n_{sub} gleichgroße Zeitschritte unterteilt. Hier wurden in dieser Arbeit 10 Unterzeitschritte verwendet. Für diese Unterzeitschritte werden die Tropfentransportgleichungen nun explizit gelöst und hierbei die Beiträge aller Tropfen-Cluster zu den Quelltermfeldern S_i aufsummiert.

Nach dem Lösen der Transportgleichungen werden die Fluktuationsgeschwindigkeiten für die Dispersionsmodelle neu bestimmt. Diese bleiben während dem Lösen der Transportgleichungen konstant.

Nach den Transportgleichungen und der Aktualisierung der Fluktuationsgeschwindigkeiten werden neue Tropfen-Cluster aufgegeben. Die Anzahl an Clustern wird über die Benutzereingabe angegeben. Die einzuspritzende Masse m_C pro Cluster der n_C aufzugebenden Cluster ergibt sich aus dem Flüssigkeitsmassenstrom $\dot{m}_l$ und dem aktuellen Zeitschritt.

$$\Delta m_c = \frac{\dot{m}_l \cdot \Delta t}{n_C} \tag{7.3.2}$$

Jeder Cluster hat somit die gleiche Masse. Die Statistik der Tropfenverteilung eines realen Sprays ergibt sich über den Tropfendurchmesser, dieser wird nach einer durch den Anwender vorgegebenen Verteilungsfunktion zufallsverteilt aufgegeben. Hier bietet OpenFOAM ein Reihe an Verteilungsfunktionen an. Einspritzort, Richtung und Geschwindigkeit können über Einspritzmodelle definiert werden. Das hier verwendete Einspritzmodell wird an der verwendeten Stelle im Rahmen der Diskussion der Randbedingungen noch eingeführt.

Als letzter Teilschritt der Integration erfolgt die Bestimmung des Sekundärzerfalls nach den in Kapitel 4.4 beschriebenen Gleichungen.

Der Ablauf der stationären Simulation disperser Strömungen erfolgt leicht verändert. OpenFOAM selbst besitzt keinen stationären Tropfenlöser. Der hier verwendete Algorithmus wurde im Rahmen dieser Arbeit entwickelt und implementiert. Entsprechend dem Fließbild des CFD-Lösers in Abbildung 7.5 werden dem Tropfenlöser die aktuellen stationären Felder der Strömung übergeben. Das Lösen der Tropfen erfolgt jedoch weiterhin mit einem Zeitintegrationsverfahren. Im Unterschied zum instationären Löser ist die Zeit jedoch losgelöst vom Löser der kontinuierlichen Phase. Die Integrationszeit t_{end} wird per Benutzereingabe vorgegeben und ist so gewählt, dass alle Tropfen in dieser Zeit entweder verdunsten oder das Simulationsgebiet verlassen. Entsprechend dieser Integrationszeit werden nun Cluster aufgegeben mit einer Masse von

$$\Delta m_c = \frac{\dot{m}_l \cdot t_{end}}{n_C}. \tag{7.3.3}$$

Der eigentliche Lösungsprozess erfolgt fast analog zur instationären Strömung. Auch hier wird der aktuelle Zeitschritt nach der kleinsten Relaxationszeit und einer Anzahl an Unterzeitschritten bestimmt. Hierbei wird jedoch die Dispersion und der Sekundärzerfall nach jedem Unterzeitschritt bestimmt. Im Instationären ist dies nicht nötig, da die Integrationszeit Δt der dispersen Phase hier sehr klein ist ($\Delta t \approx 1 \cdot 10^{-6} \dots 1 \cdot 10^{-5}$). Die Lösung erfolgt bis alle Cluster verdunstet sind oder das System verlassen haben. Auch hier werden die Quellterme summativ über alle Cluster bestimmt. Betrachten wir zum Beispiel die gesamt aufgegebene Masse, so haben alle Cluster entsprechend ihrer Tropfenbahnen diese Masse nach der Massenerhaltung in das Euler-Feld abgeben. Diese pro Rechenzelle gemäß der Diffusion verdunstete Masse geteilt durch die Gesamtintegrationszeit t_{end} ergibt den lokalen Massenquellterm, der somit über die Integrationszeit wieder unabhängig von der Anfangs aufgegebenen Gesamtmasse ist und nur durch den Flüssigkeitsmassenstrom bestimmt ist. Hierbei bestimmen jedoch die über die Tropfenverteilungsfunktion aufgegebenen Tropfendurchmesser die Tropfenbahnen. Um über die Iterationen hinweg die Statistik möglichst gut abbilden zu können werde die Quellterme der einzelnen Tropfeniterationen über alle Iterationsschritte des stationären Lösungsprozesses hinweg gemittelt.

$$\overline{S_i} = \frac{1}{n} \sum S_{i,n} \tag{7.3.4}$$

Der Index n entspricht der aktuellen Iteration. Um die Simulationszeit kurz zu halten, sollte diese Mittlung jedoch erst begonnen werden, wenn das Strömungsfeld bereits weitestgehend konvergiert ist. Hierdurch konvergieren die Quellterme schneller, da die Koppelung von Gasphase und disperser Phase sich zwischen den Iterationen nicht mehr maßgeblich ändert.

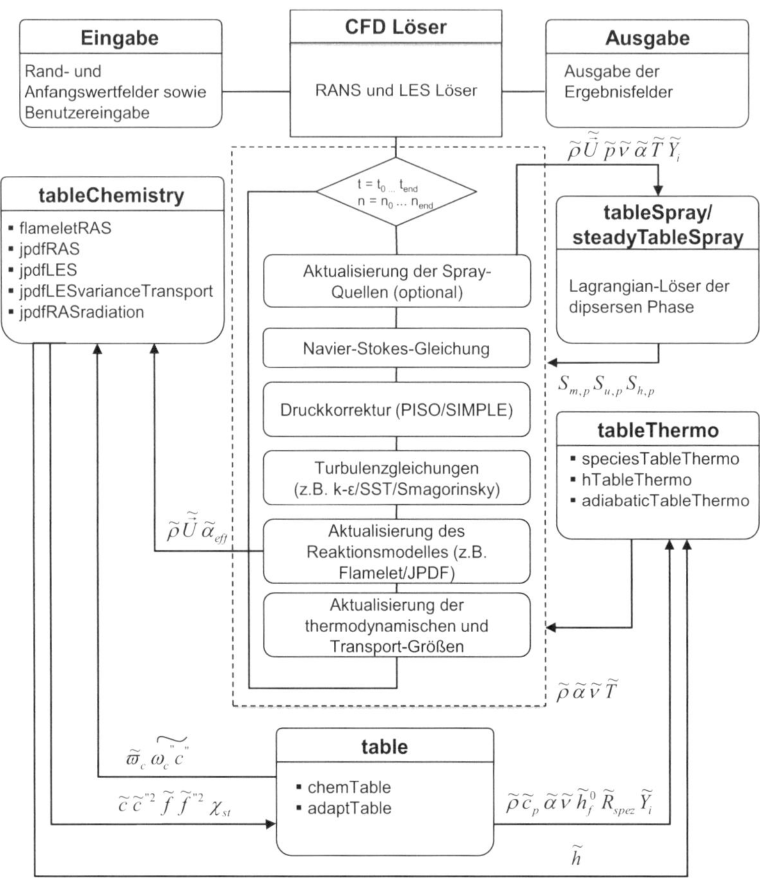

Abbildung 7.5.: Schema der Einbindung der Reaktionsmodelle und Tabellen in den numerischen Lösungsalgorithmus

speciesTable-Thermo	Fordert alle mittleren Konzentrationen der Gemischkomponenten von der Tabelle an. Die Transportgrößen und thermodynamischen Zustandsgrößen werden über die schon zur Tabellierung verwendeten Korrelationen der Transportgrößen und thermodynamischen Zustandsgrößen im Chemkin-Format aus den mittleren Konzentrationen bestimmt.
hTableThermo	Fordert direkt die zur Strömungssimulation benötigten mittleren Transportgrößen und thermodynamischen Zustandsgrößen von der Tabelle an. Es werden keine Konzentrationen aus der Tabelle benötigt. Zusätzlich wird die Temperatur aus der Enthalpie iterativ bestimmt. Die Enthalpie fordert das Objekt vom Reaktionsmodell an.
adiabaticTable-Thermo	Im Prinzip wie hTableThermo nur wird die Temperatur direkt aus der Tabelle gelesen. Hierdurch ist die Temperatur und gekoppelt die Dichte nur von den unabhängigen Variablen des Transportmodelles abhängig. Dies ist eine sehr stabile Methode kompressible Strömungen anzurechnen.

Tabelle 7.2.: Beschreibung der implementierten thermodynamischen Modelle

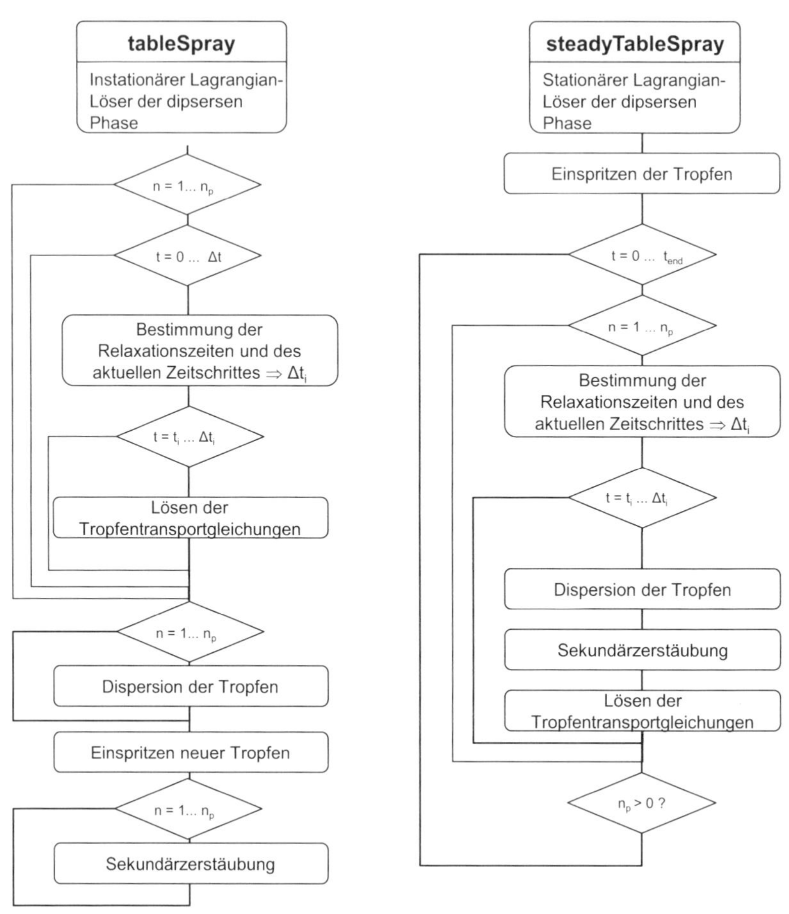

Abbildung 7.6.: Schema des instationären und stationären Spray-Lösers

8. Validierung der Tabellenintegration

Die Integration der chemischen Tabellen ist der zeitaufwändigste Schritt der Erzeugung chemischer Tabellen für die Simulation reagierender, turbulenter Strömungen mittels eines Verbundwahrscheinlichkeitsansatzes. Ziel der Integration ist es bei hinreichender Genauigkeit einen großen Datensatz in angemessener Zeit zu integrieren. Hierbei ist die Zeit und Genauigkeit maßgeblich vom verwendeten Integrationsalgorithmus (siehe Kapitel 6.2.2) und der Gitterauflösung der integrierten Tabelle abhängig. Ehe die Ergebnisse der Simulationen gezeigt werden, wird in diesem Kapitel die Genauigkeit der Integration dargestellt. Im Folgenden sollen hierzu die Parameter der Integrationsalgorithmen aus Kapitel 6 auf ihren Einfluss auf Integrationszeit und Genauigkeit untersucht werden. Als Vergleichsmaß wird die relative Abweichung einer tabellierten Größe ϕ zu einem Referenzwert ϕ_r verwendet. Als Referenz dient jeweils die Tabelle mit der höchsten zu erwartenden Genauigkeit.

Für die relative Abweichung bzw. den Fehler gilt:

$$F_\phi = \left| \frac{\phi - \phi_r}{\phi_r} \right| \tag{8.0.1}$$

Zur Bewertung der Integration werden zwei Größen hinzugezogen, der maximale Fehler $F_{\phi,max}$ und der mittlere Fehler $\bar{F}_\phi$. Für den maximalen Fehler einer Größe ϕ gilt mit dem lokalen Fehler F_ϕ nach Gleichung (8.0.1):

$$F_{\phi,max} = max\left(F_\phi\right) \tag{8.0.2}$$

Der mittlere Fehler der gesamten Tabelle ergibt sich durch Mittlung zu

$$\bar{F}_\phi = \frac{1}{N} \sum F_\phi. \tag{8.0.3}$$

Hier ist N die Anzahl an Stützstellen der Tabelle. Die Genauigkeit der Tabellen wird im Folgenden über die Übereinstimmung oder auch Konsistenz der Tabellen bezogen auf die Referenz dargestellt. Die Konsistenz bestimmt sich aus dem Fehler durch

$$\bar{K}_\phi = 1 - \bar{F}_\phi. \tag{8.0.4}$$

Als Eingangstabelle für die Integration wurde eine Flamelet-Tabelle mit 200 Stützstellen für den Mischungsbruch f und 14 Stützstellen für die stöchiometrische Dissipationsrate χ_{st} verwendet. Die Flamelet-Tabelle wurde für die Verbrennung eines Wasserstoff/Stickstoff-Gemischs in reinem Sauerstoff erzeugt und beinhaltet 25 Variablen. Integriert werden jeweils alle Variablen der Eingangstabelle. Das Gitter der Ausgangstabelle hat 50 Stützstellen für den mittleren Mischungsbruch $\tilde{f}$, 15 für die Varianz des Mischungsbruchs $\widetilde{f''^2}$ und wie die Eingangstabelle ebenfalls 14 für die stöchiometrische Dissipationsrate χ_{st}. Die Tabellenauflösung umfasst somit 10500 Gitterpunkte. Für die Erstellung der Tabelle sind 262500 Integrationen nötig. Die in den Simulationen verwendeten Tabellen haben noch z.T. eine deutlich höhere Auflösung. Hier ist gezielt aufgrund der hohen Integrationszeit eine Tabelle mit kleiner Gitterauflösung gewählt worden. Weiterhin wird nur über den Mischungsbruch integriert. Dies ist notwendig, um eine Parameterstudie zu ermöglichen. Die Integrationszeit einer Tabelle mit Mischungsbruch und Reaktionsfortschritt kann mehrere Tage benötigen und ist daher für eine Parameterstudie ungeeignet. Anhand einer Parameterstudie werden im Folgenden die Parameter der Integrationsalgorithmen hinsichtlich ihres Einflusses auf die Dauer der Integration und ihrer Genauigkeit untersucht.

8.1. Einfluss der Paramter der Integration nach Liu et al.

Die einzigen variablen Parameter der Integration des Liu Algorithmus sind die Anzahl an Stützstellen in den logarithmischen Intervallen n_{log}, so wie die Anzahl an Stützstellen im linearen Intervall n_{lin}. Die Anzahl an Stützstellen wurde in beiden Bereichen von 1 bis 40 variiert. Als Abstand zu den Rändern, welcher das Teilintervall definiert, in welchem der Integralwert direkt aus der kumulativen Verteilungsfunktion bestimmt wird, wird wie von Liu vorgeschlagen ein Abstand von $\delta = 1 \cdot 10^{-6}$ gewählt.

In Abbildung 8.1(a) ist für die Beurteilung der Genauigkeit und der Integrationszeit exemplarisch die Konsistenz der Temperatur in Bezug auf die Tabelle mit der höchsten Anzahl an Stützstellen über der Anzahl an Stützstellen n_{lin} und n_{log} aufgetragen und in Abbildung 8.1(b) die zugehörigen Integrationszeiten. In den Tabellen 8.1 und 8.2 sind die Werte des mittleren Fehlers, des maximalen Fehlers und der Integrationszeit aufgeführt.

Für die Variation der Anzahl an Stützstellen im linearen Bereich wurden die Anzahl an Stützstellen im logarithmischen Bereich auf 10 gesetzt und konstant gehalten. Als Referenz für die Berechnung des Fehlers wird die Integration mit 40 Stützstellen verwendet. Der Tabelle 8.1 kann entnommen werden, dass bereits ab einer Anzahl von 10 Stützstellen der mittlere Fehler kleiner 1% ist. Er beträgt $0,02\%$. Wird die Anzahl an Stützstellen auf 20 erhöht, fällt auch der maximale Fehler auf $0,4$ und ist somit kleiner 1% Prozent. Betrachtet man die Integrationszeit in 8.1(b), so sieht man, dass diese linear mit der Anzahl an Stützstellen ansteigt.

Für die Variation der Anzahl an Stützstellen im logarithmischen Bereich wurden die Anzahl an Stützstellen im linearen Bereich konstant

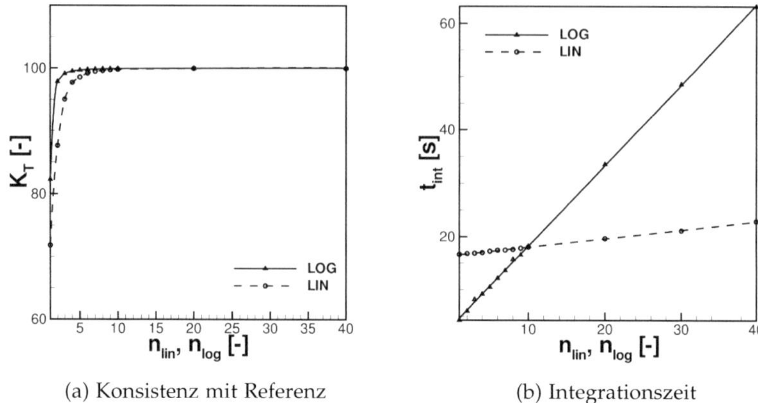

(a) Konsistenz mit Referenz   (b) Integrationszeit

Abbildung 8.1.: Normierte Übereinstimmung und Integrationszeit aufgetragen über der Anzahl an Stützstellen im linearen/logarithmischen Bereich des Integrationsintervalls

auf 10 gehalten. Als Referenz dient auch hier der Fall mit 40 Stützstellen. Wie Tabelle 8.2 entnommen werden kann, ist der mittlere Fehler bereits bei einer Anzahl von 5 Stützstellen pro Intervall mit $0,3$ kleiner als 1% in Bezug zur Referenztabelle. Erhöht man die Anzahl an Stützstellen auf 10, so sinkt auch der maximale Fehler unter 1%. Da die Liu-Integration 10 logarithmische Intervalle und nur einen linearen besitzt, steigt die Gesamtanzahl an Stützstellen mit der Anzahl an Stützstellen pro logarithmischem Intervall n_{log} deutlich stärker an. Demnach steigt auch die Integrationszeit deutlich stärker mit der Anzahl an Stützstellen pro logarithmischem Intervall, als im linearen Bereich. Dies ist deutlich in Abbildung 8.1(b) zu sehen. Der Anstieg ist dabei weiterhin linear.

Der optimale Parametersatz wurde anhand dieser Ergebnisse auf $n_{log} = 10$ und $n_{lin} = 20$ festgelegt.

$n_{lin}[-]$	$n_{log}[-]$	$\bar{F}_T[\%]$	$F_{T,max}[\%]$	$t_{int}[s]$
1	10	28.2	73.9	16.66
5	10	1.4	33.8	17.3
10	10	0.2	3.5	18.1
20	10	0.02	0.4	19.7

Tabelle 8.1.: Ergebnis der Variation der Stützstellen im linearen Bereich

$n_{lin}[-]$	$n_{log}[-]$	$\bar{F}_T[\%]$	$F_{T.max}[\%]$	$t_{int}[s]$
10	1	17.7	149.7	4.3
10	5	0.3	1.6	10.5
10	10	0.07	0.4	18.1
10	20	0.01	0.08	33.6

Tabelle 8.2.: Ergebnis der Variation der Stützstellen im logarithmischen Bereich

8.2. Einfluss der Parameter der Romberg-Integration

Die Romberg-Integration hat zwei Parameter, den Abstand zu den Integrationsrändern δ und die Genauigkeit der Integration ϵ. Beide werden logarithmisch in einem Bereich von $1 \cdot 10^{-1}$ bis $1 \cdot 10^{-6}$ variiert.

In Abbildung 8.2(a) ist der Verlauf der Konsistenz der integrierten Tabellen zur Referenz als Funktion des Abstandes zu den Integrationsrändern δ und der Genauigkeit ϵ dargestellt. Abbildung 8.2(b) zeigt den Verlauf der Integrationszeit über diesen Parametern. In den Tabellen 8.3 und 8.4 sind die Werte des mittleren Fehlers, des maximalen Fehlers und der Integrationszeit tabellarisch aufgeführt.

Für die Variation der Integrationsgenauigkeit ϵ wird der Randabstand

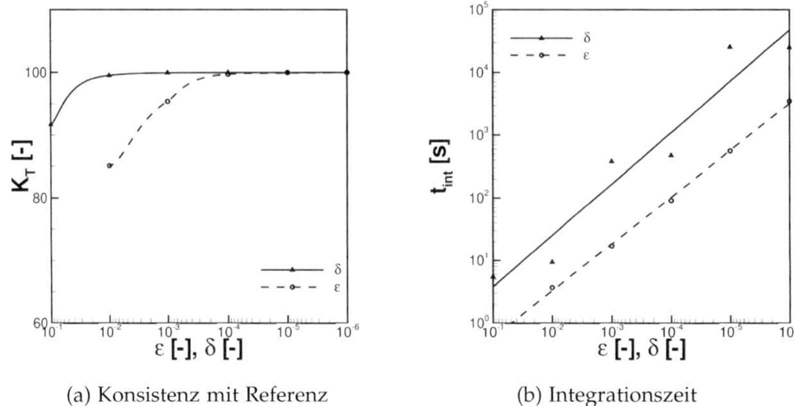

(a) Konsistenz mit Referenz   (b) Integrationszeit

Abbildung 8.2.: Normierte Übereinstimmung und Integrationszeit aufgetragen über der Anzahl an Stützstellen im linearen/logarithmischen Bereich des Integrationsintervalls

konstant auf $\delta = 1 \cdot 10^{-3}$ gehalten. Ab einer Genauigkeit von $\epsilon = 1 \cdot 10^{-4}$ fällt der mittlere Fehler unter 1% auf 0,36% der maximale Fehler beträgt jedoch 13,1%. Wird die Genauigkeit weiter auf $\epsilon = 1 \cdot 10^{-5}$ erhöht, sinkt der maximale Fehler auf 7,66%. Hierbei steigt jedoch die Integrationszeit um ungefähr das sechsfache von 91,5s auf 559,2s. Eine weitere Erhöhung der Integrationsgenauigkeit führt zu unpraktikablen Integrationszeiten.

Für die Variation des Randabstandes δ wird die Integrationsgenauigkeit konstant auf $\epsilon = 1 \cdot 10^{-5}$ gehalten. Bereits ab einem Randabstand von $1 \cdot 10^{-2}$ sinkt der mittlere Fehler unter 1% auf 0,47%. Ab einem Randabstand von $1 \cdot 10^{-4}$ liegt der maximale Fehler mit 1,36% in der Größenordnung 1%. Eine weitere Verringerung des Randabstandes auf $1 \cdot 10^{-5}$ führt zu einer ungefähr 53-fach höheren Integrationszeit, welche wiederum zur Integration größerer Tabellen nicht anwendbar ist. Der optimale Parametersatz der Romberg-Integration wird daher auf

ϵ [-]	δ [-]	$\bar{F}_T$ [%]	$F_{T,max}$ [%]	t_{int} [s]
$1 \cdot 10^{-2}$	$1 \cdot 10^{-3}$	71.8	969.4	3.7
$1 \cdot 10^{-3}$	$1 \cdot 10^{-3}$	5.7	29.2	17.1
$1 \cdot 10^{-4}$	$1 \cdot 10^{-3}$	0.36	13.1	91.5
$1 \cdot 10^{-5}$	$1 \cdot 10^{-3}$	0.02	7.66	559.2

Tabelle 8.3.: Ergebnis der Variation der Toleranz ϵ

$\delta = 1 \cdot 10^{-4}$ und $\epsilon = 1 \cdot 10^{-5}$ gesetzt.

ϵ [-]	δ [-]	$\bar{F}_T$ [%]	$F_{T,max}$ [%]	t_{int} [s]
$1 \cdot 10^{-5}$	$1 \cdot 10^{-1}$	8.3	135.1	5.5
$1 \cdot 10^{-5}$	$1 \cdot 10^{-2}$	0.47	9.05	9.4
$1 \cdot 10^{-5}$	$1 \cdot 10^{-3}$	0.06	7.5	380
$1 \cdot 10^{-5}$	$1 \cdot 10^{-4}$	0.022	1.36	474.2
$1 \cdot 10^{-5}$	$1 \cdot 10^{-5}$	0.012	1.32	25344.6

Tabelle 8.4.: Ergebnis der Variation des Randabstands δ

8.3. Vergleich der Integrationsmethoden

Zum Vergleich der Romberg-Integration mit dem Verfahren nach Liu et al. sind in Abbildung 8.3(a) und 8.3(b) erneut exemplarisch die Verläufe der Temperatur und der Bildungsenthalpie für verschiedene Mischungsbruchvarianzen $\widetilde{f''^2}$ über dem Mischungsbruch dargestellt. Die stöchiometrische Dissipationsrate beträgt $\chi_{st} = 5,5\frac{1}{s}$. Die Linien zeigen den Verlauf anhand der Integration mit dem Verfahren nach Liu et al., die

Symbole zeigen die mit dem Romberg-Verfahren erhaltenen Ergebnisse. In beiden Fällen wurde der in den vorherigen Kapiteln beschriebene optimale Parametersatz verwendet (siehe Tabelle 8.5).

Romberg-Verfahren		Liu-Verfahren	
ϵ	$1 \cdot 10^{-5}$	n_{lin}	20
δ	$1 \cdot 10^{-4}$	n_{log}	10

Tabelle 8.5.: Optimaler Parametersatz des Verfahrens nach Liu et al. und des Rombergverfahrens

Das Verfahren nach Liu et al. ist wie Tabelle 8.6 entnommen werden kann, bei einem mittleren Fehler von $0,21\%$ bezogen auf die mit dem Romberg-Verfahren ermittelte Tabelle, ungefähr um den Faktor 24 schneller als das Verfahren nach Romberg. Zur Erstellung integrierter, chemischer Tabellen wird demnach das Verfahren nach Liu et al. verwendet, während das Verfahren nach Romberg als Referenz zur Überprüfung der Integration nach Liu dient, da es durch die Integrationsgenauigkeit ϵ eine direkte Maß dieser besitzt.

$\bar{F}_T[\%]$	$F_{T.max}[\%]$	$t_{int}(Liu/Romberg)[s]$
0.21	3.46	19.7/474.2

Tabelle 8.6.: Vergleich der Romberg-Integration mit der Integration nach Liu et al.

Somit stellt das Verfahren unter Verwendung des Integrationsalgorithmus nach Liu et al. eine Möglichkeit dar, mit den oben genannten

Parametersätzen, die Integration der Tabellen in einer ausreichenden Genauigkeit um ein Vielfaches schneller durchzuführen, als mit dem Romberg-Verfahren. Da das Verfahren jedoch auf die Integration der β-Verteilungsfunktion beschränkt ist, muss zur Integration einer Gauß-verteilung das Romberg-Verfahren verwendet werden. Hierfür stellt der oben ermittelte Parametersatz einen guten Kompromiss zwischen Genauigkeit und Schnelligkeit dar.

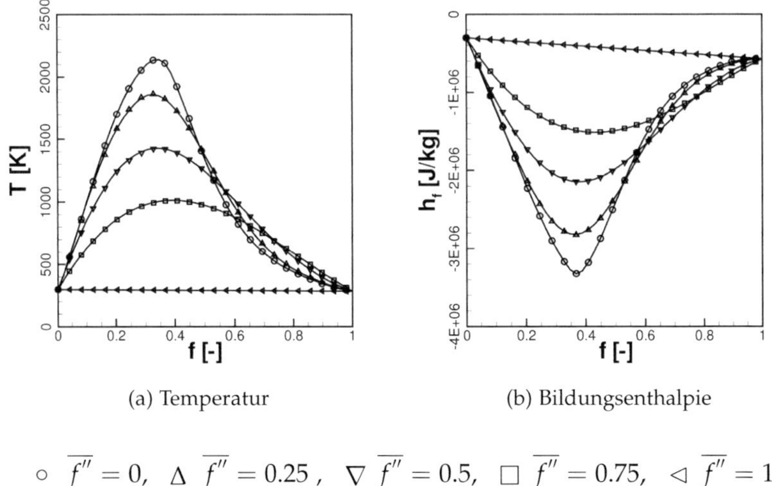

(a) Temperatur   (b) Bildungsenthalpie

$$\circ \;\; \overline{f''} = 0, \quad \triangle \;\; \overline{f''} = 0.25, \quad \nabla \;\; \overline{f''} = 0.5, \quad \square \;\; \overline{f''} = 0.75, \quad \triangleleft \;\; \overline{f''} = 1$$

Abbildung 8.3.: Vergleich des Verlaufs der Temperatur und der Dissipationsrate über dem Mischungsbruch für unterschiedliche Mischungsbruchvarianzen für 10 (Symbole) und 100 (Linien) Stützstellen in den linearen Intervallen der β-Wahrscheinlichkeitsdichtefunktion bei einer stöchiometrischen Dissipationsrate von $\chi_{st} = 5,5\frac{1}{s}$. Die Linien zeigen das Ergebnis der Integration mit dem Verfahren nach Liu et al., die Punkte die des Romberg-Verfahrens.

9. Modellflammen

Bevor im nächsten Kapitel technische Flammen besprochen werden, soll zunächst in diesem Kapitel der Einfluss des Modellsystems für Reduktion der Chemie sowie der Tabellierung anhand von Modellflammen diskutiert werden. Die hier verwendeten Modellflammen zeichnen sich vor allem durch zwei Eigenschaften aus, sie reduzieren das Modellierungsproblem weitestgehend auf die Reaktionsmodellierung durch meist einfache Strömungen und besitzen numerisch klar zu beschreibende Randbedingungen. Weiterhin erfüllen sie auch die zur Herleitung des Reaktionsmodells getroffenen Annahmen, um Teilprobleme zu untersuchen. Eine solche Flamme ist die im nächsten Abschnitt besprochene h3-Flamme. Sie ist eine Diffusionsfreistrahlflamme, welche unter anderem dadurch gekennzeichnet ist, dass die im Flamelet-Modell getroffene Annahme der im Vergleich zu den Mischungszeitmaßen kurzen Reaktionszeitmaße entspricht.

Die zweite diskutierte Flamme, die Cabra-Flamme, ist eine stark turbulente, durch einen heißen Abgasbegleitstrom gezündete, abgehobene Freistrahlflamme. Im Gegensatz zur h3-Flamme sind hier die chemischen Zeitmaße im Vergleich zu den Mischungszeitmaßen nicht mehr klein.

Im Folgenden werden die Reduktionsmethoden jeweils an beiden Modellflammen untersucht, in wieweit sie die beiden Extremfälle beschreiben können.

9.1. Diffusionskontrollierte Freistrahlflamme (h3)

Eine stabil brennende, turbulente, nicht abgehobene Diffusionsfreistrahlflamme, wie sie in Abbildung 9.1(a) gezeigt wird, ist in ihrer Reaktion hauptsächlich durch die turbulente Mischung von Brennstoff und Luft dominiert. Die reaktionskinetischen Zeitmaße sind klein im Vergleich zu den Zeitmaßen der turbulenten Mischung. Die hier untersuchte Flamme wurde von Pfuderer et al. [96] vermessen und untersucht. Durch die Verwendung von 3D-LDV und Raman-Spektroskopie wurde ein umfangreicher Datensatz geschaffen, der neben den sowohl Favre- als auch Reynolds-gemittelten Größen auch die Fluktuationsgrößen der Geschwindigkeits- und Mischungskomponenten beinhaltet. Pfuderer beschreibt in seiner Publikation [96][30] zwei Flammen, die sogenannten h1- und h3-Flammen. Die hier untersuchte Flamme ist die h3-Flamme. Sie ist eine Freistrahlflamme mit Wasserstoff als Brennstoff. Der Brennstoff wird mit 50 Volumenprozent N_2 verdünnt durch ein Rohr mit einem Durchmesser von 8 mm in eine parallele Luftströmung (Coflow) eingeblasen. Der Coflow hat einen Durchmesser von 14,8 cm und ist nicht eingeschlossen. Die mittlere Austrittsgeschwindigkeit des Freistrahls beträgt 34,8 $\frac{m}{s}$. Der Freistrahl hat am Austritt eine Reynolds-Zahl von 10.000 und ist somit voll turbulent. Das Brennstoffrohr ist ausreichend lang, um eine voll ausgebildete, turbulente Rohrströmung am Austritt zu erhalten. Der Coflow hat eine mittlere Geschwindigkeit von 0,2 $\frac{m}{s}$. Diese Daten der h3-Flamme sind in Tabelle 9.1 zusammengefasst.

Die Gemischzusammensetzung des reinen Oxidators, welcher durch einen Mischungsbruch von $f = 0$ beschrieben wird, entspricht dem Gemischzustand der umgebenden Luft, die als technische Luft beschrieben wird. Die Gemischzusammensetzung des reinen Brennstoffes, über einem Mischungsbruch von $f = 1$ definiert, entspricht dem des über das Rohr eintretenden H_2/N_2-Gemisches.

In Abbildung 9.1(b) ist die zur Simulation verwendete Geometrie abgebildet. In dieser Abbildung ist das Brennstoffrohr nur zur Verdeutlichung abgebildet. In der Simulation tritt das H_2/N_2-Gemisch direkt am Ende des Rohres in das Rechengebiet ein. Hierbei wird von einer voll ausgebildeten Rohrströmung ausgegangen und so das entsprechende Geschwindigkeitsprofil und die Turbulenzdaten aufgegeben. Der den Freistrahl umgebende Coflow tritt über eine Kreisfläche mit einer konstanten Geschwindigkeit von 0,2 $\frac{m}{s}$ ein. Vom äußeren Rand des Coflows bis zu einem Radius von $r/d_{jet} = 30$ ist der Coflow von einem Freistrahlrand umgeben. Seitlich wird die Geometrie ebenfalls von einem Freistrahlrand begrenzt. Der Abstand dieser Freistrahlränder ist so gewählt, dass über die gesamte Höhe von $h/d_{jet} = 80$ eine Nullgradienten-Randbedingung anwendbar ist. Nach oben ist die Geometrie durch einen Ausströmrand begrenzt.

Re [-]	10.000
u_{jet} $\left[\frac{m}{s}\right]$	34,8
u_{co} $\left[\frac{m}{s}\right]$	0,2
d_{jet} [mm]	8 mm
d_{co} [mm]	148 mm
$X(H_2)$ $\left[\frac{mol}{mol}\right]$	0,5

Tabelle 9.1.: Daten der h3-Flamme

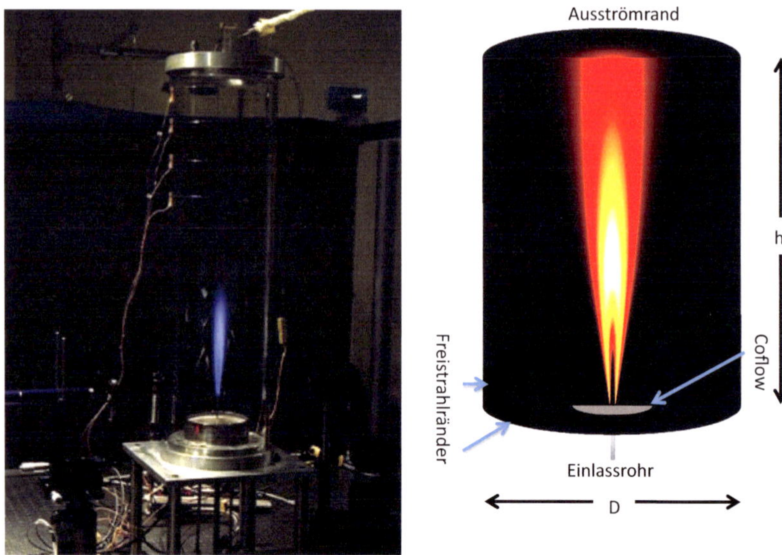

(a) H_2 Freistrahlflamme
Quelle: National Energy Technology Laboratory

(b) Skizze des numerischen Rechengebiets

Abbildung 9.1.: Abbildung einer diffusionskontrollierten Wasserstoff-
Freistrahlflamme (links) und Skizze des numerischen
Rechengebiets für die Simulation der h3-Flamme (rechts)

9.1.1. Numerisches Rechengitter und Randbedingungen

Numerisches Gitter

Abbildung 9.2 zeigt das zur RANS-Simulation verwendete Rechengitter.
Das Gitter beschreibt ein $3°$-Segment der in Abbildung 9.1(b) beschriebenen Geometrie. Hierbei wird die Rotationssymmetrie der Flamme
verwendet, um den numerischen Aufwand zu reduzieren. Für die Sym-
metrieflächen wird eine periodische Randbedingung verwendet. Das

Brennstoffrohr ist nicht simuliert und die Strömung wird als parabolische, turbulente Rohrströmung direkt am Rohraustritt aufgegeben.

Die Gitterauflösung beträgt in radialer Richtung 20 Elemente für das Brennstoffrohr, 60 Elemente für den Coflow und 44 Elemente für den unteren Freistrahlrand. Die axiale Auflösung umfasst 240 Elemente. In Rotationsrichtung beträgt die Gitterauflösung 1 Element. Das Gitter hat eine gesamte Auflösung von 29760 Zellen. Es besteht bis auf die Rotationsachse aus hexaedrischen Zellen. Die Rotationsachse besteht aus Prismen. Die größte Zelle hat eine Länge von $8,3$ mm. Das Rechengebiet für die LES-Simulation entspricht dem Rechengebiet der RANS-Simulation (siehe Abbildung 9.1(b)). Es hat ebenfalls einen Durchmesser von $D/d_{jet} = 60$ und eine Höhe von $h/d_{jet} = 80$. Auch hier wird das Rohr nicht modelliert und die Strömung tritt direkt am Austritt des Rohres in das Rechengebiet ein. Durch die Dreidimensionalität der turbulenten Strömung kann die Simulation mittels LES – die LES löst die großskaligen Wirbel auf – nicht auf einem periodischen Gitter wie zur Lösung der RANS-Simulationen erfolgen. Daher wird zur LES-Simulation die volle dreidimensionale Geometrie verwendet. Weiterhin bedarf es für eine gute LES-Rechnung eines feinen Rechengitters, um den gefilterten Anteil der Lösung klein zu halten.

Das Rechengitter hat 2,5 Millionen Gitterelemente, die ausschließlich aus hexaedrischen Zellen bestehen. Die kleinste Zelle hat eine Länge von $0,4$ mm, die längste eine Länge von 7 mm. Das größte Längenverhältnis zweier Zellen beträgt 20, der größte Wachstumsfaktor zweier Zellen ist 2.

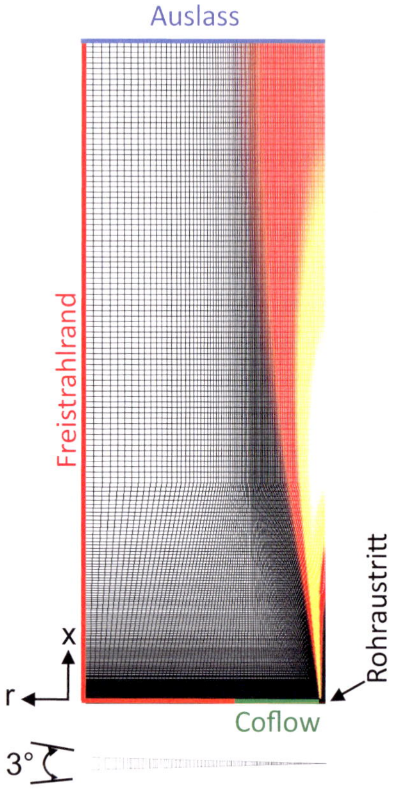

Abbildung 9.2.: Numerisches Gitter zur Simulation der h3-Flamme unter Verwendung der Reynolds-gemittelten Navier-Stokes-Gleichung

Randbedingungen

Für die turbulente Rohrströmung wird ein parabolisches Strömungs-profil aufgegeben, das sich über die folgende Beziehung bestimmen lässt:

$$u(r) - u_{max} \left(\frac{r}{R_{jet}} \right)^n.$$ (9.1.1)

Der Exponent n ist leicht abhängig von der Reynoldszahl [54]

$$n = \tfrac{1}{6} \qquad Re \approx 4 \cdot 10^3$$
$$n = \tfrac{1}{7} \qquad Re \approx 10^5$$
$$n = \tfrac{1}{9} \qquad Re \approx 10^6$$

Die maximale Geschwindigkeit u_{max} der parabolischen Geschwindigkeit auf der Achse ergibt sich zu

$$\frac{u_{max}}{u_{jet}} = \frac{(n+1)(n+2)}{2}.$$ (9.1.2)

Hier ist u_{jet} die mittlere Geschwindigkeit der Rohrströmung aus Tabelle 9.1. Für die h3-Flamme wurde ein Exponent von 1/7 für die turbulente Rohrströmung gewählt. Für die maximale Geschwindigkeit auf der Achse erhält man somit $u_{max} = 42,61\frac{m}{s}$.

Die turbulente Intensität einer Rohrströmung kann durch eine Korrela-tion abgeschätzt werden:

$$I = 0,16 Re_{d_h}^{-\frac{1}{8}}$$ (9.1.3)

Re_{d_h} ist die mit dem hydraulischen Durchmesser gebildete Reynolds-Zahl. Für das turbulente Längenmaß wird der folgende Zusammenhang angenommen:

$$l_t = 0.07 d_h$$ (9.1.4)

In Tabelle 9.2 sind die Randbedingungen der Strömungsgleichungen angegeben. Tabelle 9.3 zeigt die Randbedingungen der Transportglei-chungen der Reaktionsmodelle für die h3-Flamme. Für das Flamelet-Modell entfällt die Transportgleichung des Reaktionsfortschritts. Die

Rand	$u[m/s]$	$p[bar]$	$k[m^2/s^2]$	$\epsilon[m^2/s^3]$
Rohraustritt	Gleichung 9.1.1	$\nabla_n p = 0$	3,6	2004,37
Coflow	0,2	$\nabla_n p = 0$	$4 \cdot 10^{-5}$	$1,8 \cdot 10^{-4}$
Freistrahlrand	$\nabla_n u = 0$	$p_{tot} = 1$	$\nabla_n k = 0$	$\nabla_n \epsilon = 0$
Auslass	$\nabla_n u = 0$	$p_{tot} = 1$	$\nabla_n k = 0$	$\nabla_n \epsilon = 0$

Tabelle 9.2.: Randbedingungen der Strömungsgrößen zur RANS-Simulation der h3-Flamme

Dissipationsrate ergibt sich algebraisch aus dem Mischungsbruchfeld (siehe Gleichung 5.4.27) und bedarf keiner Transportgleichung.

Die Bestimmung des Strömungsprofils und der Turbulenzdaten - turbulente Intensität und turbulentes Längenmaß - auf den Rändern erfolgt für die LES-Simulationen analog zu den RANS-Rechnungen (siehe Kapitel 9.1.1). Um korrelierte turbulente Strukturen am Rohraustritt zu erzeugen, wurde ein digitales Filterverfahren nach Klein et al. verwendet [64]. In Tabelle 9.4 sind die Randbedingungen der LES-Simulation zusammengefasst.

Rand	$\widetilde{f}$	$\widetilde{f''^2}$	$\widetilde{c}$	$\widetilde{c''^2}$
Rohraustritt	1	0	0	0
Coflow	0	0	0	0
Freistrahlrand	0	0	0	0
Auslass	$\nabla_n f = 0$	$\nabla_n \widetilde{f''^2} = 0$	$\nabla_n c = 0$	$\nabla_n \widetilde{c''^2} = 0$

Tabelle 9.3.: Randbedingungen der Größen der Reaktionsmodellierung zur RANS-Simulation der h3-Flamme

Rand	$u[m/s]$	$p[bar]$	$\widetilde{f}$	$\widetilde{c}$
Rohraustritt	Gleichung 9.1.1	$\nabla_n p = 0$	1	0
Coflow	0,2	$\nabla_n p = 0$	0	0
Freistrahlrand	$\nabla_n u = 0$	$p_{tot} = 1$	0	0
Auslass	$\nabla_n u = 0$	$p_{tot} = 1$	$\nabla_n f = 0$	$\nabla_n c = 0$

Tabelle 9.4.: Randbedingungen der LES-Simulation der h3-Flamme

9.1.2. Löser und Diskretisierung

Als Löser wurde das in Kapitel 7 beschriebene Programm mit dem *flameletRAS* Modell für die Flamelet-Simulationen und dem *jpdfRAS*-Modell für die JPDF-Simulationen verwendet. Als Diskretisierungsschema der Divergenzterme wurde das von Jasak [52] entwickelte Gamma-Schema verwendet, welches ein Blend zwischen Upwind- und zentralen Differenzen darstellt. Dieses Schema ist ein NVD-Typ (Normalized Variable Diagramm) Diskretisierungsschema, welches über ein lokales Stabilitätsmaß den Blendfaktor für die Diskretisierung bestimmt. Zur Lösung des numerischen Gleichungssystems wurde ein (bi)-präkonditioniertes Konjugierte-Gradienten-Verfahren verwendet. Als Vorkonditionierer wurde für die zu lösende Druckgleichung eine unvollständige Cholesky-Zerlegung verwendet. Die Vorkonditionierung der restlichen Gleichungen erfolgt über eine unvollständige LU-Zerlegung. Eine gute Einführung in numerische Lösungsverfahren für CFD-Simulationen findet sich in [25].

Als Reaktionsmodell für die LES-Simulationen findet das *jpdfLES*-Modell Anwendung, welches die Subgrid-Fluktuationen algebraisch modelliert. Die Lösung des linearen Gleichungssystems erfolgt über ein von Hvroje et al. für LES-Simulationen entwickeltes (bi)-präkonditioniertes Konjugierte-Gradienten-Verfahren [51]. Dieses Verfahren ist ein Multigrid-Verfahren, als Smoother wurde da Gauß-Seidel-Verfahren verwendet. Zur Diskretisierung der Konvektionsterme wurde ein gefiltertes zentrales Differenzenverfahren verwendet. Dieses wurde speziell für LES-Simulationen entwickelt, um die numerischen Instabilitäten durch eine Filteroperation zu dämpfen und ist ein Diskretisierungsverfahren zweiter Ordnung [2]. Die Lösung der LES erfolgt instationär mit einem Zeitschritt von $3 \cdot 10^{-6}s$, was einer maximalen Courant-Zahl von ≈ 0.2 entspricht.

9.1.3. Chemische Tabelle

Flamelet-Tabelle

Die Tabellierung der Chemie erfolgt für das Flamelet-Modell über die Gegenstromdiffusionsflamme (siehe Kapitel 5.2.3). Der verwendete Mechanismus der Wasserstoffverbrennung ist dem Chemkin-Programmpaket [59] entnommen. Der Mechanismus beinhaltet 23 Reaktionen mit 11 Komponenten. Die Temperaturkontur der chemischen Tabelle ist in Abbildung 9.3 abgebildet. Die Tabelle besteht aus 18 Gegenstromdiffusionsflammen. Eine globale Streckungsrate von $a_0 = 4600\frac{1}{s}$ führt zum Quenchen der Wasserstoffflamme. Dies entsprach einer stöchiometrischen Dissipationsrate von $\chi_{st} \approx 1700\frac{1}{s}$. Die Tabelle hat eine Auflösung von 200 gleichverteilten Stützstellen für den Mischungsbruch.

Als Verteilungsfunktion für den Mischungsbruch wurde die β-Verteilung gewählt und eine Auflösung von 30 Stützstellen in der Mischungsbruchvarianzrichtung. Die Verteilung der Stützstellen der Mischungsbruchvarianz erfolgt exponentiell mit einem Exponenten von 0,5. Integriert wurde die Tabelle mit Hilfe des Algorithmus nach Liu et al. (siehe Kapitel 6.2.2.2).

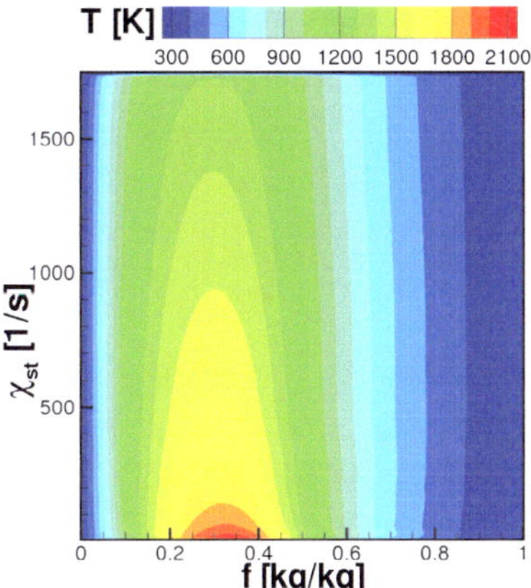

Abbildung 9.3.: Aus Gegenstromdiffusionsflammen erstellte chemische Tabelle für die Simulation der h3-Flamme

Tabellen auf Basis eines Reaktionsfortschritts

Als Reaktionsmechanismus wird ebenfalls der für die Gegenstromflamme verwendete Mechanismus des Chemkin-Programmpakets [59] verwendet. In Abbildung 9.4 ist der Verlauf der Temperatur der chemischen Tabellen dargestellt. Abbildung 9.4(a) zeigt die über homogene Reaktorrechnungen reduzierte Chemie, während Abbildung 9.4(b) das Ergebnis der Reduktion über laminare planare Vormischflammen darstellt.

Der Verlauf der Temperatur zeigt nur eine leicht erhöhte Temperatur im Fall der laminaren Vormischflammentabelle in Richtung des Frischgases ($c \rightarrow 0$) aufgrund des für die Simulation der Vormischflamme berücksichtigten Energietransports. Dies ist der in Kapitel 6.1.2 beschriebene Transport von Wärme aus der Reaktionszone ($c \rightarrow 1$) in die Vorwärmzone ($c \rightarrow 0$). Die hierdurch erhöhte Reaktionsrate, welche der Grund für die anhand Gleichung (6.1.3) diskutierte Erhöhung der Flammengeschwindigkeit mit der Wärmeleitfähigkeit ist, ist jedoch anhand des

Vergleichs der Kontur der Reaktionsraten in Abbildung 9.5 deutlich zu erkennen. Aufgrund der Vorwärmung kommt es zu einer erheblichen Erhöhung der Reaktionsrate um $\approx 20\,\%$ im Maximum und in Richtung des Frischgases.

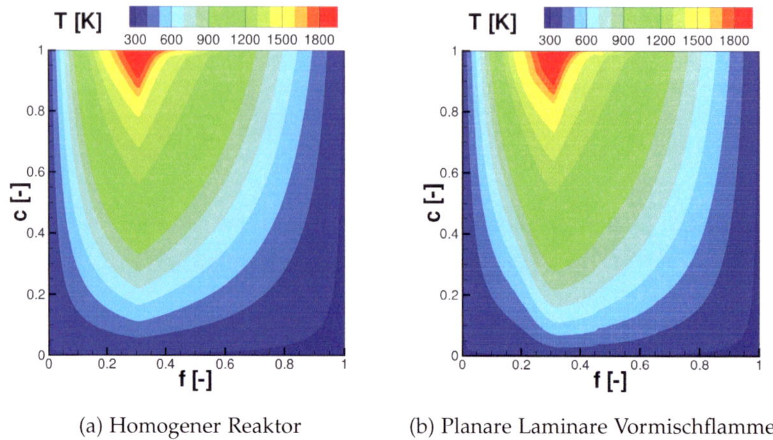

(a) Homogener Reaktor   (b) Planare Laminare Vormischflamme

Abbildung 9.4.: Kontur der Temperatur der chemischen Tabellen für die Simulation der h3-Flamme ($Y_c = Y_{H_2O}$)

Die Anzahl an Stützstellen des Mischungsbruchs beträgt für den homogenen Reaktor 97. Die Stützstellen wurden so gelegt, dass die Änderung der adiabatischen Verbrennungstemperatur zwischen zwei Stützstellen kleiner 75 K ist. Im Falle der laminaren Vormischflamme reduziert sich die effektive Anzahl an Stützstellen durch die Zündgrenzen auf 59. Die numerischen Zündgrenzen des Mischungsbruchs betrugen $0,135$ auf der mageren Seite sowie $0,666$ auf der fetten. Das Ergebnis der Rechnung für einen Mischungsbruch wird nach der Transformation von der Zeit bzw. Ortskoordinate in die Reaktionsfortschrittskoordinate auf

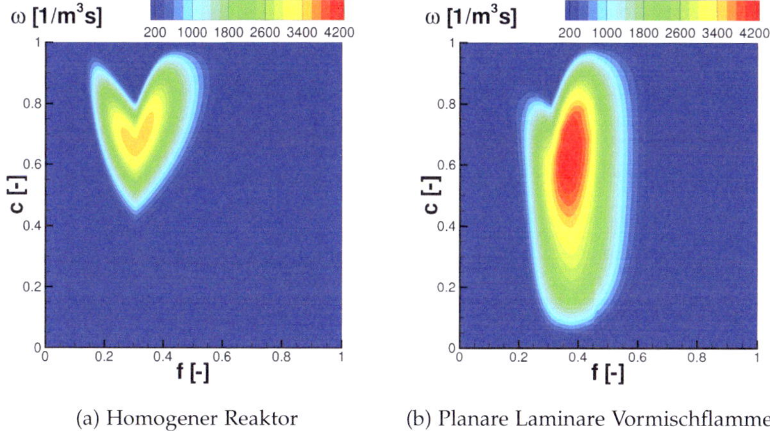

(a) Homogener Reaktor   (b) Planare Laminare Vormischflamme

Abbildung 9.5.: Kontur der Reaktionsrate des Reaktionsfortschritts der chemischen Tabellen für die Simulation der h3-Flamme $(Y_c = Y_{H_2O})$

200 gleichverteilte Stützstellen für den Reaktionsfortschritt interpoliert. Als charakteristische Variable für den Reaktionsfortschritt wurde der Massenbruch an Wasser verwendet.

Als Verteilungsfunktion für den Mischungsbruch und Reaktionsfortschritt wurde die β-Verteilung gewählt. Die Verteilung der Stützstellen der Mischungsbruchvarianz erfolgt - wie zur Tabellierung über die Gegenstromdiffusionsflamme - exponentiell mit einem Exponenten von 0,5, die Stützstellen der Reaktionsfortschrittvarianz werden gleichverteilt. Integriert wurde die Tabelle mit Hilfe des Algorithmus nach Liu et al. (siehe Kapitel 6.2.2.2).

9.1.4. Ergebnisse der RANS-Simulationen

In diesem Kapitel werden die Ergebnisse diskutiert, die unter Verwendung der Reynolds-gemittelten Navier-Stokes Gleichung erhalten wurden. Nach der Beschreibung der numerischen Parameter werden zunächst anhand des Flamelet-Modells die Abhängigkeiten der Flamme in Bezug auf die Tabellenauflösung, sowie der Modellierung der Turbulenz- und Mischung gezeigt. Anschließend werden die Ergebnisse vorgestellt, die mit einer durch den homogenen Reaktor und der Vormischflamme reduzierten Chemie durch das Modell der Reaktionsmodellierung auf Basis eines Reaktionsfortschritts und einer Verbundwahrscheinlichkeitsdichtefunktion – im Folgenden JPDF-Modell genannt – simuliert wurden. Es wird der Einfluss der Reduktionsmethode gezeigt und diese miteinander verglichen.

Ergebnisse der Flamelet-Simulationen

Abbildung 9.6 zeigt die mit dem Flamelet-Modell simulierte h3-Flamme. Zur besseren Darstellung wurde hier an der Rotationsachse gespiegelt. Der Vergleich mit den Messwerten erfolgt zum einen radial entlang der in Abbildung 9.6 weiß dargestellten Linien an den axialen Positionen $x/D = 5$, 20, 40 und 60, zum anderen axial entlang der Rotationsachse. Wie in Abbildung 9.6 zu sehen ist, wurde der radiale Abstand des Freistrahls ausreichend weit vom Rohraustritt gesetzt, so dass die Flamme weit genug vom Freistrahlrand entfernt ist und die Neumann-Randbedingungen aus den Tabellen 9.2 und 9.3 getroffen werden können.

Einfluss der Anzahl an Stützstellen des Mischungsbruchvarianz

In Abbildung 9.7 ist der axiale Verlauf der Temperatur und des Mischungsbruchs für eine Variation der Anzahl an Stützstellen der Mischungsbruchvarianz dargestellt. Die Anzahl an Stützstellen wurde im

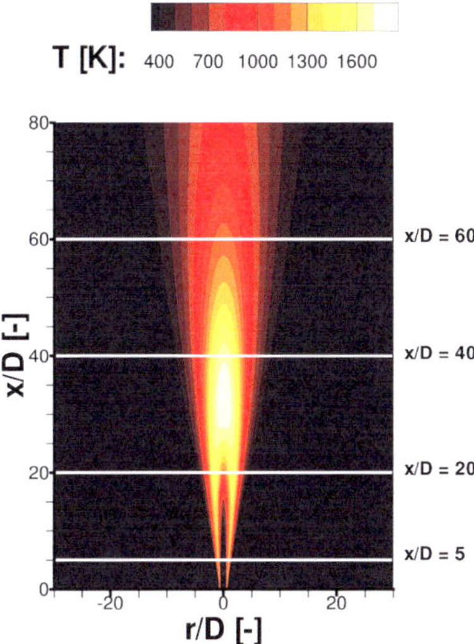

Abbildung 9.6.: Temperatur-Kontur der h3-Flamme simuliert mit dem Flamelet-Modell

Bereich $n_{\widetilde{f''^2}}$ =2, 5, 10 und 20 variiert. Für die Variation der Anzahl an Stützstellen der Mischungsbruchvarianz wurde zur Modellierung der Turbulenz das k-ϵ-Modell verwendet mit einer turbulenten Prandtl-Zahl von 0,9 und Standard-Parameter (siehe Tabelle 3.1).

Für eine Anzahl an Stützstellen von $n_{\widetilde{f''^2}}$ =2 und 5 ist ein deutlicher Einfluss zu sehen. Der Verlauf der Temperatur für $n_{\widetilde{f''^2}} = 2$ ist steiler und weist eine höhere Maximaltemperatur auf. Werden nur zwei Stütz-stellen verwendet, werden jeweils nur die Zustände einer vollständigen Ungemischtheit – die Wahrscheinlichkeitsdichtefunktion des Mischungs-bruchs nimmt nur die Werte 0 und 1 an und der simulierte Mittelwert entspricht der Gewichtung der beiden Zustände – und der vollständigen Gemischtheit – die Wahrscheinlichkeitsdichtefunktion entspricht einer

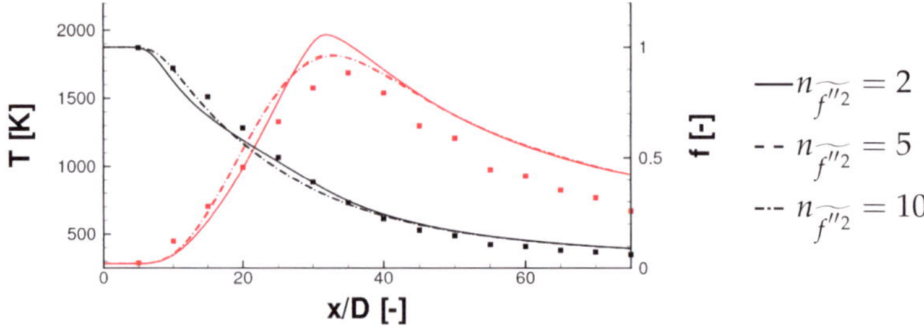

Abbildung 9.7.: Axialer Verlauf der Temperatur (rot) und des Mischungsbruchs (schwarz) der Messung (Symbole) und der Simulation (Linien) unter Variation der Anzahl an Stützstellen der Mischungsbruchvarianz (k-ϵ-Modell, $Pr_t = 0,9$)

Delta-Funktion – durch die Tabelle beschrieben. Zwischen diesen Zuständen wird dann entsprechend der Varianz interpoliert. Somit wird hierbei die Form der Verteilungsfunktion nicht berücksichtigt. Schon für eine Erhöhung der Anzahl von $n_{\widetilde{f''2}}$ =5 auf 10 zeigt sich kaum mehr ein Einfluss der Anzahl an Stützstellen. Die Rechnungen mit $n_{\widetilde{f''2}}$ =20 zeigte keinen weiteren Einfluss auf das Ergebnis mehr und ist in Abbildung 9.7 nicht dargestellt. Hier liegt die Abweichung im Bereich der numerischen Ungenauigkeit und der Verlauf der Varianzkoordinate ist somit ausreichend aufgelöst. In der Mischungsbruchvarianzkoordinate sind hier 10 Stützstellen ausreichend.

Die Anzahl an Stützstellen in den Varianzkoordinaten beeinflusst signifikant die Integrationsdauer der chemischen Tabellen. Weiterhin ist die Größe der Tabelle maßgeblich abhängig von der Anzahl an Stützstellen. Da jeder Prozessor zur Simulation die chemischen Tabellen in den Speicher laden muss, spielt dies insbesondere bei starker Parallelisierung eine Rolle. Es ist anzustreben, die Anzahl an Stützstellen so klein wie möglich zu halten.

Einfluss der Mischung und der Dissipation

Betrachtet man nun den Verlauf der Temperatur für den Fall mit 10 Stützstellen so sieht man, dass zunächst der axiale Verlauf der Temperatur durch das Flamelet-Modell gut wiedergegeben wird. Die Position der maximalen Temperatur und deren Absolutwert wird abgebildet. Hierbei liegt der Verlauf der Temperatur nach dem Maximalwert jedoch leicht oberhalb der gemessenen Werte. Der Temperaturverlauf im Falle des Flamelet-Modells ist durch den Mischungsbruch, dessen Varianz und dessen Dissipationsrate bestimmt. Vergleicht man den Verlauf des Mischungsbruchs in Abbildung 9.7 so zeigt die Messungen einen diffusiveren Verlauf stromab des Temperaturmaximums. Da die Temperatur vor allem für Mischungsbrüche im Bereich des stöchiometrischen Mischungsbruchs $f_{st} < 0,31$ stark von der Mischung abhängt (siehe auch Abbildung 9.10), wirkt sich ein kleine Abweichung in der Mischung oder deren Varianz deutlich auf die Temperatur aus. Auch würde eine zu kleine Dissipationsrate zu einer zu hohen Temperatur führen. Dies soll im Folgenden näher betrachtet werden.

Abbildung 9.8 zeigt den Vergleich der simulierten Temperatur mit den gemessenen entlang der in Abbildung 9.6 dargestellten radialen Profilen, die Abbildung 9.9 zeigt den zugehörigen Verlauf des Mischungsbruchs. An der Position $x/D = 5$ zeigt die Messung eine deutlich höhere Maximaltemperatur ($T \approx 1900$) im Vergleich zur Simulation ($T \approx 1500K$). Der zugehörige Verlauf des Mischungsbruchs an der Stelle $x/D = 5$ weist jedoch ein sehr gute Übereinstimmung mit den Messwerten auf. An der Stelle $x/D = 20$ zeigt die Simulation einen im Vergleich zur Messung erhöhten Queraustausch. Für die Verläufe der Temperatur an den Stellen $x/D = 40$ und $x/D = 60$ liegt die Temperatur wie schon zuvor für den axialen Verlauf gezeigt oberhalb der Messung. Hier zeigt die Messung im Verlauf des Mischungsbruchs über dem Radius einen

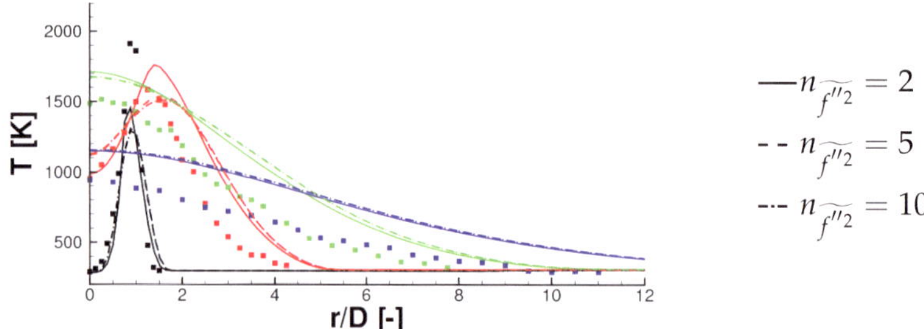

Abbildung 9.8.: Radialer Verlauf der Temperatur der Messung (Symbole) und der Simulation (Linien) unter Variation der Anzahl an Stützstellen für die Mischungsbruchvarianzkoordinate an den axialen Positionen $x/D = 5, 20, 40, 60$ (k-ϵ-Modell, $Pr_t = 0,9$)

erhöhten Queraustausch (siehe Abbildung 9.9) und somit ein stärkeres Einmischen von kalter Luft aus der Umgebung. Dies führt zu einem stärkeren Absinken der Temperatur.

Um nun den Einfluss der Mischung auf die Temperatur genauer zu betrachten, ist in Abbildung 9.10 der Verlauf der Temperatur über dem lokalen Mischungsbruch aufgetragen und somit von der Ortskoordinate entkoppelt. Die gestrichelte, rote Linie zeigt den Verlauf der Gleichgewichtstemperatur über dem Mischungsbruch. Hier zeigen nun Messung und Simulation, über dem Mischungsbruch aufgetragen, an den Stellen $x/D = 40$ und $x/D = 60$ eine gute Übereinstimmung Die im Verlauf über den Radius gesehene Diskrepanz ist somit auf die durch den Boussinesq-Ansatz nicht korrekt wiedergegebenen Diffusion zurückzuführen.

An der Stellen $x/D = 5$ liegt die gemessene Temperatur jedoch deutlich sowie an der Stelle $x/D = 20$ noch leicht oberhalb der simulierten Temperatur über dem Mischungsbruch. Hier ist die mittlere Mischung nicht die Ursache für die Abweichung.

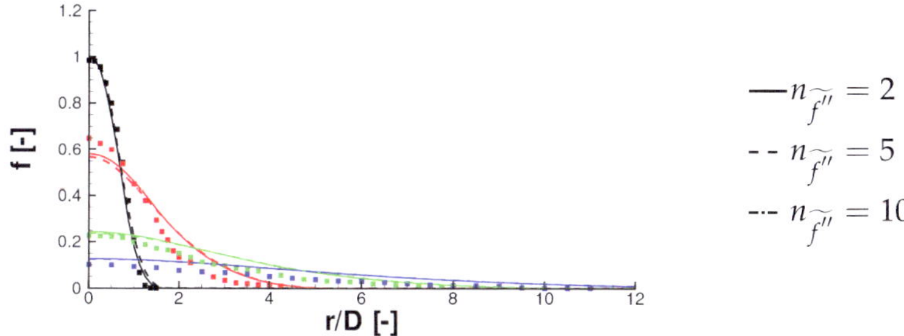

Abbildung 9.9.: Radialer Verlauf des Mischungsbruchs der Messung (Symbole) und der Simulation (Linien) unter Variation der Anzahl an Stützstellen der Mischungsbruchvarianz an den axialen Positionen $x/D = 5$, 20, 40, 60 (k-ϵ-Modell, $Pr_t = 0{,}9$)

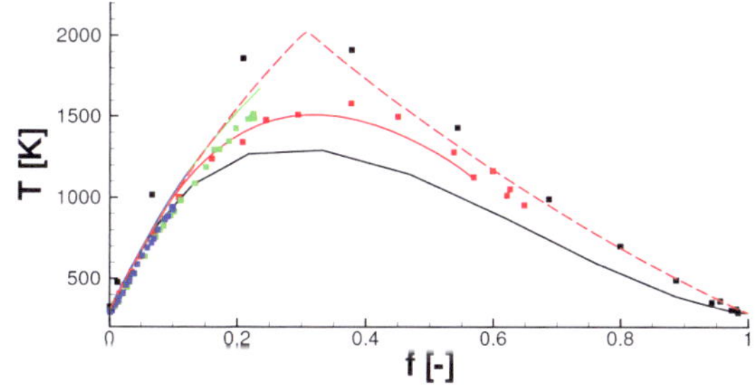

Abbildung 9.10.: Radialer Verlauf der Temperatur der Messung (Symbole) und der Simulation (Linien) an den axialen Positionen $x/D = 5$, 20, 40, 60 in Abhängigkeit des lokalen mittleren Mischungsbruches (k-ϵ-Modell, $n_{\widetilde{f''^2}} = 30$, $Pr_t = 0{,}9$)

Um den Einfluss der Varianz und der Dissipationsrate, die über die Beziehung (5.4.27) miteinander gekoppelt sind, zu untersuchen, ist in Abbildung 9.11(a) der simulierte, radiale Verlauf der stöchiometrischen Dissipationsrate sowie in Abbildung 9.11(b) der Verlauf der Temperatur für eine stöchiometrische Mischung $f_{st} = 0,31$ als Funktion der mit der maximal möglichen Varianz $\widetilde{f''^2}_{max}$ entdimensionierten Varianz $\widetilde{f''^2}$ für die stöchiometrischen Dissipationsraten 1, 10, 100 und 1000 aufgetragen. Der Verlauf über der entdimensionierten Mischungsbruchvarianz ist der chemischen Tabelle entnommen. An der Stelle der stöchiometrischen Mischung wird die höchste Temperatur erwartet, daher ist diese hier aufgetragen. Über die stöchiometrische Dissipationsrate wird im Flamelet-Modell der Einfluss der lokalen Streckung der Flamme durch turbulente Strukturen auf die Flamme modelliert. Die Mischungsbruchvarianz beschreibt dabei den lokalen Zustand der turbulenten Mischung. Es ist zu unterscheiden, ob der Mittelwert lediglich eine zeitliche Fluktuation zweier molekular ungemischter Zustände – hohe Varianz – oder einen auch auf molekularer Ebene gemischten Zustand – kleine Varianz – beschreibt.

Die maximale stöchiometrische Dissipationsrate an der Stelle $x/D = 5$ beträgt, wie Abbildung 9.11(a) entnommen werden kann ungefähr 100 $\frac{1}{s}$. Wie zuvor schon erwähnt, sinkt die Temperatur mit steigender Dissipationsrate aufgrund der Streckung der Flamme. Sie sinkt jedoch auch mit steigender Varianz des Mischungsbruchs, da hierbei bei einem stöchiometrischen Mischungsbruch mit steigender Varianz die Zustände einer über- bzw. unterstöchiometrischen Mischung in der Verteilungsfunktion an Gewichtung zunehmen. Der Effekt der Dissipationsrate alleine ist, wie anhand des Maximalwertes des Verlaufs der Temperatur für eine Dissipationsrate von 100 $\frac{1}{s}$ ersichtlich, nicht ausreichend um den Temperaturunterschied von $T \approx 1900K$ und $T \approx 1500K$ zu erklären. Der Einfluss der Mischungsbruchvarianz ist deutlich ausgeprägter.

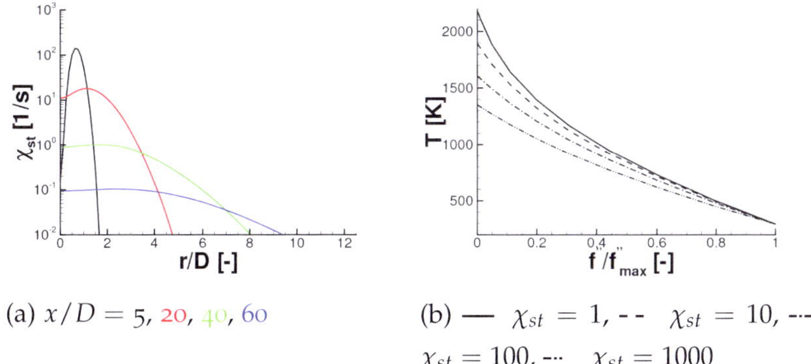

(a) $x/D = 5, 20, 40, 60$

(b) —— $\chi_{st} = 1$, - - $\chi_{st} = 10$, - - - $\chi_{st} = 100$, - - - $\chi_{st} = 1000$

Abbildung 9.11.: Simulierter radialer Verlauf der stöchiometrischen Dissipationsrate (k-ϵ-Modell, $n_{\widetilde{f''2}} = 30$, $Pr_t = 0,9$) (a) und Abhängigkeit der Temperatur der Gegenstromdiffusionsflamme von der Mischungsbruchvarianz am stöchiometrischen Punkt $f_{st} = 0,31$ (b)

In der Abbildung 9.12 ist der radiale Verlauf der Standardabweichung des Mischungsbruchs dargestellt, welche sich aus der Wurzel der Mischungsbruchvarianz berechnet. Während an den axialen Positionen $x/D = 40$ und $x/D = 60$ die Übereinstimmung von Messung und Simulation zufriedenstellend ist, zeigt die Simulation an den Stellen $x/D = 5$ und $x/D = 20$ eine deutlich höhere Standardabweichung des Mischungsbruchs, welcher bei $x/D = 5$ am stärksten ausgeprägt ist. Da die Maximaltemperatur mit steigender Varianz sinkt, ist dies ein möglicher Grund für die zu geringe Temperatur der Simulation.

Um nun den Einfluss der Varianz auf die Simulation zu untersuchen, wurde die Konstante des Produktionsterms der Varianztransportgleichung des Mischungsbruchs variiert. Der Standard-Wert der Konstante beträgt $C_{f'',1} = 2,8$ und wurde mit den Werten $1,0$ und $0,1$ variiert. In Abbildung 9.13(a) ist der resultierende Verlauf der Standardabweichung

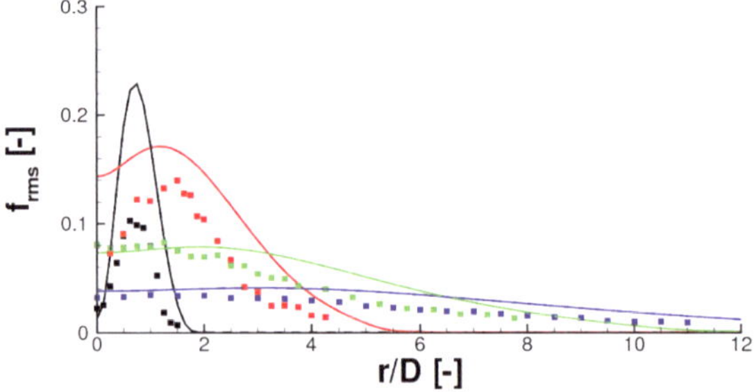

Abbildung 9.12.: Radialer Verlauf der Standardabweichung des Mischungsbruchs der Messung (Symbole) und der Simulation (Linien) an den axialen Positionen $x/D = 5, 20, 40, 60$ in Abhängigkeit des lokalen Mischungsbruchs $(Pr_t = 0,9$ k-ϵ-Modell $n_{\widetilde{f''2}} = 30)$

des Mischungsbruchs über dem entdimensionierten Radius aufgetragen. In Abbildung 9.13(b) ist weiterhin der sich hierdurch ergebende Verlauf der Temperatur dargestellt. Ein Absenken der Konstante auf $C_{f'',1} = 0,1$ führt zu einer sehr guten Wiedergabe des gemessenen Verlaufs der Standardabweichung an der Stelle $x/D = 5$. Der Verlauf der Temperatur an dieser Stelle zeigt eine deutlich verbesserte Übereinstimmung mit den Messwerten der Temperatur. Weiter stromab führt dies jedoch zu einer zu geringen Standardabweichung und daher zu einem Überschwingen der Temperatur im Vergleich zu den Messwerten. Dies ist am deutlichsten an der Stelle $x/D = 20$ zu sehen. Ein Wert der Konstante von $1,0$ zeigt an dieser Stelle die beste Übereinstimmung. Trotz der guten Übereinstimmung der Varianz zeigt die Messung noch eine – wenn auch verbesserte – zu geringe Temperatur. Betrachtet man nochmals den Verlauf der Temperatur über der entdimensionierten Varianz in 9.11(b), so sieht man, dass die maximal mögliche Temperatur für eine Dissipationsrate von 100 $\frac{1}{s}$ maximal 1600K beträgt. Die Simulation zeigt somit womöglich eine zu hohe Dissipationsrate. Da diese experimentell jedoch nicht bestimmt wurde, ist ein Vergleich an dieser Stelle nicht möglich. Da sie jedoch auch vom Reaktionsmodell abhängt, soll im Folgenden kurz noch der Vergleich mit dem neben dem k-ϵ-Modell häufig verwendeten SST-Modell gezeigt werden.

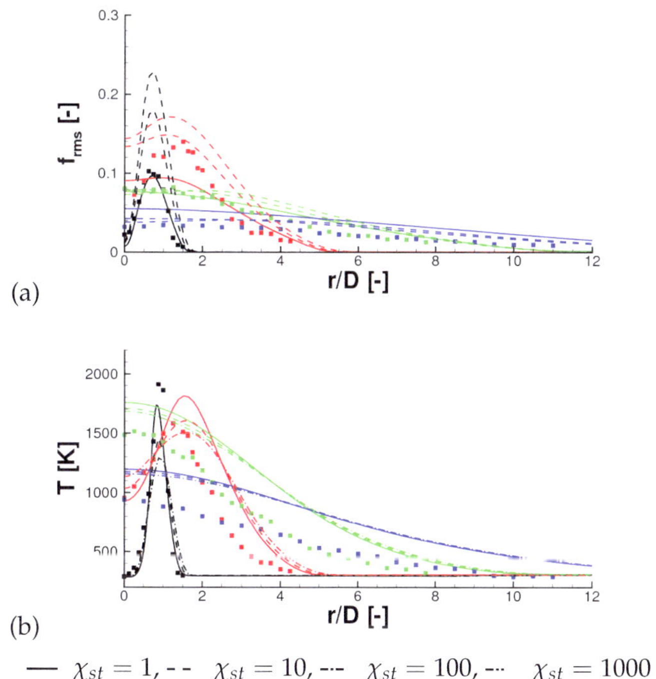

Abbildung 9.13.: Radialer Verlauf der Standardabweichung (a) und der Temperatur (b) der Messung (Symbole) und der Simulation (Linien) an den axialen Positionen $x/D =$5, 20, 40, 60 (k-ϵ-Modell, $n_{\widetilde{f''^2}} = 30$, $Pr_t = 0{,}9$)

Einfluss des Turbulenzmodells

Abbildung 9.14 zeigt den Einfluss des Turbulenzmodells. Dargestellt ist der Verlauf des k-ϵ-Modells und des SST-Modells. Das SST-Modell ist noch deutlich diffusiver und führt somit zu einer verkürzten Flamme, was am Maximalwert der Temperatur gesehen werden kann. Das k-ϵ-Modell gibt die Messwerte daher besser wieder. Obwohl in der Literatur das SST-Modell häufig als eine Verbesserung gegenüber dem k-ϵ-Modell gesehen wird [140], zeigt das k-ϵ-Modell für den reaktiven Freistrahl bessere Ergebnisse als das SST-Modell.

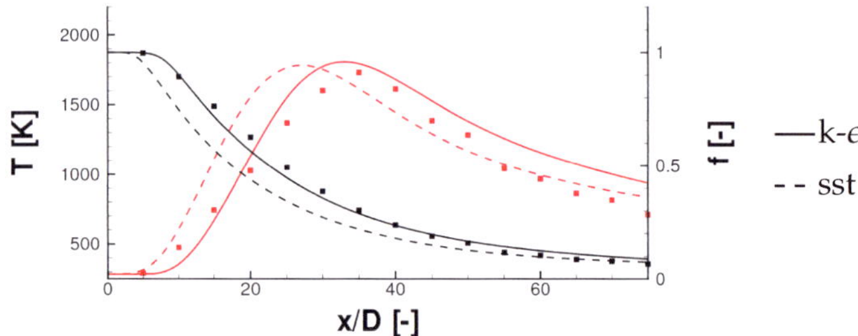

Abbildung 9.14.: Axialer Verlauf der Temperatur (rot) und des Mischungsbruchs (schwarz) der Messung (Symbole) und der Simulation (Linien) unter Variation des Turbulenzmodells ($n_{\widetilde{f''2}} = 30$, $Pr_t = 0,9$)

Tabellierung der Transportgrößen

Um die Transportgrößen dynamische Viskosität ν und Wärmeleitfähigkeit α, sowie die thermodynamischen Größen spezifische Gaskonstante R und Wärmekapazität c_p der Mischung während der Simulation zu bestimmen, wird die Zusammensetzung der Mischung als Funktion der gelösten Variablen Mischungsbruch, Mischungsbruchvarianz und stöchiometrische Dissipationsrate aus der chemischen Tabelle ausgelesen und zur Berechnung anhand einer Stoffdatenbank verwendet [10]. Dies erfordert zunächst das Auslesen der Konzentrationen aller Mischungskomponenten und die anschließende Berechnung der Mischungsgrößen an allen Rechenknoten des Gitters. Weiterhin werden hierbei zur Berechnung der Stoffgrößen nur die mittleren Konzentrationen verwendet und die lokalen Konzentrationsfluktuationen nicht berücksichtigt.

Als alternativer Ansatz werden die Stoffgrößen zusammen mit den kinetischen Größen in der chemischen Tabelle tabelliert und anschließend integriert. Während der Simulation werden diese direkt aus der Tabelle ausgelesen. Die Zusammensetzung muss somit nicht an jedem Knotenpunkt während der Simulation bestimmt werden und kann zu Auswertungszwecken für das Ergebnis am Ende der Simulation für alle oder auch nur für bestimmte Komponenten bestimmt werden. In Abbildung 9.15 ist der axiale Verlauf der Temperatur und der Mischung aufgetragen. Die durchgezogene Linie zeigt das Ergebnis der Simulation unter Bestimmung der mittleren lokalen Mischung aus der Tabelle und anschließender Berechnung der Stoffgrößen über die Konzentrationen. Die gestrichelte Linie zeigt das Ergebnis unter Verwendung der tabellierten mittleren Stoffdaten. Lediglich im Verlauf nach dem Temperaturmaximum ist eine geringe Abweichung zu erkennen. Der radiale Verlauf der Temperatur in Abbildung 9.16 zeigt ebenfalls eine sehr gute Übereinstimmung. Die Verwendung der tabellierten Stoffdaten ermöglichen somit eine schnelle und akkurate Bestimmung der mittleren Stoffdaten. Im Falle der hier untersuchten Mischung mit 11 Komponenten ist der Vorteil in der Simulationsgeschwindigkeit nur gering. Für den GRI 3.0 Mechanismus für die C2-Chemie mit seinen 53 berücksichtig-

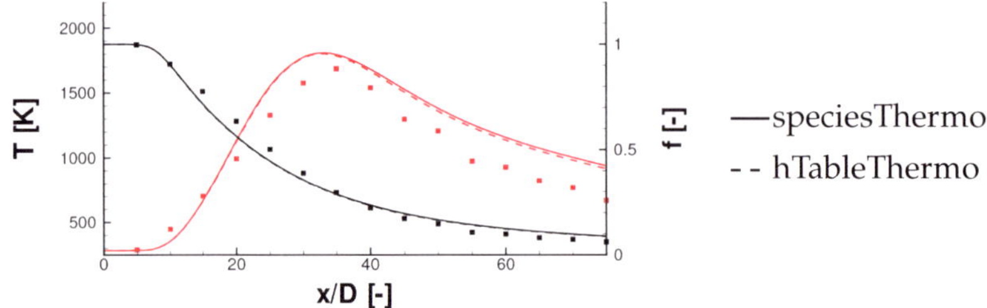

Abbildung 9.15.: Axialer Verlauf der Temperatur (rot) und des Mischungsbruchs (schwarz) der Messung (Symbole) und
der Simulation (Linien) unter Variation der Methode
zur Bestimmung der thermophysikalischen Größen
($Pr_t = 0,9$, k-ϵ-Modell)

ten Komponenten ist der Unterschied jedoch signifikant. Vor allem für
LES-Simulation, welche zusätzlich große Rechengitter erfordern ist diese
Formulierung von erheblichem Vorteil, da sie zusätzlich zum Geschwin-
digkeitsgewinn auch deutlich Speicherplatz spart, der zum Speichern
der Komponenten der Mischung erforderlich ist.

Ergebnisse der Simulationen auf Basis einer Reaktionsfortschrittsvariablen

Einfluss des Modellsystems zur Reduktion der Chemie

Zur Untersuchung des Einflusses der Reduktionsmethode auf die h3-
Flamme wurden Simulationen mit beiden Reduktionsmethoden – homogener Reaktor und laminare planare Vormischflamme – anhand der in
Kapitel 9.1.3 gezeigten Tabellen durchgeführt. Während die Simulationen mit den Vormischflammentabellen eine stabil brennende Flamme
zeigt, war im Falle der Simulation über homogene Reaktoren kein Sta-

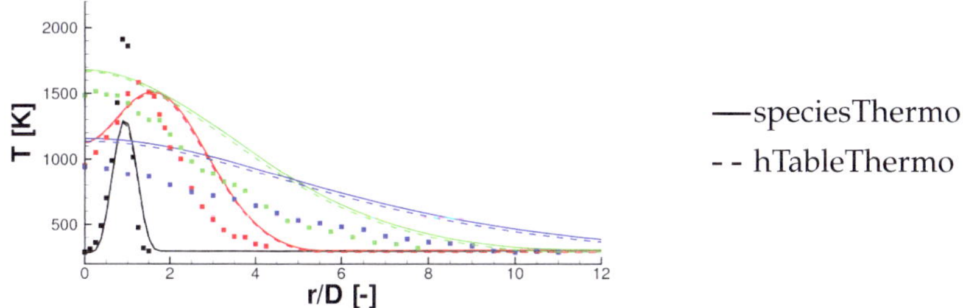

Abbildung 9.16.: Radialer Verlauf der Temperatur der Messung (Symbole) und der Simulation (Linien) an den axialen Position $x/D = 5, 20, 40, 60$ unter Variation der Methode zur Bestimmung der thermophysikalischen Größen ($Pr_t = 0,9$, k-ϵ-Modell, $n_{\widetilde{f''^2}} = 30$)

bilisieren der Flamme möglich. Um dies zu erklären, ist in Abbildung 9.17(a) eine Nahansicht der Flamme gezeigt, simuliert unter Verwendung der laminaren Vormischflamme zur Reduktion der Chemie. Sie zeigt den Bereich vom Mittelpunkt des Rohraustritts bis $r/D = 2$ und $x/D = 5$. In diesem Bereich stabilisiert sich die Flamme. Die linke Seite der Abbildung 9.17(a) zeigt die Temperatur der Flamme, während in der rechten Seite die Reaktionsrate dargestellt wird. Die höchsten Reaktionsraten des Reaktionsfortschritts findet man am Fuß der Flamme bei $x/D = 0,4$. Diese Stelle ist in Abbildung 9.17(a) durch eine weiße Linie gekennzeichnet. Um nun den Einfluss der Reduktionsmethode auf die Reaktionsfortschrittsrate zu untersuchen, werden die Werte der unabhängigen Variablen des Reaktionsmodells – Mischungsbruch, Mischungsbruchvarianz, Reaktionsfortschritt und Reaktionsfortschrittvarianz – an dieser Position aus der Simulation, die über die laminare planare Vormischflamme durchgeführt wurde, ausgelesen und die zugehörigen Werte der mittleren Reaktionsfortschrittsrate $\widetilde{\omega_c}$ für beide

Reduktionsmodelle aus den entsprechenden Tabellen ausgelesen.

Die Werte der Reaktionsfortschrittsraten sind in Abbildung 9.17(b) dargestellt. Während die Vormischflamme eine maximale Rate von $\approx 2500\frac{1}{m^3s}$ aufweist, zeigt der homogene Reaktor nur eine Rate von $\approx 1500\frac{1}{m^3s}$, welche in den Simulationen per Reduktion durch den homogenen Reaktor nicht zum Stabilisieren der Flamme ausreichte. Wie im Abschnitt zu den chemischen Tabellen diskutiert, ist der Effekt der Vorwärmung aus der Reaktionszone in die Vorwärmzone der Vormischflamme ausschlaggebend für die höhere Rate. Im Falle der h3-Flamme, welche in der Grenzschicht zwischen dem eintretenden Strahl und der umgebenden Luft ihre Reaktionszone aufweist, ist dieser Stoff- und Wärmetransport aus der Reaktionszone in Richtung Frischgas entscheidend.

Hierbei ist jedoch nicht der Gradient der Reynolds-gemittelten Größen, welcher in der RANS-Rechnung aufgelöst wird, entscheidend, sondern der deutlich steilere Gradient der zeitlich fluktuierenden turbulenten Strömung. Dieser wird sowohl in der Simulation der laminaren Vormischflamme als auch der Gegenstromdiffusionsflamme für das Flamelet-Modell in Bezug auf die Transportprozesse in der Reaktionszone während der Tabellierung berücksichtigt und anhand der Integration der Tabelle auch im mittleren Strömungsfeld der RANS-Rechnung modelliert. Für die laminaren Vormischflamme wird hierbei jedoch ein vorgemischter Zustand auf die Diffusionsflamme übertragen. Während sich bei einer Vormischflamme die elementare Zusammensetzung über die Reaktionsfront nicht ändert - unter der Annahme $Le = 1$ - und die Diffusion vom Abgas zum Frischgas erfolgt, ändert sich bei der Diffusionsflamme die elementare Zusammensetzung über die Flamme hinweg. Je kleiner jedoch das Längenmaß der Reaktion im Vergleich zum Längenmaß der Transportprozesse ist, umso gerechtfertigter ist die Annahme eines lokal vorgemischten Zustandes, welche in Bezug auf die Modellierung über die Vormischflamme getroffen wird. Findet daher die Reaktion wie hier in einer sehr schmalen Zone über wenige Zellen hinweg statt, wobei sich der Mischungsbruch nur wenig ändert, kann man von einem lokal vorgemischten Zustand ausgehen, der den Ansatz rechtfertigt. Auch im Fall der technisch häufig vorkommenden Verbrennung in einem partiell-vorgemischten Zustand – beispielsweise bei einer abgehobenen Flamme – ist diese Annahme gut zu treffen.

Im Folgenden werden somit nur die Ergebnisse, welche mit der Reduktion über laminare Vormischflammen erzielt wurden diskutiert.

In Abbildung 9.18 ist der axiale Verlauf der Temperatur und des Mischungsbruchs dargestellt. In Abbildung 9.19 ist der zugehörige radiale Verlauf der Temperatur aufgetragen. Sowohl der axiale als auch der radiale Verlauf zeigt die gleichen Charakteristiken, die schon zuvor in den Ergebnissen des Flamelet-Modells diskutiert wurde.

Der Einfluss des Reduktionsmodells wird im Weiteren in Kapitel 9.1.5 noch diskutiert.

Während im Falle des Flamelet-Modells die lokale Streckung der Flamme den Abstand der Reaktion zum Gleichgewicht modelliert, beschreibt hier nun der Reaktionsfortschritt, in wieweit die Reaktion sich dem Gleichgewicht nähert. Zusätzlich zur Varianz des Mischungsbruchs wird auch eine Transportgleichung der Varianz des Reaktionsfortschritts gelöst. In Abbildung 9.18 und 9.19 wurde zunächst die Anzahl an Stützstellen für die Reaktionsfortschrittvarianz variiert, um den Einfluss dieser zu untersuchen. Im Vergleich zur Anzahl an Stützstellen für die Mischungsbruchvarianz, hat dies keinen Einfluss auf das Ergebnis. Der Grund hierfür ist, dass die Flamme, wie in Abbildung 9.17(a) gezeigt, direkt am Rohraustritt stabilisiert. Stromab befindet sich die Flamme im chemischen Gleichgewicht zur lokalen Mischung und der Reaktionsfortschritt ist folglich gleich eins. Dies ist in der Darstellung 9.20 anhand des Verlaufs des Reaktionsfortschritts über dem Mischungsbruch dargestellt.

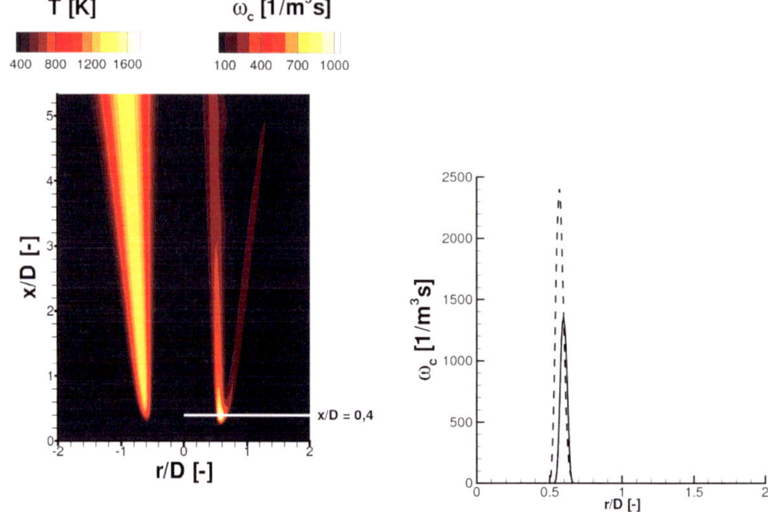

(a) Kontur der Temperatur (links) und der Reaktionsrate (rechts)

(b) ——homogener Reaktor, -- Vormischflamme

Abbildung 9.17.: Kontur der Temperatur und Reaktionsrate der Simulation anhand der Reduktion über Vormischflammen (links) sowie radialer Verlauf der Reaktionsrate für beide Reduktionsmethoden an der Stelle $x/D = 0{,}4$ (rechts)

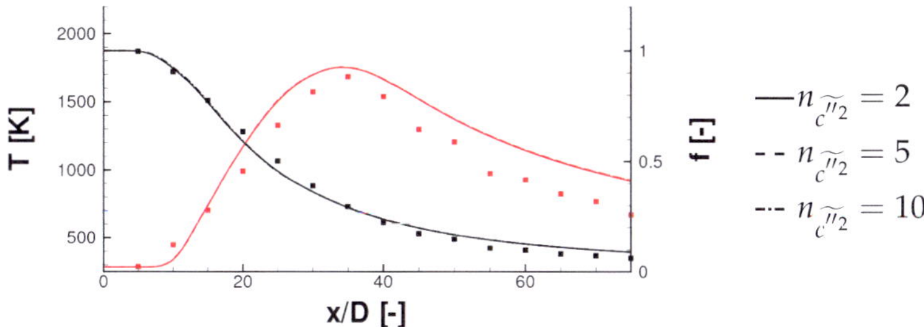

Abbildung 9.18.: Axialer Verlauf der Temperatur (rot) und des Mischungsbruchs (schwarz) der Messung (Symbole) und der Simulation (Linien) unter Variation der Anzahl an Stützstellen für die Reaktionsfortschrittvarianz (k-ϵ-Modell, $Pr_t = 0,9$)

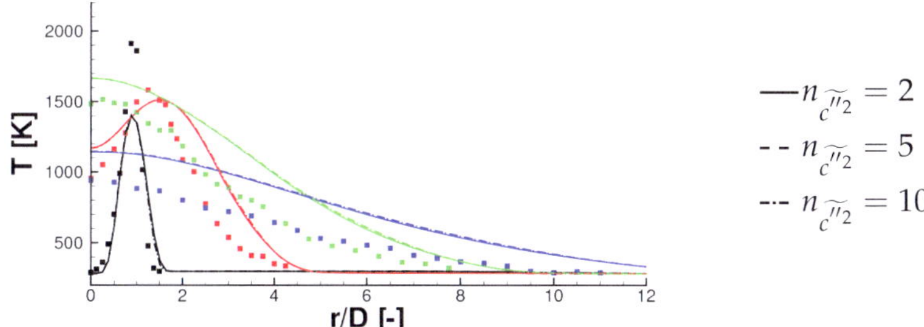

Abbildung 9.19.: Radialer Verlauf der Temperatur der Messung (Symbole) und der Simulation (Linien) unter Variation der Anzahl an Stützstellen für die Varianz des Reaktionsfortschritts an den axialen Position $x/D = 5, 20, 40, 60$ (k-ϵ-Modell, $Pr_t = 0,9$)

Bis auf die erste Linie bei $x/D = 5$ ist der Reaktionsfortschritt innerhalb des zündfähigen Bereiches bei $\widetilde{c} = 1$.

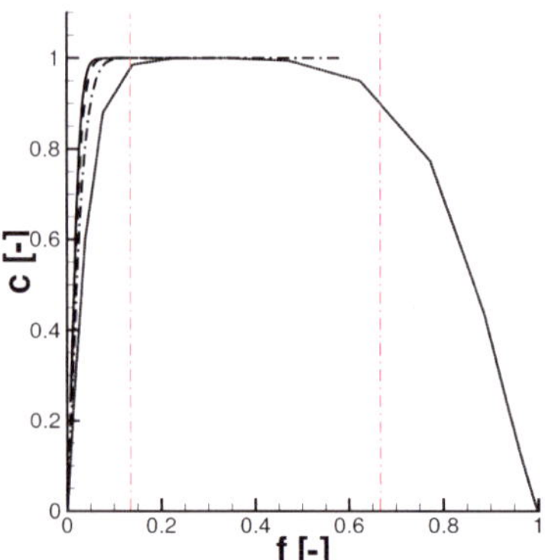

Abbildung 9.20.: Radialer Verlauf des Reaktionsfortschritts an den axialen Positionen $x/D = 5, 20, 40, 60$ (k-ϵ-Modell, $Pr_t = 0,9$). Die gestrichelten, roten Linien zeigen hierbei die numerischen Zündgrenzen auf.

Während das Flamelet-Modell bei Sinken der lokalen Streckungsrate automatisch in Richtung Gleichgewicht geht – also aus dem chemischen Gleichgewicht ausgelenkt wird – muss hier der Reaktionsfortschritt durch die Reaktionsrate vom unverbrannten Zustand in Richtung Gleichgewicht $\tilde{c} = 1$ reagieren. Die h3-Flamme stellt somit einen Extremfall für das JPDF dar, da es eine Flamme beschreiben muss, deren chemische Zeitmaße klein sind im Vergleich zu den Zeitmaßen der Transportprozesse. Dies kann auch anhand der Simulation, welche durch Reduktion mittels homogener Reaktoren durchgeführt wurde, gesehen werden. Wird die turbulente Rate nicht korrekt wiedergegeben, in diesem Fall zu gering, stabilisiert sich die Flamme nicht.

9.1.5. Vergleich der Reduktionsmodelle

In Abbildung 9.21 ist die Temperatur-Kontur für die Flamelet-Simulation (links) sowie die JPDF-Simulation (rechts) dargestellt. Beide Modelle geben die Flamme mit nur geringen Abweichungen zueinander wieder. Dies kann auch in den Abbildungen 9.22 und 9.23, welche den axialen und radialen Verlauf der Temperatur zeigen, gesehen werden. Beide Modelle sind somit gleichwertig geeignet die h3-Flamme zu beschrieben. Da die Flamme durch die Mischung kontrolliert ist, ist das chemische Zeitmaß gegenüber dem Zeitmaß der Mischung vernachlässigbar. Beide Reaktionsmodelle – Flamelet und JPDF – können die kleinen chemischen Zeitmaße wiederzugeben. Das Ergebnis ist aufgrund des mischungsdominierten Charakters der Flamme im Wesentlichen nur abhängig vom Mischungsbruch und dessen Varianz. Um die hohen Reaktionsraten und somit kleinen chemischen Zeitmaße wiedergeben zu können, muss jedoch der Effekt des Energie- und Stofftransports aus der Reaktionszone in das Frischgas in der Tabelle berücksichtigt werden, da dieser Effekt anhand der Reynolds-gemittelten Enthalpie- und Konzentrationsgradienten nicht abgebildet wird.

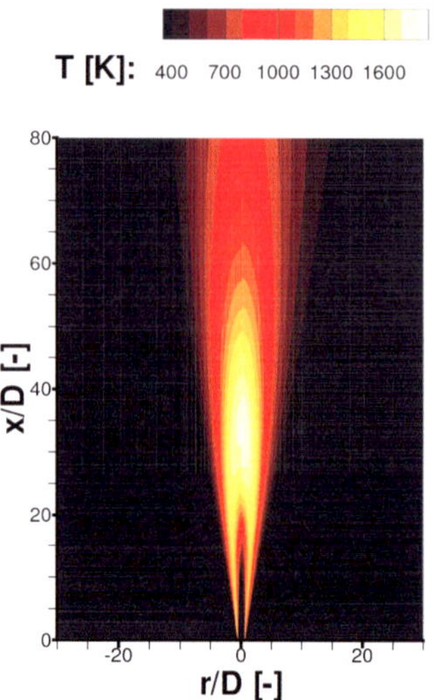

Abbildung 9.21.: Temperaturkontur der Simulationen über eine Reduktion mittels Gegenstromdiffusionsflamme (Flamelet-
Modell) (links) und planarer laminarer Vormischflamme (JPDF) (rechts)

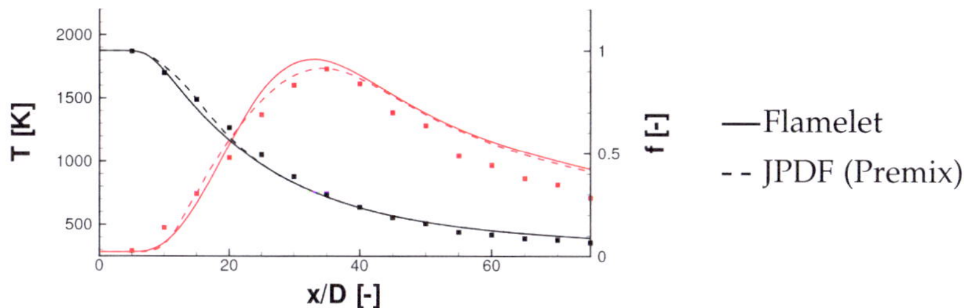

Abbildung 9.22.: Axialer Verlauf der Temperatur (rot) und des Mischungsbruchs (schwarz) der Messung (Symbole) und der Simulation (Linien) unter Variation des Reduktionsansatzes (k-ϵ-Modell, $Pr_t = 0,9$)

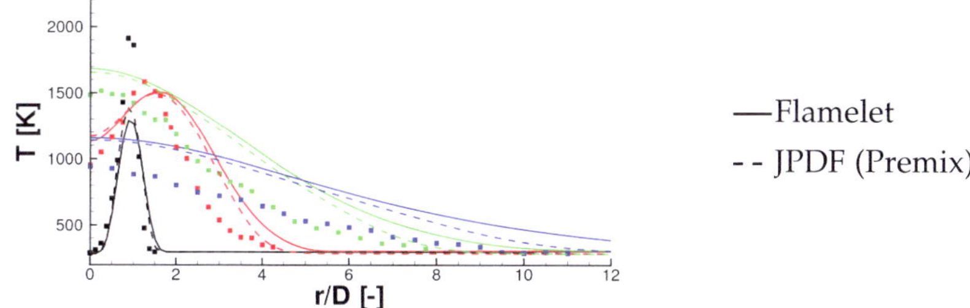

Abbildung 9.23.: Radialer Verlauf der Temperatur der Messung (Symbole) und der Simulation (Linien) unter Variation des Reduktionsansatzes an den axialen Positionen $x/D = $ 5, 20, 40, 60 (k-ϵ-Modell, $Pr_t = 0,9$)

9.1.6. Ergebnisse der LES-Simulationen

Für die LES-Simulation wurde die über die Vormischflamme erstellte Tabelle zur Simulation verwendet. Die Simulation erfolgt nur unter Verwendung des JPDF-Modells. In Abbildung 9.24(a) ist die instantane Temperatur der LES-Simulation zum Zeitpunkte $t = 0,88s$ der Simulation gezeigt. Die instantane Temperatur zeigt deutlich die durch die Filteroperation aufgelösten turbulenten Strukturen, welche stromab immer großskaliger werden. In Abbildung 9.24(b) ist die zugehörige mittlere Temperatur dargestellt. Die Mittlung der LES-Simulation erfolgte hier nach einer Einlaufzeit von $0,4s$ zur Ausbildung der voll eingelaufenen, turbulenten Strömung. Die Mittlungszeit beträgt $0,48s$. Dies entspricht ungefähr 160.000 Iterationsschritten.

Abbildung 9.25 zeigt den axialen Verlauf der mittleren Temperatur und des mittleren Mischungsbruchs im Vergleich mit den Messwerten. Insbesondere der Verlauf der Mischung wird durch die LES-Simulation sehr gut wiedergegeben. Im Unterschied zur RANS-Simulation wird in der LES-Simulation der turbulente Transport des Mischungsbruchs durch die großskaligen Strukturen aufgelöst und bedarf keiner Modellierung. Dies verbessert die Wiedergabe der Mischung gegenüber dem Boussinesq-Ansatz der in der RANS-Modellierung zur Beschreibung des turbulenten Transports verwendet wurde. Dieser findet nun nur noch im Subgrid Anwendung.

Auch der Verlauf der mittleren Temperatur der LES-Simulation, dargestellt in Abbildung 9.26, gibt die Messung besser wieder als in der RANS-Simulation. Dies liegt zum einen in der verbesserten Modellierung der Mischung, ist zum anderen aber auch in der deutlich verbesserten Bestimmung der Mischungsbruchvarianz begründet. Abbildung 9.27 zeigt den radialen Verlauf der Standardabweichung des Mischungsbruchs. Zeigte die in der RANS-Modellierung verwendete Varianztransportglei-

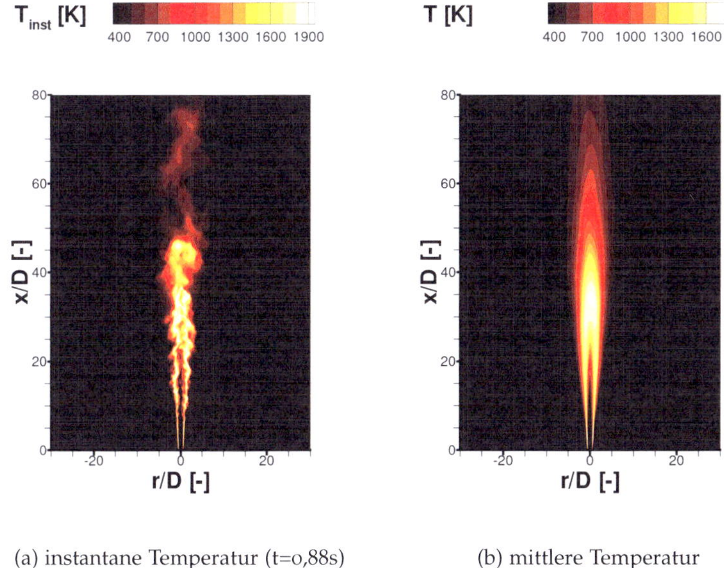

(a) instantane Temperatur (t=0,88s)   (b) mittlere Temperatur

Abbildung 9.24.: Instantane und gemittelte Temperatur der LES-Simulation der h3-Flamme (Smagorinsky-Modell, Premix)

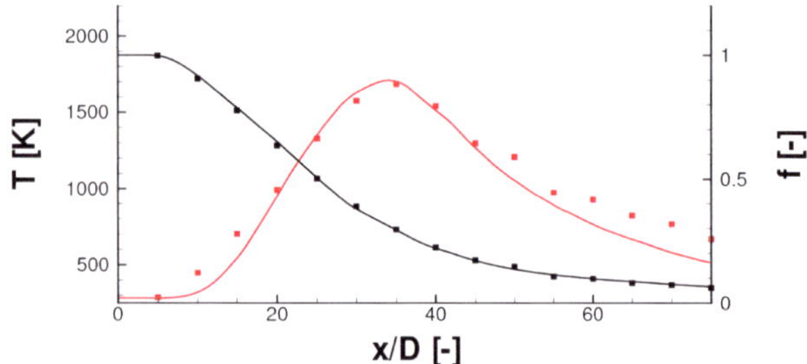

Abbildung 9.25.: Axialer Verlauf der mittleren Temperatur (rot) und des Mischungsbruchs (schwarz) der Messung (Symbole) und der Simulation (Linien) (Smagorinsky-Modell, Premix)

chung eine deutlich zu hohe Mischungsbruchvarianz vor allem in den ersten axialen Position, gibt die LES-Simulation die Standardabweichung sehr gut wieder.

9.1.7. Zusammenfassung

Die h3-Flamme wurde ausgewählt, da sie eine mischungskontrollierte Diffusionsflamme ist, die sich in Bezug auf die Reaktion nahezu im Gleichgewicht zur lokalen Mischung befindet. Die chemischen Zeitskalen sind hier deutlich kleiner als die Zeitskalen der turbulenten Mischung und diese dominieren die Flamme. Für diesen Typ an Flamme wurde das Flamelet-Modell von Peters entwickelt. In diesem Modell befindet sich die Reaktionszone - abgesehen von Effekten der Diffusion - am Punkt der stöchiometrischen Mischung, da hier die Reaktionsrate am höchsten ist. Die Flamme wird durch den Geschwindigkeitsgradienten zwischen eintretendem H_2/N_2-Freistrahl und Coflow gestreckt. Hierdurch kommt es zu einem erhöhten Gradienten der Temperatur und

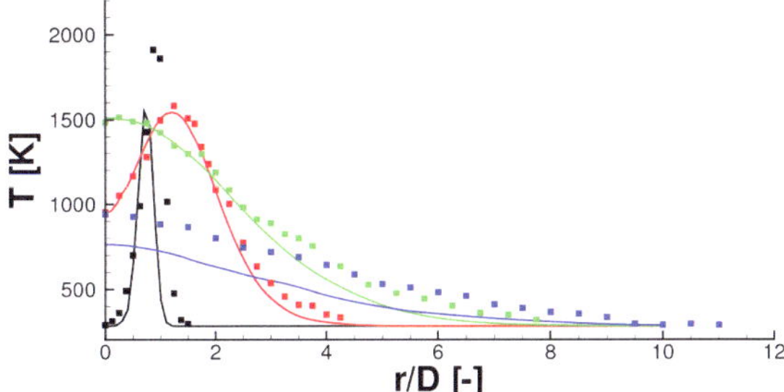

Abbildung 9.26.: Radialer Verlauf der mittleren Temperatur der Messung (Symbole) und der Simulation (Linien) an den axialen Position $x/D = 5$, 20, 40, 60 (Smagorinsky-Modell, Premix)

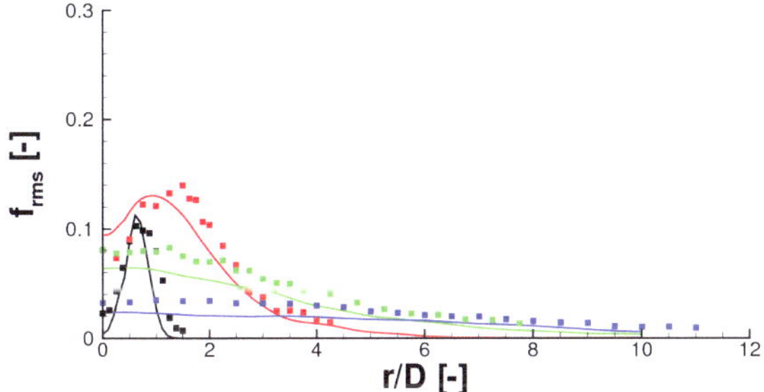

Abbildung 9.27.: Radialer Verlauf der Standardabweichung des Mischungsbruchs der Messung (Symbole) und der Simulation (Linien) an den axialen Position $x/D = 5$, 20, 40, 60 (Smagorinsky-Modell, Premix)

Konzentrationen und daher zu einem erhöhten konduktiven Wärme- und Stofftransport aus der Reaktionszone. Es folgt eine im Vergleich zur adiabaten Verbrennungstemperatur geringere Temperatur. Kann der hierdurch entstehende Energieverlust nicht mehr durch die exotherm freiwerdende Reaktionswärme kompensiert werden, verlöscht die Flamme. Das Flamelet-Modell berücksichtigt hier zur Simulation keine Reaktionsrate, sondern beschreibt den Einfluss der Streckung als Abweichung vom Gleichgewicht. Dort wo die Streckung der Flamme kleiner ist als die zum Quenchen der Flamme nötige Streckung, brennt die Flamme. Im Falle der h3-Flamme wird jedoch in der Simulation an keiner Stelle eine so hohe Streckungsrate erreicht. Auf Grund der guten Übereinstimmung der h3-Flamme mit diesen Annahmen wurde eine gute Wiedergabe durch das Flamelet-Modell erwartet, welche sich auch im Rahmen der Genauigkeit einer RANS-Simulation ergibt.

Im Vergleich zum Flamelet-Modell wird im JPDF-Modell das chemische Zeitmaß über die Reaktionsfortschrittsrate berücksichtigt. Somit wird nicht eine Abweichung vom Gleichgewicht – wie im Falle des Flamelet-Modells – modelliert, sondern die Reaktion in Richtung Gleichgewicht, ausgehend vom unverbrannten Zustand. Die Flamme muss aufgrund ihrer mittleren Reaktionsraten stabilisieren. Wird die Reaktionsrate zu gering wiedergegeben, bläst sie ab. Die h3-Flamme stellt einen besonderen Testfall für das JPDF-Modell dar, da hier die kleinen chemischen Zeitmaße durch das Modell wiedergegeben werden müssen. Dies konnte das Modell nur im Falle einer Reduktion der Chemie über die laminare Vormischflamme wiedergeben, welche die Vorwärmung des anströmenden Frischgases aus der Reaktionszone in der Tabellierung berücksichtigt. Unter Verwendung der durch den homogenen Reaktor reduzierten Chemie konnte die Flamme in den RANS-Simulationen nicht stabilisiert werden. Die Reduktion mit der laminaren Vormischflamme zeigte eine sehr gute Übereinstimmung mit dem Flamelet-Modell und war in der Lage die schnelle Chemie zu modellieren.

Für die RANS-Simulationen konnte für beide Reaktionsmodelle der Boussinesq-Ansatz zur Modellierung der turbulenten Mischung und die Varianztransportgleichung als eine Fehlerquelle identifiziert werden. Hier ist das LES-Modell dem RANS-Modell überlegen und zeigte eine gute Übereinstimmung mit den Messwerten. Auch hier unter Verwendung der durch die laminare Vormischflamme reduzierten Chemie. Es zeigte sowohl für die Mischung als auch für die Mischungsbruchvarianz gute Ergebnisse. Der numerische Aufwand ist jedoch um ein Vielfaches höher. Im hier betrachteten Fall beträgt die Rechenzeit der LES-Simulation im Vergleich zur RANS-Simulation – hier jedoch auf einem kleineren Gitter – ungefähr das Tausendfache.

9.2. Kinetisch kontrollierte Freistrahlflamme (CABRA)

Cabra et al. [11][12] untersuchten eine abgehobene, teilweise vorgemischte Methan-Flamme. Abbildung 9.28 zeigt eine Skizze des Aufbaus. Ein vorgemischtes Methan/Luft-Gemisch tritt durch ein Rohr in einen heißen Begleitstrom ein, welcher durch 2200 einzelne magere Wasserstoff/Luft-Flammen erzeugt wird. Abbildung 9.29 zeigt auf der rechten Seite ein Foto des verwendeten Brenners. Auf der linken Seite ist eine schematische Abbildung der sich ergebenden Flamme abgebildet. Durch die hohe Ausströmgeschwindigkeit kommt es zum Abheben der Flamme. Das eintretende Brennstoff/Luft-Gemisch saugt sauerstoffreiche Abgase aus dem heißen Begleitstrom an und mischt diese ein. Begünstigt durch die zugeführten Wärme kommt es zum Zünden der Flamme. Die Höhe, in der die Flamme zündet, ist bedingt durch das Einmischen der heißen Abgase und der Reaktionskinetik des Brennstoff/Luft-Gemischs.

Im Gegensatz zur im letzten Kapitel besprochenen h3-Flamme ist die Cabra-Flamme hierdurch maßgeblich durch die Größe der chemischen Zeitmaße bestimmt.

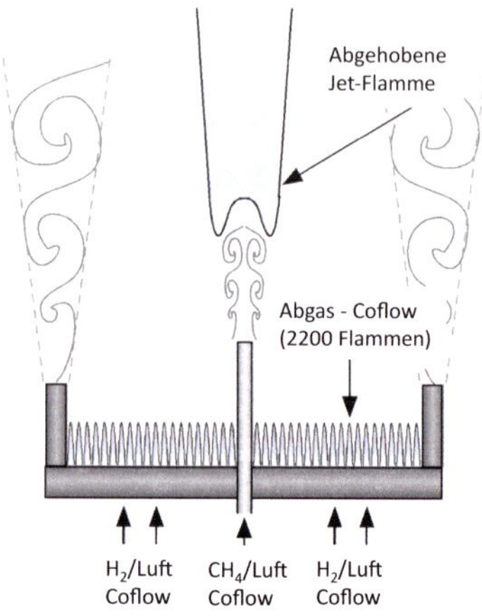

Abbildung 9.28.: Skizze des Aufbaus der Cabra-Flamme [11]

Das Brennstoffrohr hat einen Innendurchmesser von $d = 5{,}4$ mm. Das Methan/Luft-Gemisch tritt über dieses mit einer mittleren Geschwindigkeit von 100 $\frac{m}{s}$ und einer Temperatur von 320 K in den über die Wasserstoff/Luft-Flammen erzeugten Begleitstrom ein. Eine Austrittsgeschwindigkeit von 100 $\frac{m}{s}$ führt zu einer Reynolds-Zahl von 28.000. Somit ist der Freistrahl voll turbulent. Der umgebende Begleitstrom hat durch die Wasserstoffflammen eine Temperatur von 1350 K. Die mittlere Geschwindigkeit des Begleitstroms beträgt 5,4 $\frac{m}{s}$ und dieser ist mit einer Reynolds-Zahl von 23.300 ebenfalls voll turbulent.

Abbildung 9.29.: Bild der Cabra-Flamme (links) und des Brenners (rechts) [11]

In Tabelle 9.5 sind die Daten der Cabra-Flamme auch tabellarisch zusammengefasst.

	Jet	Coflow
Re [-]	28.000	23.300
$u\ \left[\frac{m}{s}\right]$	100	5,4
d [mm]	4,57	210
$T[K]$	320	1350
$y_{CH_4}\ \left[\frac{kg}{kg}\right]$	0,215	
$y_{O_2}\ \left[\frac{kg}{kg}\right]$	0,195	0,142
$y_{N_2}\ \left[\frac{kg}{kg}\right]$	0,59	0,758
$y_{H_2O}\ \left[\frac{kg}{kg}\right]$	-	0,1

Tabelle 9.5.: Daten der Cabra-Flamme

Für die mit Methan gemessene Cabra-Flamme existieren Messungen der Temperatur und des Mischungsbruchs [11][12], daher beschränkt sich der Vergleich zwischen Messwerten und Simulation im Folgenden auf diese Größen.

Das zur Simulation verwendete Rechengebiet ist in Abbildung 9.30 abgebildet. Hier tritt das Methan/Luft-Gemisch über ein Teilsegment des Brennstoffrohrs ein. Das Geschwindigkeitsprofil wird als voll turbulentes Rohrprofil am Eintritt des Teilsegment aufgegeben. Das von den Wasserstoffflammen erzeugte, heiße Begleitgas tritt auf Höhe des Rohraustritts gleichverteilt im vollständig verbrannten Zustand in das Rechengebiet ein. Dieses wird zu den Seiten hin durch eine Freistrahlrandbedingung am äußeren Rand des Begleitgaseintritts begrenzt. Das Gebiet wird bei einer Länge von 0,5 m durch eine Auslassrandbedingung abgeschlossen.

9.2.1. Numerisches Rechengitter und Randbedingungen

Numerisches Gitter

Für die RANS-Simulation wird das in Abbildung 9.31 dargestellte Rechengitter verwendet. Wie zur Simulation der h3-Flamme wird ein die Rotationssymmetrie nutzendes Kuchenschnittgitter verwendet. Das Gitter beschreibt ein 3°-Segment der gesamten Geometrie. Für die Seitenflächen wird eine periodische Randbedingung verwendet. Das Gitter hat eine Größe von 15.000 Zellen. Bis auf die Elemente der Rotationsachse besteht das Gitter aus hexaedrischen Zellen. Die Zellen der Rotationsachse sind Prismen. Die radiale Auflösung des Rohres beträgt aus 20, die des Begleitstroms 30 Zellen. Die axiale Auflösung beträgt 300 Zellen. Die größte Zelle hat eine Länge von 4,6 mm.

Das Rechengebiet für die LES-Simulation entspricht dem Rechengebiet der RANS-Simulation (siehe Abbildung 9.30). Es hat die selben geo-

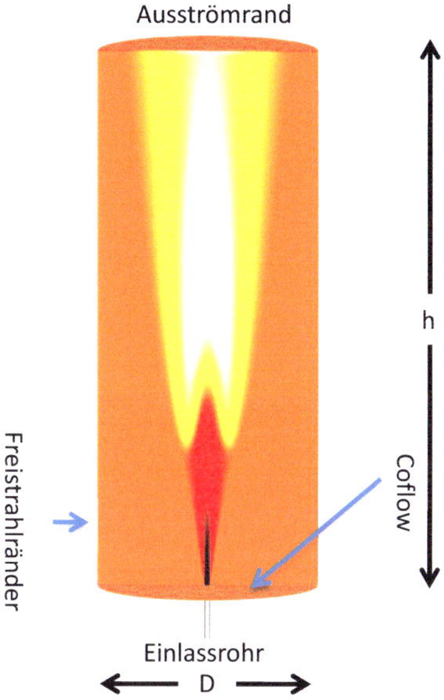

Abbildung 9.30.: Skizze des Rechengebiets der Cabra-Flamme

metrischen Abmaße, verwendet aber im Gegensatz zum RANS-Gitter keine periodischen Randbedingung, sondern umfasst die komplette dreidimensionale Geometrie aus den schon in Kapitel 9.1.1 diskutierten Gründen. Das Rechengitter hat 500.000 Gitterelemente, die ausschließlich aus hexaedrischen Zellen bestehen. Das größte Längenverhältnis zweier Zellen beträgt 10.

Randbedingungen

Das turbulente Rohrprofil wurde über die Beziehung aus Gleichung 9.1.1 direkt über die Randbedingung aufgegeben. Der Exponent wurde entsprechend der Reynolds-Zahl mit $n = 1/7$ angesetzt. Die maximale Geschwindigkeit im Rohrprofil ergibt sich hiermit zu $u_{max} = 125,5\frac{m}{s}$. Die

Abbildung 9.31.: Gitter der RANS-Simulationen der Cabra-Flamme

turbulente Intensität sowie das turbulente Längenmaß der Rohrströmung kann über die Gleichungen 9.1.3 und 9.1.4 bestimmt werden. Die Tabellen 9.6 und 9.7 zeigen die Randbedingungen.

Die Bestimmung des Strömungsprofils und der Turbulenzdaten – turbulente Intensität und turbulentes Längenmaß – auf den Rändern erfolgt für die LES-Simulationen analog zu den RANS-Rechnungen (siehe Kapitel 9.1.1). Um korrelierte turbulente Strukturen am Rohraustritt zu erzeugen, wurde auch hier das digitale Filterverfahren nach Klein et al. verwendet [64]. In Tabelle 9.8 sind die Randbedingungen der LES-Simulation zusammengefasst.

Rand	$u\,[m/s]$	$p\,[bar]$	$k\,[m^2/s^2]$	$\epsilon\,[m^2/s^3]$
Rohraustritt	Gleichung 9.1.1	$\nabla_n p = 0$	3,6	64606
Rohrwand	0	$\nabla_n p = 0$	0	0
Coflow	5,4	$\nabla_n p = 0$	0,10935	1,55
Freistrahl-rand	$\nabla_n u = 0$	$p_{tot} = 1$	$\nabla_n k = 0$	$\nabla_n \epsilon = 0$
Auslass	$\nabla_n u = 0$	$p_{tot} = 1$	$\nabla_n k = 0$	$\nabla_n \epsilon = 0$

Tabelle 9.6.: Randbedingungen der Strömungsgrößen zur RANS-Simulation der Cabra-Flamme

Rand	$\widetilde{f}$	$\widetilde{f''^2}$	$\widetilde{c}$	$\widetilde{c''^2}$
Rohraustritt	1	0	0	0
Rohrwand	$\nabla_n \widetilde{f} = 0$	$\nabla_n \widetilde{f''^2} = 0$	$\nabla_n \widetilde{c} = 0$	$\nabla_n \widetilde{c''^2} = 0$
Coflow	0	0	0	0
Freistrahl-rand	$\nabla_n \widetilde{f} = 0$	$\nabla_n \widetilde{f''^2} = 0$	$\nabla_n \widetilde{c} = 0$	$\nabla_n \widetilde{c''^2} = 0$
Auslass	$\nabla_n \widetilde{f} = 0$	$\nabla_n \widetilde{f''^2} = 0$	$\nabla_n \widetilde{c} = 0$	$\nabla_n \widetilde{c''^2} = 0$

Tabelle 9.7.: Randbedingungen der Größen der Reaktionsmodellierung zur RANS-Simulation der Cabra-Flamme

Rand	$u[m/s]$	$p[bar]$	$\widetilde{f}$	$\widetilde{c}$
Rohraustritt	Gleichung 9.1.1	$\nabla_n p = 0$	1	0
Rohrwand	0	$\nabla_n p = 0$	$\nabla_n f = 0$	$\nabla_n c = 0$
Coflow	5,4	$\nabla_n p = 0$	0	1
Freistrahlrand	$\nabla_n u = 0$	$p_{tot} = 1$	0	0
Auslass	$\nabla_n u = 0$	$p_{tot} = 1$	$\nabla_n f = 0$	$\nabla_n c = 0$

Tabelle 9.8.: Randbedingungen der LES-Simulation der Cabra-Flamme

9.2.2. Löser und Diskretisierung

Das numerische Setup entspricht dem der h3-Flamme und kann in Kapitel 9.1.2 nachgelesen werden.

9.2.3. Chemische Tabelle

Flamelet-Tabelle

Die Tabellierung der Chemie erfolgt für das Flamelet-Modell erneut über die Gegenstromdiffusionsflamme (siehe Kapitel 5.2.3). Der verwendete Mechanismus ist der für die C2-Chemie weit verbreitete und umfassend validierte GRI-3.0 Mechanismus [126]. Der Mechanismus beinhaltet 325 Reaktionen mit 53 Komponenten und wurde speziell für die Methan-Verbrennung entwickelt.

Abbildung 9.32 zeigt die Temperaturkontur der chemischen Tabelle. Diese besteht aus 17 Gegenstromdiffusionsflammen. Eine globale Streckungsrate von $a_0 = 1000\frac{1}{s}$ führt zum Quenchen der teilvorgemischten Methan-Flamme. Dies entsprach einer stöchiometrischen Dissipationsrate von $\chi_{st} \approx 240\frac{1}{s}$. Im Mischungsbruchraum hat die Tabelle eine Auflösung von 200 gleichverteilten Stützstellen.

Als Wahrscheinlichkeitsdichtefunktion für den Mischungsbruch wurde die β-Verteilung gewählt und eine Auflösung von 20 Stützstellen der Mischungsbruchvarianz. Die Verteilung der Stützstellen der Mischungsbruchvarianz erfolgt exponentiell mit einem Exponenten von 0,5. Integriert wurde die Tabelle mit Hilfe des Algorithmus nach Liu et al. (siehe Kapitel 6.2.2.2).

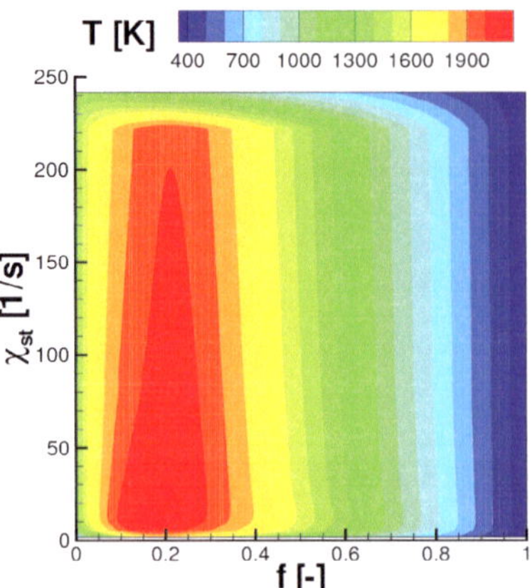

Abbildung 9.32.: Über Gegenstromdiffusionsflammen erstellte chemische Tabelle für die Cabra-Flamme

Tabellen auf Basis eines Reaktionsfortschritts

Zur Reduktion und Tabellierung der Chemie wird, wie schon für das Flamelet-Modell, der GRI-3.0 Mechanismus [126] verwendet. Die Tabellierung erfolgt sowohl über die Reduktion mit dem Modell des homogenen Reaktors als auch mit dem Modell der planaren laminaren Vormischflamme. Die Abbildung 9.33 zeigt auf der linken Seite die Kontur der Temperatur der über den homogenen Reaktor ermittelten Tabelle, sowie auf der rechten Seite die entsprechende, mit der Vormischflamme bestimmte Tabelle. In beiden Fällen wurde der Massenbruch von Wasser zur Bestimmung der Reaktionsfortschritts nach Gleichung (5.3.11) verwendet. Wie bereits für die h3-Flamme gezeigt ist der Verlauf der Temperatur über dem Reaktionsfortschritt für den Fall der Tabellierung mittels Vormischflammen leicht aufgrund der Vorwärmung aus der Reaktionszone der Vormischflamme in Richtung Frischgas ($c \rightarrow 0$) verschoben.

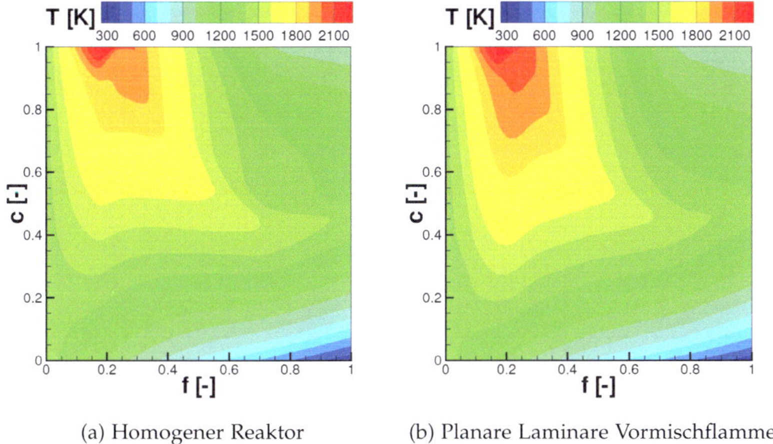

(a) Homogener Reaktor   (b) Planare Laminare Vormischflamme

Abbildung 9.33.: Kontur der Temperatur der Tabellen auf Basis eines Reaktionsfortschritts für die Cabra-Flamme ($Y_c = Y_{CO_2} + Y_{H_2O} + Y_{H_2}$)

Deutlich zeigt sich dieser Effekt auch hier anhand der tabellierten Reaktionsfortschrittsrate, dargestellt in der Abbildung 9.34. Auf der linken Seite ist die Kontur der Reaktionsfortschrittsrate basierend auf homogenen Reaktorrechnungen abgebildet, während auf der rechten Seite die entsprechende Kontur für die Reduktion über die Vormischflamme gezeigt wird. Aufgrund des Energie- und Stofftransports aus der Reaktionszone in die Vorwärmzone kommt es zu einer erhöhten Reaktionsrate, die deutlich in der Tabelle zu sehen ist. Dies konnte schon zuvor anhand der Vormischflammentabelle der h3-Flamme gesehen werden.

Eine Besonderheit ergibt sich hier für den Bereich $f < 0,094$, es kommt nicht zur Ausbildung einer laminaren Flamme, die Verbrennung ist dominiert von der Selbstzündung des Gemisches. Dies lässt sich gut in Abbildung 9.35 erkennen. Hier dargestellt ist der Verlauf der Zündzeiten über dem Mischungsbruch. Die Zündzeiten des homogene Reaktors

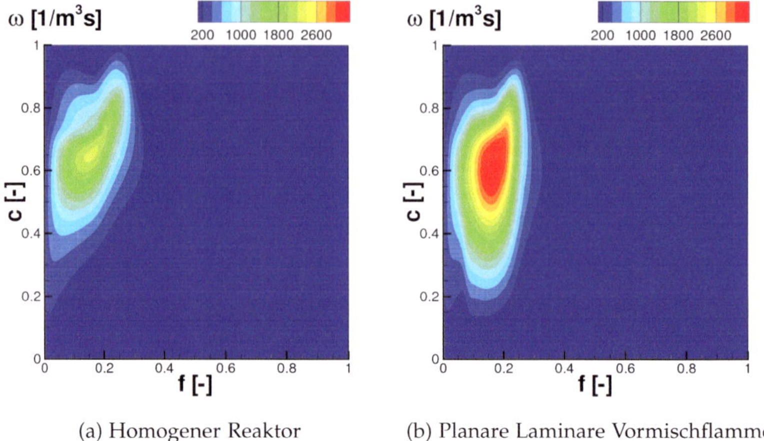

(a) Homogener Reaktor   (b) Planare Laminare Vormischflamme

Abbildung 9.34.: Kontur der Reaktionsrate des Reaktionsfortschritts der Tabellen auf Basis eines Reaktionsfortschritts für die Cabra-Flamme ($Y_c = Y_{CO_2} + Y_{H_2O} + Y_{H_2}$)

sind in diesem Fall definiert als der Zeitpunkt, an welchem die Reaktortemperatur um eine Temperaturdifferenz von $10K$ oberhalb der Vorwärmtemperatur liegt. Die Zündung erfolgt im Vergleich zur Zündverzugszeit nahezu instantan. Daher ist der Einfluss der gewählten Temperaturdifferenz von $10K$ vernachlässigbar. Die Bestimmung der Zündverzugszeit erfolgt für die laminare Vormischflamme analog zum homogenen Reaktor. Zur Bestimmung der Zündverzugszeit wird über die lokale Geschwindigkeit die Verweilzeit bestimmt durch:

$$t(x) = \int_0^x \frac{1}{u} dx \qquad (9.2.1)$$

Wie anhand der Abbildung zu erkennen ist, liegt die Zündverzugszeit der laminaren Vormischflamme im Bereich $f > 0{,}094$ aufgrund der Rückvermischung von Energie und Radikalen aus der Reaktionszone deutlich unterhalb der des homogenen Reaktors. In Richtung $f = 0{,}094$

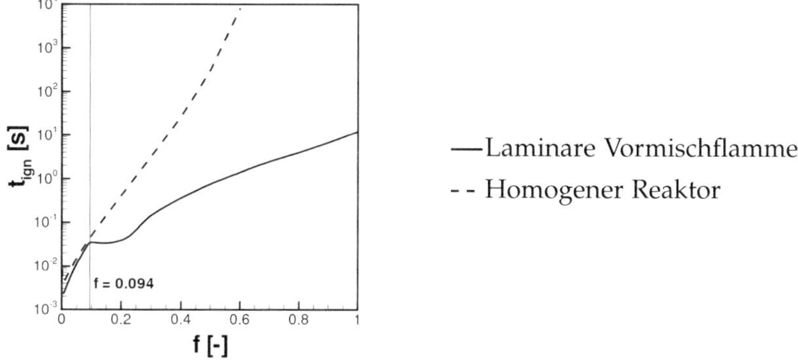

Abbildung 9.35.: Verlauf der Zündverzugszeiten des homogenen Reaktors und der Vormischflamme für den Cabra-Fall

nähern sich die Zündverzugszeiten jedoch an, bis sie für $f < 0,094$ annähernd die gleichen Werte annehmen. An dieser Stelle ist die Diffusion nicht mehr der entscheidende Effekt für die Stabilisierung der Flamme, sondern die reine Reaktionsrate. Somit nähern sich hier die Lösungen der beiden Reduktionsmethoden an.

9.2.4. Ergebnisse der RANS-Simulationen

Flamelet-Simulationen

Im Folgenden wird kurz das Ergebnis der Flamelet-Simulationen besprochen. Hierbei soll insbesondere der Einfluss der Annahme kleiner chemischer Zeitmaße im Vergleich zu den Mischungszeitmaßen, die dem Flamelet-Modell zu Grunde liegt, gezeigt werden.

In Abbildung 9.36 ist die Temperaturkontur der nach dem Flamelet-Modell simulierten Cabra-Flamme gezeigt. Das Flamelet-Modell prognostiziert hier eine aufsitzende Freistrahlflamme, ähnlich wie zuvor für die h3-Flamme. Der Grund für dieses Verhalten ist die nur über die Streckungsrate alleine nicht zu berücksichtigende kinetische Kontrolle der Flamme, die zum Abheben dieser führt. Dies ist deutlich im Verlauf der Temperatur über dem entdimensionierten Abstand vom Rohraustritt x/D, der in Abbildung 9.37 dargestellt ist, zu erkennen. Die rote Linie zeigt den Temperaturverlauf, während die roten Symbole die zugehörige Messung zeigen. Die Messung zeigt hier zunächst nur ein Einmischen der heißen Abgase aus dem Begleitstrom, durch ein langsames Ansteigen der Temperatur zu erkennen. Nach einem Abstand von $x/D \approx 50$ kommt es dann zum Zünden der Flamme. In der Rechnung zündet die Flamme bereits bei $x/D \approx 5$. Durch das frühe Zünden der Flamme in der Simulation geprägt, zeigt der durch die Gasexpansion beeinflusste Verlauf des in schwarz dargestellten Mischungsbruchs ebenfalls keine gute Übereinstimmung.

Das Flamelet-Modell wurde von Peters unter der Annahme hergeleitet, dass sich die Flamme am Ort der stöchiometrischen Zusammensetzung stabilisiert und nur durch die lokale Streckungsrate aus dem chemischen Gleichgewicht ausgelenkt wird. Wie zuvor anhand der h3-Flamme herausgestellt, zeigt das Flamelet-Modell für Flammen, die dieser Annahme gerecht werden, gute Ergebnisse. Dies gilt für Flammen deren Reaktionsrate im Vergleich zur Mischungsrate von Brennstoff und Oxidator schnell ist und die Mischungsbildung den limitierenden Prozess darstellt. Insbesondere trifft dies auf einfache – hier im Sinne von aufsitzenden – Freistrahlflammen wie die h3-Flamme zu, die aus diesem Grund auch häufig zur Validierung des Flamelet-Modells verwendet werden. Ist die Flamme jedoch kinetisch limitiert und sind die Mischungszeitmaße klein oder zumindest in der gleichen Größenordnung der chemischen Zeitmaße, so ist das Flamelet-Modell nicht in der Lage, dies wiederzugeben. Unter dem Aspekt betrachtet, dass vor allem im Bereich der Brennkammern von Flugstrahltriebwerken die Emission von Stickoxiden eine

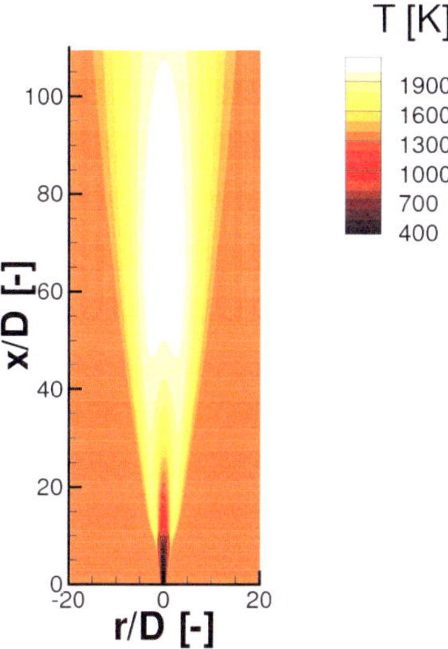

Abbildung 9.36.: Kontur der Temperatur der Cabra-Flamme simuliert mit dem Flamelet-Modell (k-ϵ-Modell, $Pr_t = 0,9$)

wesentliche Rolle für die Bewertung des Triebwerks spielen, sind diese Flammen jedoch in der Regel stark kinetisch kontrolliert, um gerade das Stabilisieren der Flammen im emissionsreichen stöchiometrischen Bereich zu verhindern und die Flamme gezielt, nahezu vorgemischt im angestrebten mageren Bereich zu positionieren. Daher wird das Flamelet-Modell – in der hier verwendeten Form – als ungeeignet für diese Anwendungen angesehen.

Simulationen auf Basis einer Reaktionsfortschrittsvariablen

Im Folgenden werden zunächst die Ergebnisse des JPDF-Modells unter Verwendung der RANS-Formulierung für die Cabra-Flamme diskutiert.

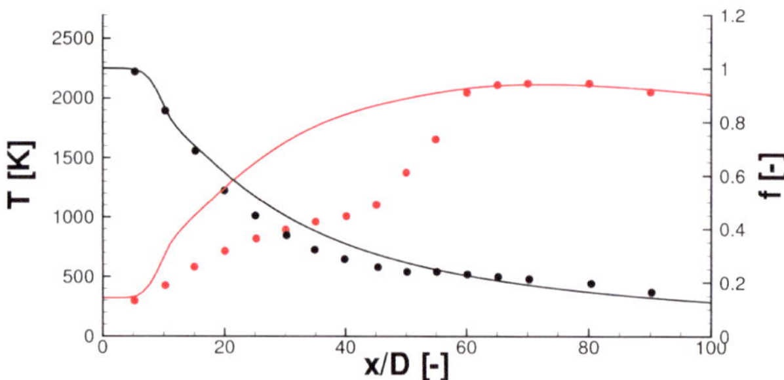

Abbildung 9.37.: Axialer Verlauf der Temperatur (rot) und des Mischungsbruchs (schwarz) der Simulation (Linien) und der Messwerte (Symbole) simuliert mit dem Flamelet-Modell (k-ϵ-Modell, $Pr_t = 0,9$)

In Abbildung 9.38 ist auf der linken Seite die Temperatur-Kontur und auf der rechten Seite die Kontur der Reaktionsfortschrittsrate für die RANS-Rechnungen dargestellt. In beiden Konturen zeigt die linke Seite das Ergebnis der Simulation mit der über den homogenen Reaktor erstellten Tabelle, während die rechte Seite das Ergebnis der entsprechenden Simulation mit der vormischflammenreduzierten Chemie zeigt. Beide Flammen zünden im Bereich der Scherschicht zwischen dem heißen Begleitstrom und dem Freistrahl. Die Simulation mit der Vormischflammentabelle zündet jedoch deutlich früher als die Simulation mit der homogenen Reaktortabelle in einer Höhe von $x/D \approx 35$. Die weiße Linie in Abbildung 9.38(b) kennzeichnet die Isolinie an der Stelle $\widetilde{f} = 0,094$, an welcher sich die Zündzeiten der beiden Modelle in Abbildung 9.35 treffen. Allerdings ist hierbei zu berücksichtigen, dass es sich in Abbildung 9.38 um den mittleren Mischungsbruch handelt. Es zeigt sich jedoch anhand der Kontur der Reaktionsfortschrittsrate in Abbildung 9.38(b), dass die Simulation im Fall der Vormischflammentabelle genau an diesem Punkt zündet. Der Grund für das frühe Zünden ist die schon im Rahmen der Diskussion der verwendeten, chemischen Tabellen angesprochene deutlich höhere Rate der Vormischflammentabelle.

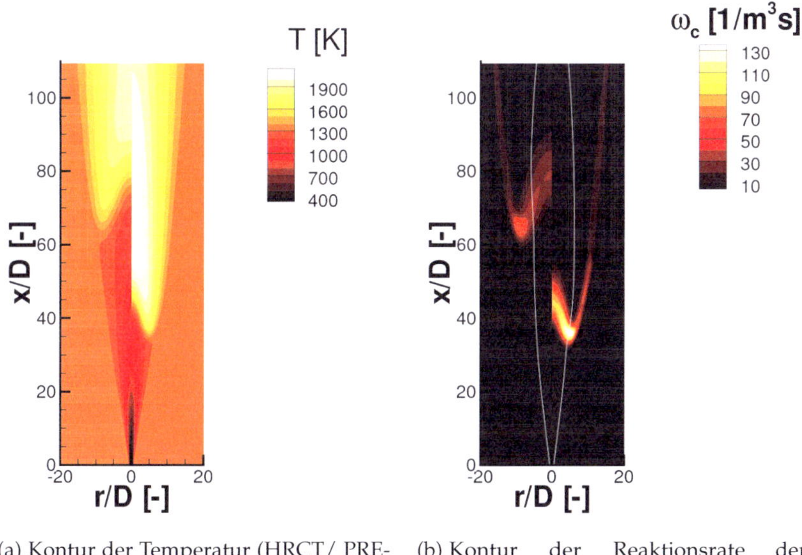

(a) Kontur der Temperatur (HRCT/ PRE-MIX)

(b) Kontur der Reaktionsrate der Reaktionsfortschrittsvariablen (HRCT/PREMIX)

Abbildung 9.38.: Kontur der Temperatur und des Reaktionsfortschritts der Cabra-Flamme simuliert mit dem JDPF-Modell (k-ϵ-Modell, $Pr_t = 0,9$)

In Abbildung 9.39 ist nun der Vergleich des simulierten Verlaufs der Temperatur sowie des Mischungsbruchs mit den Messwerten dargestellt. Die durchgezogenen Linien zeigen das Ergebnis der Simulation über die Reduktion mittels homogenem Reaktor, während die gestrichelten Linien das Ergebnis über die Vormischflammenreduktion darstellen. Die Symbole zeigen die Messwerte. Beide Modelle zeigen den gleichen Verlauf im Bereich des Einmischens des heißen Begleitstroms von $x/D \approx 5$ bis $x/D \approx 40$, wo es dann zum Zünden kommt. Hier zündet die Simulation mit der Vormischflammentabelle leicht vor der Messung, zeigt aber abgesehen von der leicht zu frühen Zündung eine gute Übereinstimmung mit der Messung.

Die Simulation mit der homogenen Reaktortabelle zeigt eine deutlich zu lange Flammenlänge auf. Während somit die laminare Vormischflamme im Falle der h3-Flamme durch den Einfluss der Diffusion auf die Rate überhaupt erst ein Stabilisieren der Flamme vorhersagen konnte, zeigt sie auch im Fall der chemisch kontrollierten Flamme die besser Übereinstimmung mit der Messung und bewirkt, dass sich die Flamme an der richtigen Stelle stabilisiert. Der Simulation über die homogene Reaktortabelle führt hier zwar im Gegensatz zur h3-Flamme auch zu einer Stabilisierung, gibt die Flammenlänge aber unzureichend wieder.

Abbildungen 9.40 und 9.41 zeigen den radialen Verlauf der Temperatur und des Mischungsbruchs an verschiedenen axialen Position für den Fall der Simulation mit der Vormischflammentabelle. Auch hier ist am Verlauf der Temperatur das verfrühte Zünden zu erkennen. Der Verlauf des Mischungsbruchs in Abbildung 9.41 zeigt jedoch auch einen erhöhten Queraustausch. Dies kann auch anhand des axialen Verlaufs der Temperatur in Abbildung 9.39 über den stärkeren Temperaturanstieg im Bereich des Einmischens heißer Abgase des Begleitstroms gesehen werden. Dieses verstärkte Einmischen heißer Abgase kann als Grund für das axial frühere Zünden in der Simulation angeführt werden.

Abschließend soll kurz anhand Abbildung 9.42 der Einfluss der Auflösung der Varianz des Reaktionsfortschritts der Tabelle gezeigt werden, um ein Einfluss der Auflösung auf das Ergebnis auszuschließen. Die Abbildung zeigt den axialen Verlauf der Temperatur. Im Fall der h3-

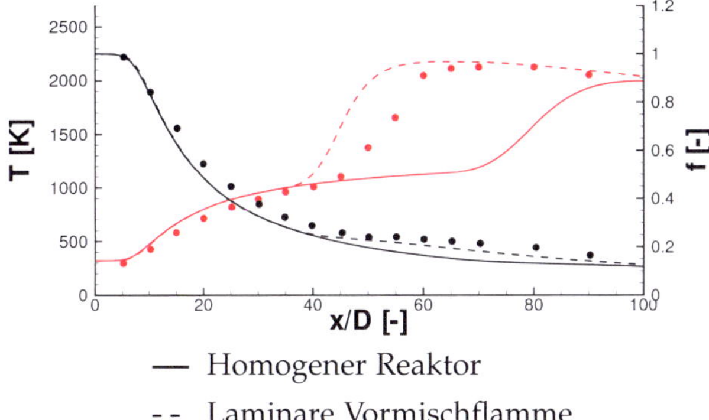

Abbildung 9.39.: Axialer Verlauf der Temperatur (rot) und des Mischungsbruchs (schwarz) der Simulation (Linien) und der Messwerte (Symbole) (k-ϵ-Modell, $Pr_t = 0,9$)

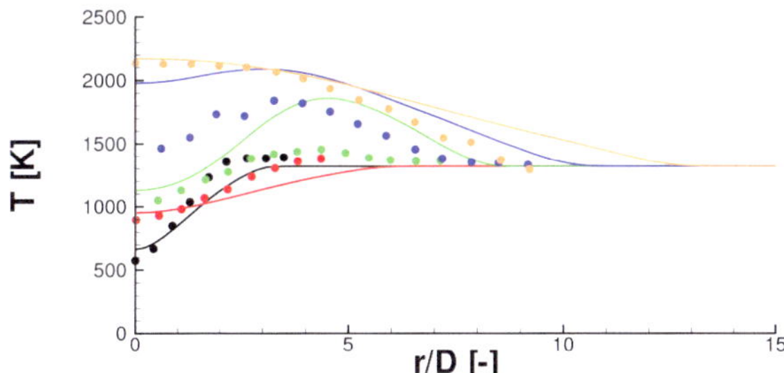

Abbildung 9.40.: Radialer Verlauf der Temperatur der Simulation (Linien) und der Messwerte (Symbole) an den axialen Position $x/D = 15$, 30, 40, 50, 70 (k-ϵ-Modell, $Pr_t = 0,9$)

Flamme zeigte sich kein Einfluss der Anzahl an Stützstellen des Reaktionsfortschritts auf die Simulation, da die Flamme durch die Mischung dominiert wurde. Die Cabra-Flamme ist jedoch nicht durch die Mi-

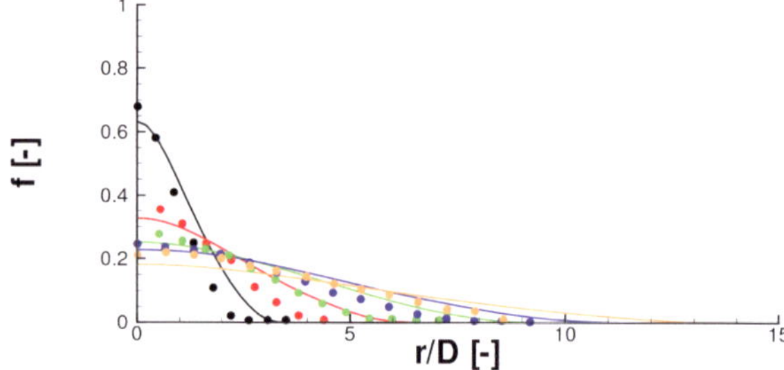

Abbildung 9.41.: Radialer Verlauf des Mischungsbruchs der Simulation (Linien) und der Messwerte (Symbole) an den axialen Positionen $x/D = 15, 30, 40, 50, 70$ (k-ϵ-Modell, $Pr_t = 0,9$)

schung sondern durch die chemischen Zeitmaße dominiert. Hier zeigt sich ein deutlicher Einfluss der Anzahl an Stützstellen. Ab einer Anzahl von 5 Stützstellen ist die Simulation jedoch unabhängig von dieser. Für die oben diskutierten Simulation wurden eine Anzahl von 10 Stützstellen verwendet und somit haben diese in den obigen Ergebnissen keinen Einfluss.

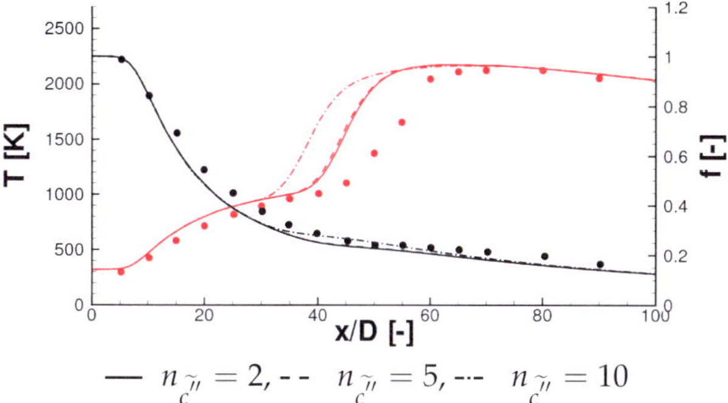

Abbildung 9.42.: Axialer Verlauf der Temperatur (rot) und des Mischungsbruchs (schwarz) der Simulation (Linien) und der Messwerte (Symbole) unter Variation der Anzahl an Stützstellen des Reaktionsfortschritts (Premix, k-ϵ-Modell, $Pr_t = 0,9$)

9.2.5. Ergebnisse der LES-Simulation

In Abbildung 9.43(a) ist die Kontur der instantanen Temperatur der LES-Simulation unter Verwendung der laminaren Vormischflamme zur Reduktion dargestellt. Anhand der instantanen Temperatur sind deutlich die feinskaligen Strukturen am Rohraustritt zu erkennen, die stromab großskaliger werden. Im Bereich $x/D \approx 50 - 55$ kommt es zum Zünden der Flamme. Die gemittelte Temperatur ist in Abbildung 9.43(b) dargestellt. Hinsichtlich der LES-Simulation werden hier nur Ergebnisse, die mit dem Modell der laminaren Vormischflamme gerechnet wurden, gezeigt. Im Vergleich zur RANS-Simulation ist die Flamme etwas kompakter ausgebildet. Der Abstand zwischen dem Zündpunkt in der radialen Scherschicht zum Zündpunkt entlang der Achse der Symmetrie ist etwas kürzer ausgebildet.

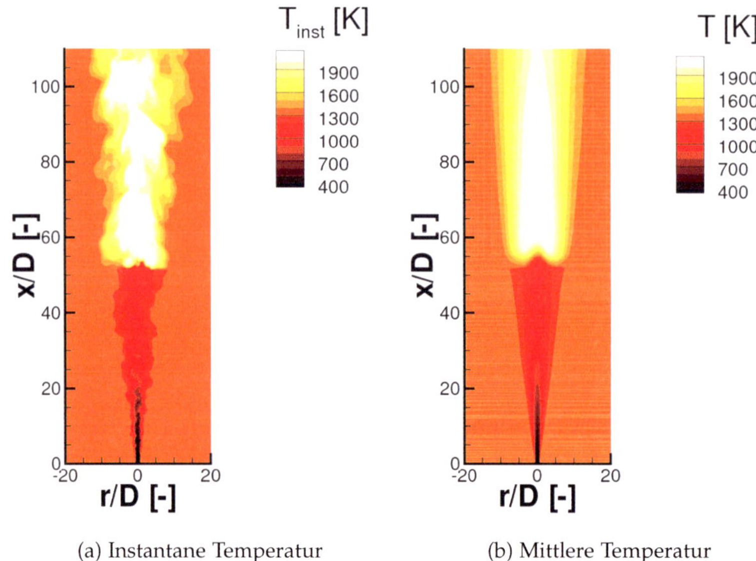

(a) Instantane Temperatur   (b) Mittlere Temperatur

Abbildung 9.43.: Kontur der instantanen (links) und mittleren (rechts) Temperatur der LES-Simulation der Cabra-Flamme mit dem JDPF-Modell (Smagorinsky-Modell, Premix)

Anhand des axialen Verlaufs der Temperatur in Abbildung 9.44 lässt sich erkennen, dass der Zündpunkt nun axial leicht stromab versetzt ist, dann jedoch recht abrupt zündet, so dass der Punkt, an welchem die Maximaltemperatur erreicht wird ($x/D \approx 60$), gut von der Simulation abgebildet wird.

Das verspätete Zünden zeigt sich ebenfalls deutlich in den radialen Verläufen der Temperatur in Abbildung 9.45. Im Falle der RANS-Rechnung zeigte sich ein deutlich zu frühes Zünden schon an der Stelle $x/D \approx 40$. In der Messung findet das Zünden zwischen $x/D \approx 40 - 50$ statt. Anhand der Kontur der Temperatur in Abbildung 9.43(b) zeigt sich jedoch,

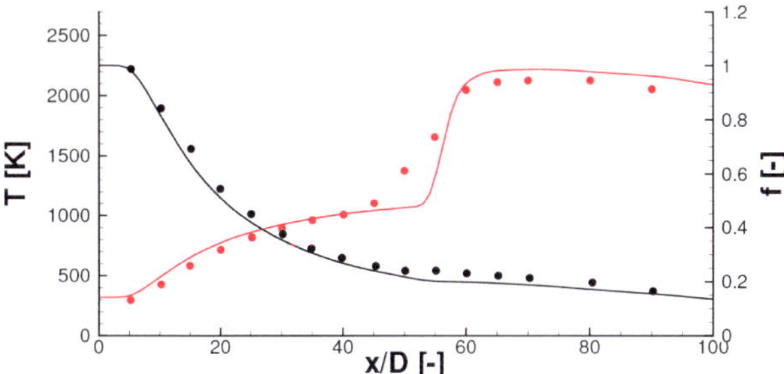

Abbildung 9.44.: Axialer Verlauf der Temperatur (rot) und des Mischungsbruchs (schwarz) der Simulation (Linien) und der Messwerte (Symbole) (Smagorinsky-Modell, Premix)

dass die Flamme in der Simulation unmittelbar kurz nach der Position $x/D \approx 50$ zündet und somit auch hier im Vergleich zur Messung nur leicht verzögert.

Auch der Verlauf der axialen Mischung in Abbildung 9.44 sowie der radiale Verlauf in Abbildung 9.46 zeigt sich verbessert im Vergleich zur RANS-Simulation. Bis zur Position $x/D \approx 40$ liegt der Verlauf der Simulation auf den Messwerten. Da hier die Flamme im Bezug auf die Messung zündet, ist eine leichte Abweichung im weiteren Verlauf aber zu erwarten.

9.2.6. Zusammenfassung

Im Vergleich zur h3-Flamme ist die Cabra-Flamme eine abgehobene Flamme, deren chemische Zeitmaße deutlich die Höhe, mit welcher die Flamme sich stromab des Rohraustritts stabilisiert, beeinflusst. Das Flamelet-Modell ist durch die Annahme einer im Vergleich zur Mischung schnellen Chemie nicht in der Lage die Flamme wiederzugeben.

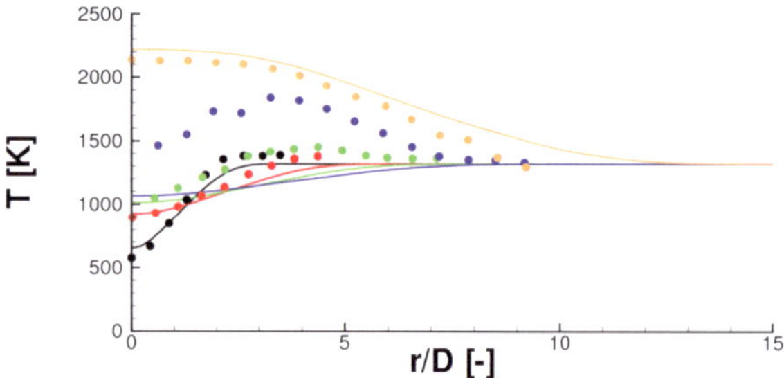

Abbildung 9.45.: Radialer Verlauf der Temperatur der Simulation (Linien) und der Messwerte (Symbole) an den axialen Position $x/D = 15, 30, 40, 50, 70$ (Smagorinsky-Modell, premix)

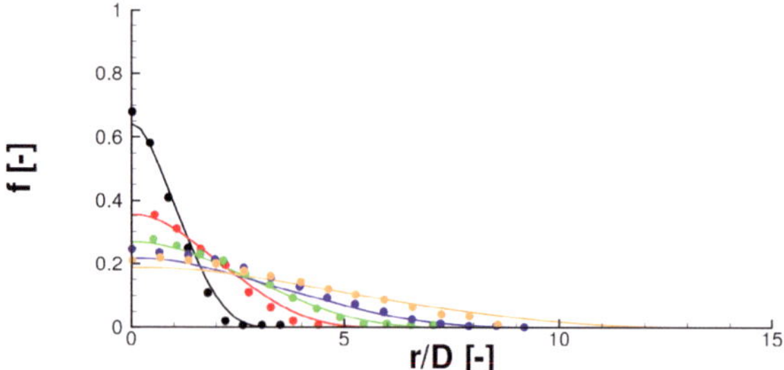

Abbildung 9.46.: Radialer Verlauf des Mischungsbruchs der Simulation (Linien) und der Messwerte (Symbole) an den axialen Position $x/D = 15, 30, 40, 50, 70$ (Smagorinsky-Modell, Premix)

Ein weiterer wesentlicher Einfluss stellt das Einmischen der heißen Abgase aus dem Begleitstrom dar. Wie der Effekt der Vorwärmung aus der Reaktionszone in die Frischgaszone der laminaren Vormischflamme, führt dieser konvektive Transport heißer Abgase in den Freistrahl zu einer Erhöhung der Reaktionsrate und somit zum Zünden der Flamme. Ohne diesen Begleitstrom würde die Flamme voraussichtlich nicht stabilisieren. Im Gegensatz zum Effekt der Vorwärmung aus der Reaktionszone, der sich in den kleinen Skalen abspielt, welche durch die RANS und auch LES-Simulation nicht aufgelöst werden und bei der Tabellierung nur durch die Vormischflamme berücksichtigt wird, ist dieses Einmischen durch die RANS-Simulation aufgelöst und wird somit auch im Fall des homogenen Reaktors in der Simulation berücksichtigt. Der Verlauf der Zündverzugszeiten in Abbildung 9.35 zeigte, dass dieser Effekt im Bereich $f < 0,094$ dominant wird.

Beide Reduktionsmodelle sind somit im Gegensatz zur h3-Flamme in der Lage eine abgehobene, stabilisierte Flamme vorherzusagen. Für die Simulation über die Reduktion mittels dem homogenen Reaktor ist die Flamme jedoch zu lang vorhergesagt, sie stabilisiert zu weit stromab. Die Simulation über eine Reduktion durch Vormischflammen gibt die Cabra-Flamme gut wieder und zeigt lediglich eine leicht zu kurze Flamme und radial gesehen ein zu frühes Zünden der Flamme. Als Ursache hierfür kann ein durch das k-ϵ-Modell zu ausgeprägtes Einmischen des heißen Begleitgases angeführt werden.

Die LES-Simulation zeigt hier, wie schon zuvor für die h3-Flamme, eine verbesserte Vorhersage der Mischung und gibt den axialen Zündpunkt leicht verbessert wieder. Sie zündet jedoch ebenfalls sowohl axial als auch radial noch zu weit stromab.

Zusammenfassend zeigt sich beim Betrachten der Modellflammen, dass die Reduktion über Vormischflammen für die Simulation beider Modellflammen die besseren Ergebnisse liefert. Als wesentlicher Grund hierfür ist der durch die Simulation nicht aufgelöste Prozess der Vorwärmung aus der Reaktionszone in die Frischgaszone, der sich auf sehr kleinen Skalen abspielt, anzuführen. Das Steady-State-Flamelet-Modell ist jedoch durch das Fehlen einer Reaktionsrate nicht in der Lage eine abgehobene und somit kinetisch kontrollierte Flamme zu modellieren. Da diese kinetischen Effekte jedoch in den im Folgenden diskutierten technischen Flammen einen wesentlichen Parameter darstellen, wird das Flamelet-Modell nicht mehr weiter diskutiert.

10. Technische Flammen

Die zuvor gezeigten Flammen sind Modellflammen, die sich durch klar definierte Randbedingungen und ihrer einfachen Geometrie – beide der diskutierten Modellflammen sind nicht eingeschlossene Freistrahlflammen – auszeichnen. Im Folgenden wird der Einfluss der Reduktionsmethode anhand von am Engler-Bunte-Institut untersuchten technischen Flammen untersucht. Bei beiden Flammen handelt es sich um drallstabilisierte, eingeschlossene Diffusionsflammen, wie sie unter anderem in Brennkammern von Flugstrahltriebwerken eingesetzt werden. Gezeigt werden zwei Flammen, von welchen die erste eine verdrallte, abgehobene Methan-Flamme ist, während die zweite Flamme eine mit Kerosin befeuerte, abgelöste Drallflamme darstellt.

10.1. Abgehobene Drallflamme (TLC)

Im Rahmen des europäischen Projektes TLC (Towards Lean Combustion) wurde am Engler-Bunte-Institut eine abgehobene, eingeschlossene Drallflamme untersucht. Abbildung 10.1 zeigt eine Fotografie der Methan-Flamme, welche hier zur Visualisierung in einer Glasbrennkammer betrieben wurde. Das Bild veranschaulicht deutlich das Abheben der Flamme anhand des Eigenleuchtens.

Die Flamme wird durch eine Zweikanaldüse (siehe Abbildung 10.2) erzeugt. Diese Düse ist eine Weiterentwicklung, der in der Arbeit von Klaus Merkle [88] entwickelten Düsen und wurde von Paris Fokaides [27] experimentell untersucht. Die Düse hat zwei Luftkanäle, einen

Abbildung 10.1.: Fotografie der TLC-Flamme in einer Brennkammer aus
Glas [27]

primären (4), sowie einen sekundären (5) Luftkanal. Während der sekundäre Luftkanal im Gegensatz zu den in [88] untersuchten Düsen
unverdrallt ist, wird über radiale Drallkanäle dem primären Luftstrom
ein Drehimpuls aufgeprägt. Der Brennstoff wird über einen Ringspalt
an der Stelle (1) dem primären Luftstrom zugeführt. Nach dem Diffu-
ser (2) treten der primäre und sekundäre Luftstrom aus der Düse aus
und werden gemischt. Hierbei verhindert der unverdrallte Sekundärstrom im Vergleich zu konventionellen drallstabilisierten Flammen ein
Wirbelaufplatzen und führt zum Abheben der Flamme. Gleichzeitig
führt die dem primären Element aufgeprägte Drehgeschwindigkeit zu
einer im Vergleich zu unverdrallten Freistrahlflammen schnelleren Mischung von Brennstoff und Luft in der Scherschicht zwischen Primär-
und Sekundärkanal. Das Abheben der Flamme ermöglicht eine gewisse
Vormischstrecke bis zur Reaktionszone. So werden nahestöchiometrische Gemischzustände in der Flamme vermieden, welche aufgrund ihrer
hohen Temperatur ein Ursache für erhöhte Stickoxidbildung sind. Es
kommt zu einer teilvorgemischten, mageren Verbrennung.

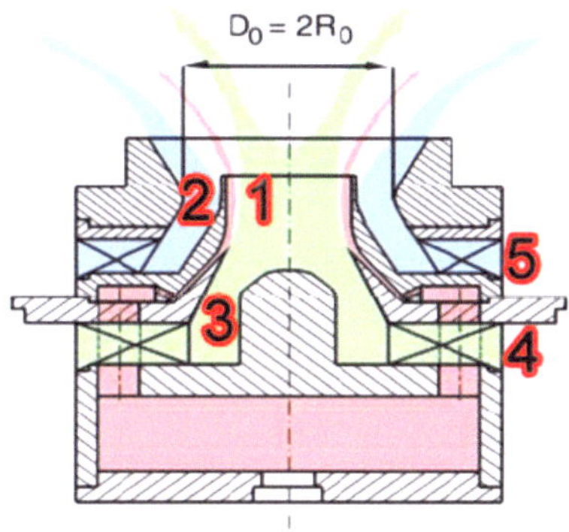

Abbildung 10.2.: Skizze der TLC-Düse [27]

Zur Messung wird die Düse in dem in Abbildung 10.3 gezeigten Messaufbau betrieben. Der Messaufbau ermöglicht eine getrennte Zufuhr von Primär- und Sekundär-Luft. Die Brennkammer selbst ist mit Wasser gekühlt und besitzt einen optischen Zugang zur Verwendung von Lasermesstechnik. Eine ausführliche Beschreibung der verwendeten Messtechnik sowie der Düse und des Messaufbaus findet sich in den Arbeiten von Merkle [88] und Fokaides [27]. Vermessen wurde die Düse von Fokaides.

10.1.1. Daten der untersuchten Düse und Betriebspunkt

Die verwendete Düse hat einen Radius am engsten Querschnitt von ($R_0 = 12,96$ *mm*). Die Drallzahl des Primärelement beträgt $S_p = 0,76$. Wobei hier die Drallzahl nach [72] definiert ist über

$$S = \frac{\dot{D}}{\dot{I} R_0}.$$ (10.1.1)

Um ein Wirbelaufplatzen der Strömung zu erreichen ist nach Maier [84] eine Mindestdrallzahl von 0,5-0,6 nötig. Somit ist die Drallzahl des

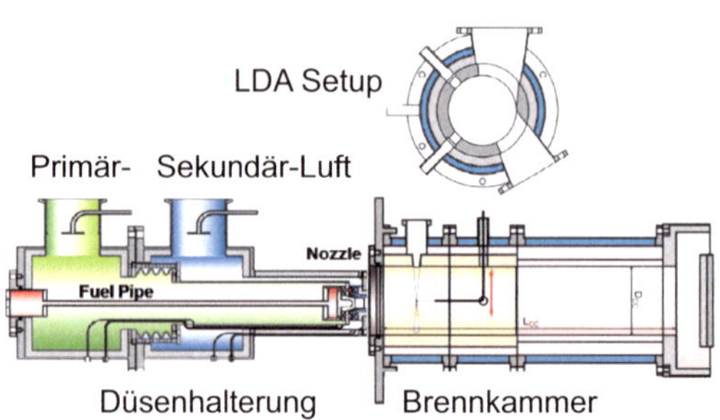

Abbildung 10.3.: Messaufbau der TLC-Flamme [27]

Primärelements hoch genug ein Wirbelaufplatzen des Primärstroms zu bewirken[72]. Durch den unverdrallten Sekundärstrom wird dies jedoch – im Sinne einer drallstabilisierten Flamme – verhindert. Es kommt, wie später gesehen werden kann, lediglich zur Ausbildung einer kleinen Rückströmblase direkt am Düsenaustritt.

Hier ist $\dot{D}$ der Drehimpulsstrom und $\dot{I}$ der Impulsstrom der Luft des Primärkanals. Die gesamte effektive Fläche der Düse beträgt 335 mm^2, wobei das Primärelement eine effektive Fläche von 113 mm^2 und das Sekundärelement der Düse eine effektive Fläche von 222 mm^2 besitzt. Der durch das Sekundärelement strömende Massenstrom beträgt somit ungefähr das zweifache des Primärmassenstroms. Der Radius der Brennkammer beträgt 50 mm. Die Brennkammer hat eine Länge von 480 mm.

Der hier simulierte Betriebspunkt entspricht dem Betriebspunkt 1 (BP1) in der Arbeit von Fokaides [27]. Die Düse wird hierbei bei einer Vorwärmtemperatur der eintretenden Verbrennungsluft von 373 K atmosphärisch betrieben. Der Luftmassenstrom beträgt 73,6 kg/h, was zu einem Druckverlust von 2% über die Düse führt. Die Luftzahl des Betriebspunkts beträgt 1,6 und ist somit deutlich im mageren Bereich.

Massenstrom Luft	73,6	[kg/h]
Vorwärmtemperatur	373	[K]
Luftzahl	1,6	[-]
Druckverlust	2	[%]
Bulkgeschwindigkeit im engsten Querschnitt	45,4	[m/s]
Reynolds-Zahl	$\approx$100.000	[-]
Radius am engsten Querschnitt	12,96	[mm]
Effektive Fläche Primärelement	113	[mm^2]
Effektive Fläche Sekundärelement	222	[mm^2]

Tabelle 10.1.: Daten der gasbefeuerten TLC-Düse und des Betriebspunkts BP1

10.1.2. Simulierte Geometrie

In Abbildung 10.4 ist auf der linken Seite die vollständige Geometrie der Düse und des unteren Bereichs der Brennkammer dargestellt. Die Düse zeigt deutlich die Form des verdrallten Primärkanals und des unverdrallten Sekundärkanals. Um den Aufwand der Simulation zu reduzieren, werden die Drallkanäle in der Simulation jedoch nicht berücksichtigt. Auf der linken Seite ist die vereinfachte Geometrie – zur Verdeutlichung mit der detaillierten überlagert – dargestellt. Die Simulation beginnt erst nach Austritt aus den Drallkanälen, somit müssen diese in der Simulation nicht mehr aufgelöst werden. Hierbei tritt die Strömung im unverdrallten Sekundärkanal direkt radial mit einer um den Umfang konstanten Geschwindigkeit ein. Für den verdrallten Primärkanal wird über die Anstellung des Primärkanals das Verhältnis zwischen Tangential- zu Radialgeschwindigkeit bestimmt und die Geschwindigkeit in Zylinderkoordinaten mit einer über den Umfang konstanten Geschwindigkeit aufgegeben. Diese Methode fand schon unter anderem im Rahmen der Arbeit von Frank Wetzel [138] Anwendung. In dieser Arbeit findet sich auch ein Vergleich der detaillierten zur vereinfachten Geometrie hinsichtlich des Einflusses dieser Vereinfachung.

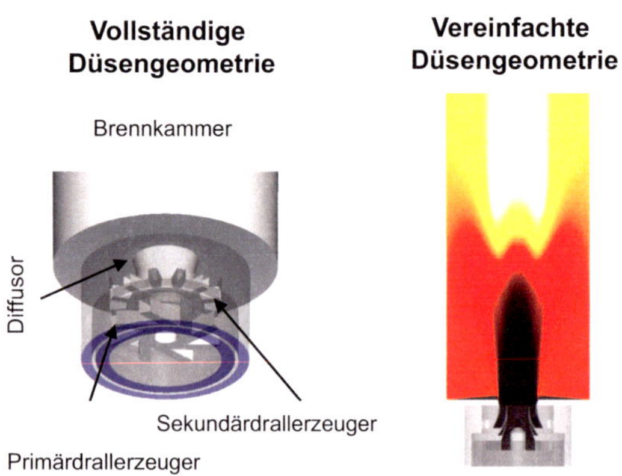

Abbildung 10.4.: Detaillierte (rechts) und simulierte Geometrie (links) der TLC Konfiguration mit gasbefeuerter Düse

10.1.3. Numerisches Rechengitter und Randbedingungen

Numerisches Gitter

In Abbildung 10.5 ist das für die RANS-Simulationen verwendete Gitter abgebildet. Der obere Teil der Grafik zeigt das gesamte Rechengitter in einer seitlichen Ansicht. Der Auslass ist, wie anhand des Gitters zu sehen, radial nach außen versetzt und die Achse der zylindrischen Brennkammer ist versperrt. Dies verhindert ein Ansaugen auf der Achse durch eventuelles Wirbelaufplatzen der Drallströmungen und ermöglicht hierdurch einfachere numerische Randbedingungen. Würde die Strömung Luft aus der Umgebung ansaugen, so wäre deren Zustand an den Eintritträndern unbestimmt. Wie zuvor bei beiden Modellflammen wird auch hier ein periodisches Gitter verwendet, welches nur einen rotationssymmetrischen Ausschnitt der gesamten Geometrie abbildet. In der unteren linken Ecke der Abbildung ist eine Nahansicht der Düse dargestellt. Sie zeigt die drei Einlässe der Brennstoff- und Luftzuführungen. In der unteren rechten Ecke ist das Gitter mit Sicht auf die Rotationsachse dargestellt. Diese Darstellung zeigt die 6°-Geometrie. Im Vergleich zu den unverdrallten Modellflammen werden hier vier Elemente in Umfangsrichtung verwendet, was in Bezug auf die Drallströmung zu einer verbesserten, numerischen Stabilität der Lösung führte.

Das Gitter besteht aus hexaedrischen Zellen und hat eine Auflösung von 105.000 Zellen. Die längste Zelle beträgt 18 mm.

Das Gitter der LES-Simulation entspricht dem Rechengebiet der RANS-Simulation (siehe Abbildung 10.4) und ist in Abbildung 10.6 dargestellt. Es ist vollständig dreidimensional und verwendet keine zyklischen Randbedingungen. Das Gitter besteht aus hexaedrischen Zellen. Die Gitterauflösung beträgt hierbei 1.300.000 Elemente. Die längste Zelle hat eine Länge von 3,3 mm.

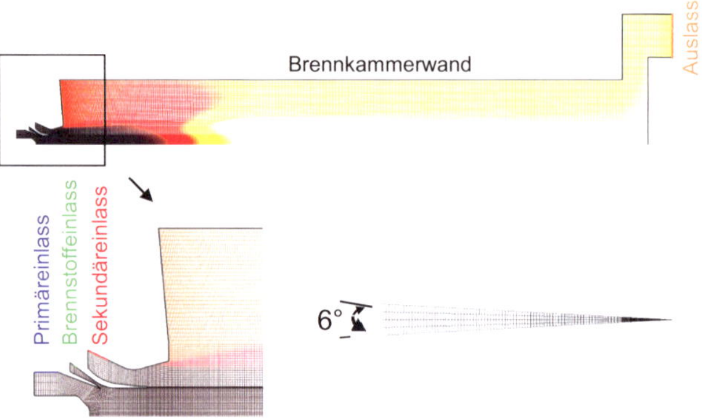

Abbildung 10.5.: Rechengitter der RANS-Simulationen für die TLC-Düse und Brennkammer

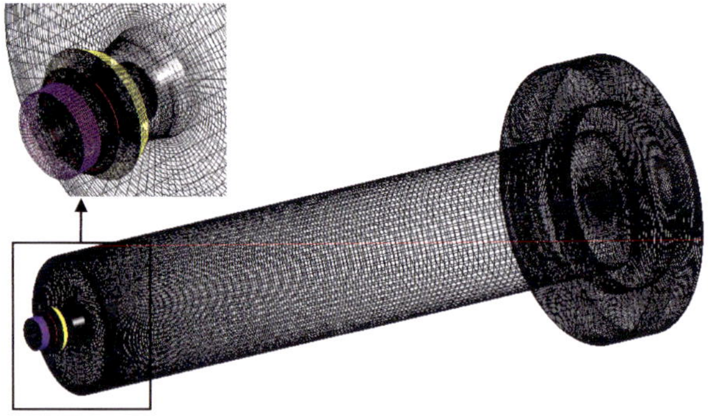

Abbildung 10.6.: Rechengitter der LES-Simulationen für die TLC-Düse und Brennkammer

Rand	$u[m/s]$	$p[bar]$	$k[m^2/s^2]$	$\omega[1/s]$
Primäreinlass	23,34	$\nabla_n p = 0$	2,04	3498,4
Sekundäreinlass	27,38	$\nabla_n p = 0$	2,81	3345,82
Brennstoffeinlass	18,26	$\nabla_n p = 0$	1,25	7988,82
Brennkammerwand	0	$\nabla_n p = 0$	-	-
Auslass	$\nabla_n u = 0$	$p_{tot} = 1$	$\nabla_n k = 0$	$\nabla_n \omega = 0$

$\frac{u_{tan}}{u_{rad}} = 1,368$

$\frac{u_{tan}}{u_{rad}} = 0$

Verwendung eines Wandmodells für hohe Reynoldszahlen [2]

Tabelle 10.2.: Randbedingungen der Strömungsgrößen zur RANS-Simulation der TLC-Flamme

Randbedingungen

Die Randbedingungen der Strömungsfelder für die RANS-Simulationen sind in Tabelle 10.2 abgebildet. In der Tabelle angegeben ist er Betrag der Geschwindigkeit. Dieser entspricht im Fall des Sekundär- und Brennstoffzulass der Radialgeschwindigkeit auf den Rändern. Für den Primäreinlass ist das Verhältnis von tangentialer zu radialer Geschwindigkeit 1,368. Die Werte für die turbulente kinetische Energie k und die turbulente Wirbelfrequenz ω entsprechen der Annahme einer turbulenten Intensität von 5% und einem turbulenten Längenmaß von $l_t = 0,007 d_{hyd}$. Dies sind die Werte einer voll ausgebildeten turbulenten Rohrströmung unter Verwendung des hydraulischen Durchmessers d_{hyd} zur Übertragung der Rohrgeometrie auf die rechteckigen Einlasskanäle. Hier ist die turbulente Wirbelfrequenz anstelle der turbulenten Dissipationsrate angegeben, da zur Simulation der Drallströmungen das SST-Modell verwendet wurde. Die Tabelle 10.3 gibt die Randbedingungen für das Reaktionsmodell an. Da der Brennstoff über den Brennstoffeinlass eintritt, ist hier der Mischungsbruch per Definition gleich eins. Über die anderen Einlässe

Rand	$\widetilde{f}$	$\widetilde{f''2}$	$\widetilde{c}$	$\widetilde{c''2}$
Primäreinlass	0	0	0	0
Sekundäreinlass	0	0	0	0
Brennstoffeinlass	1	0	0	0
Brennkammerwand	$\nabla_n f = 0$	$\nabla_n \widetilde{f''2} = 0$	$\nabla_n c = 0$	$\nabla_n \widetilde{c''2} = 0$
Auslass	$\nabla_n f = 0$	$\nabla_n \widetilde{f''2} = 0$	$\nabla_n c = 0$	$\nabla_n \widetilde{c''2} = 0$

Tabelle 10.3.: Randbedingungen der Größen der Reaktionsmodellierung zur RANS-Simulation der TLC-Flamme

tritt die Verbrennungsluft ein, folglich hat der Mischungsbruch hier den Wert Null. Der Reaktionsfortschritt ist an allen Einlässen Null, da die Strömung vollständig unreagiert in die Düsengeometrie eintritt. Die Varianzen sind entsprechend an allen Eintritträndern Null, da hier nur die Zustände vollständig unreagierter reiner Luft oder vollständig unreagiertem reinem Brennstoff vorliegen. An den Wänden und am Auslass wird eine Nullgradientenrandbedingung verwendet.

Für die LES-Simulation entfallen die Randbedingungen der Varianzfelder sowie des Turbulenzmodells. Die korrelierten turbulenten Strukturen am Rohraustritt werden durch ein digitales Filterverfahren nach Klein et al. erzeugt [64]. Zur Erzeugung dieser Strukturen wird wie bei der RANS-Simulation von einer turbulenten Intensität von 5% und einem turbulenten Längenmaß von $l_t = 0,007 d_{hyd}$ ausgegangen. Die Randbedingungen der LES-Simulation sind in Tabelle 10.4 zusammengefasst.

Rand	$u[m/s]$	$p[bar]$	$\widetilde{f}$	$\widetilde{c}$
Primäreinlass	23,34 [a]	$\nabla_n p = 0$	0	0
Sekundäreinlass	27,38 [b]	$\nabla_n p = 0$	0	0
Brennstoffeinlass	18,26 [b]	$\nabla_n p = 0$	1	0
Brennkammerwand	0	$\nabla_n p = 0$	$\nabla_n f = 0$	$\nabla_n c = 0$
Auslass	$\nabla_n u = 0$	$p_{tot} = 1$	$\nabla_n f = 0$	$\nabla_n c = 0$

[a] $\frac{u_{tan}}{u_{rad}} = 1,368$

[b] $\frac{u_{tan}}{u_{rad}} = 0$

Tabelle 10.4.: Randbedingungen der Strömungsgrößen zur LES-Simulation der TLC-Flamme

10.1.4. Löser und Diskretisierung

Der numerische Setup entspricht vollständig dem der h3-Flamme und kann in Kapitel 9.1.2 nachgelesen werden.

10.1.5. Chemische Tabellen

Zur Reduktion und Tabellierung der Chemie wird der GRI-3.0 Mechanismus verwendet. Für die Simulation wurde für den Brennstoff Methan angenommen, während für den Oxidator technische Luft mit einem Massenbruch von 0,767 an Stickstoff und 0,233 an Sauerstoff verwendet wird. Die Vorwärmtemperatur beträgt $100°C$ und die Verbrennung erfolgt atmosphärisch.

In Abbildung 10.7(a) ist die Temperaturkontur der über homogene Reaktorrechnungen erzeugten Tabelle dargestellt, 10.7(b) zeigt die Kontur der Temperatur der über laminare planare Vormischflammen generierten Tabelle. Die über den homogenen Reaktor generierte Tabelle besteht aus 47 Reaktorrechnungen, die Tabelle über die laminare planare Vormischflamme aus 31. Grund für die unterschiedliche Anzahl

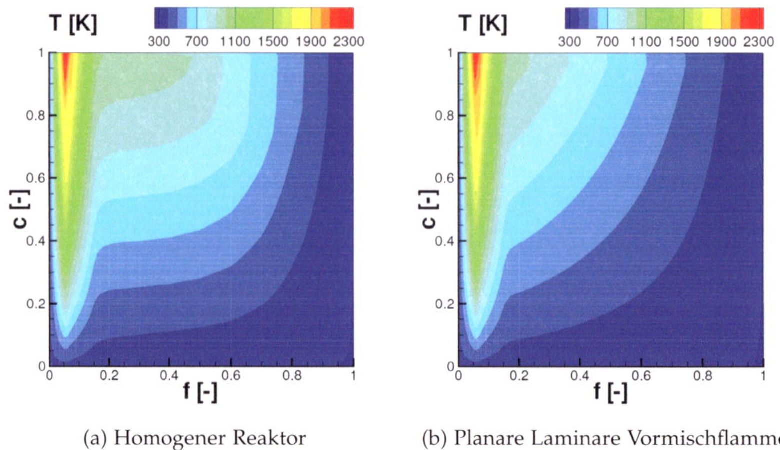

(a) Homogener Reaktor (b) Planare Laminare Vormischflamme

Abbildung 10.7.: Kontur der Temperatur der Tabellen auf Basis eines Reaktionsfortschritts für die TLC-Flamme ($Y_c = Y_{CO_2} + Y_{H_2O}$)

an Stützstellen der Tabelle sind die engen Zündgrenzen der Vormischflamme. Die numerischen Zündgrenzen lagen bei $f = 0,02$ im mageren und $f = 0,21$ im fetten Bereich. Der stöchiometrische Mischungsbruch liegt bei $f_{st} = 0,055$. Innerhalb dieses Bereichs sind die Stützstellen der Tabellen identisch. Außerhalb dieses Bereichs wird interpoliert. Hierauf beruht der Unterschied in der Temperatur für $f > 0,21$. Innerhalb des zündfähigen Bereichs, in welchem die Vormischflamme stabilisiert, zeigen die Tabellen im Vergleich dieselbe Charakteristik, die schon zuvor bei den Modellflammen gesehen werden konnte. Die Temperaturkontur der planaren laminaren Vormischflammentabelle ist leicht in Richtung Frischgas $c \rightarrow 0$ verschoben. Die Ursache ist auch hier der Effekt der Vorwärmung aus der Reaktionszone im Falle der Vormischflammen.

Der Vergleich der Reaktionsraten des Reaktionsfortschritts, in Abbildung 10.8 dargestellt, ist somit auch hier im Fall der Vormischflamme

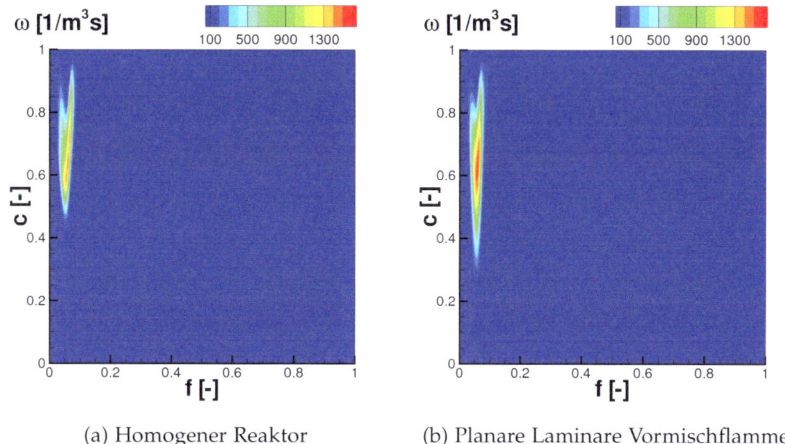

(a) Homogener Reaktor   (b) Planare Laminare Vormischflamme

Abbildung 10.8.: Kontur der Reaktionsrate des Reaktionsfortschritts der Tabellen auf Basis eines Reaktionsfortschritts für die TLC-Flamme ($Y_c = Y_{CO_2} + Y_{H_2O}$)

erhöht im Vergleich zum homogenen Reaktor. Vor allem ist sie jedoch ebenfalls zu kleineren Werten des Reaktionsfortschritts und somit in Richtung des Frischgases hin verschoben. Auffällig ist auch der im Gegensatz zu den Gemischen der Modellflammen sehr enge Bereich in welchem die Reaktionsfortschrittsrate hohe Werte aufweist.

10.1.6. Ergebnisse der RANS-Simulationen

Im Rahmen des Europäischen Projektes TLC wurde die TLC-Flamme umfangreich sowohl experimentell als auch numerisch untersucht. Hier soll nur der Teil der Arbeit betrachtet werden, der einen Bezug zur Reduktionsmethode aufweist. Der Vergleich der simulierten und gemessenen axialen Geschwindigkeit ist für die Simulation über den homogenen Reaktor in Abbildung 10.9(a) sowie für die Simulation über die planare laminare Flamme in Abbildung 10.9(b) dargestellt. Die Geschwindigkeit ist mit der Bulkgeschwindigkeit im engsten Querschnitt der Düse entdimensioniert. Radius und Länge sind jeweils mit dem Durchmesser am engsten Querschnitt der Düse entdimensioniert. In beiden Abbildungen ist jeweils auf der linken Seite die Simulation und auf der rechten Seite die Messung dargestellt. Die weißen Linien der Konturen zeigen die Linie der axialen Nullgeschwindigkeiten an. Die gemessene axiale Geschwindigkeit zeigt zwei wichtige Eigenschaften des Strömungsfelds auf. Dieses zeigt zwei Rückströmgebiete. Das erste Rückströmgebiet befindet sich direkt mittig am Düsenaustritt und wird durch die Drallströmung aufgrund eines Wirbelaufplatzens erzeugt. Durch die unverdrallten Strömung des Sekundärkanals kommt es jedoch zu einem raschen Schließen dieses Rückströmgebiets in einem Abstand von $x/D = 1$, da die Sekundärströmung ein weiteres radiales Expandieren der Primärströmung unterbindet. Eine besondere Eigenschaft dieser inneren Rückströmzone ist, dass diese eine selbsterregte Instabilität aufweist, den sogenannten PVC (Preceding Vortex Core), einer helikalen Wirbelstruktur. Eine nähere Betrachtung dieser Instabilität numerisch sowie experimentell findet sich in [29][28][60].

Das zweite Rückströmgebiet befindet sich außerhalb der eintretenden Kernströmung in Nähe der Wand. Dieses Rückströmgebiet ist deutlich länger bis zu einer Länge von $x/D = 9$ und weißt eine maximale Rückströmgeschwindigkeit von ungefähr der Hälfte der Bulkgeschwindigkeit auf. Die äußere Rückströmung entsteht aufgrund des eingeschlossenen Zustands der Strömung. Analog zum Freistrahl [20] kommt es in der äußeren Scherschicht der Drallströmung zum Ansaugen (Entrainment) des umgebenden Gases. Da die Strömung jedoch durch die Brennkammer eingeschlossen ist, führt dies zur einer Rezirkulation, der Strahl saugt sich selbst an. Gleichzeitig kommt es zu einer Expansion der Drallströmung stromab, bis diese durch die Brennkammerwand axial

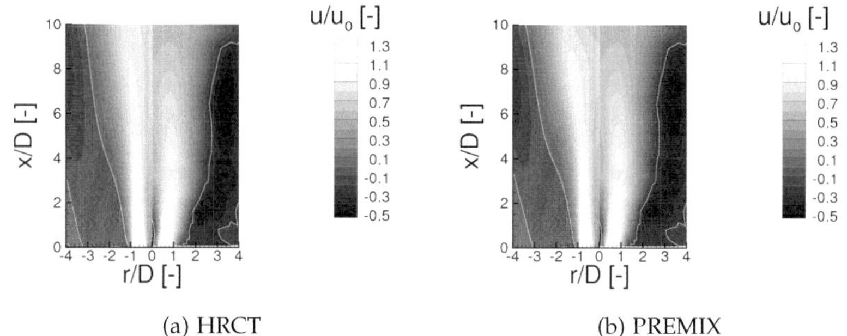

Abbildung 10.9.: Vergleich der simulierten (linke Bildhälfte) und gemessenen (rechte Bildhälfte) Kontur der axialen Geschwindigkeit der TLC Flamme (SST, $Pr_t = 0{,}9$)

umgelenkt wird. Dies schließt die äußere Rückströmzone ab.

Die äußere Rückströmung hat einen stabilisierenden Effekt auf die Flamme, da sie die verbrannten Abgase rezirkuliert und in die Frischgasströmung einmischt. Aufgrund dieses Einmischens wird das Frischgas vorgewärmt und gezündet. Dieser Effekt soll im Zuge des Vergleichs der Reduktionsmethoden noch näher betrachtet werden. Beim Vergleich der gemessenen und simulierten axialen Geschwindigkeit fällt jedoch auf, dass die Simulation in beiden Fällen die innere Rezirkulationszone nicht abbildet. Die äußere Rezirkulationszone wird zwar wiedergegeben, schließt jedoch später und zeigt eine geringere Intensität auf. Dies ist auf den zu erkennenden kleineren Öffnungswinkel der simulierten Strömung zurückzuführen.

Die Abbildungen 10.10(a) und 10.10(b) zeigen die zugehörigen simulierten Temperaturkonturen der Flamme. Abbildung 10.10(a) zeigt die über den homogenen Reaktor simulierte Kontur und Abbildung 10.10(b) zeigt das Ergebnis der Simulation über die planare laminare Vormischflamme. Die gemessene Temperaturkontur, jeweils auf der rechten

Seite der Abbildungen dargestellt, zeigt deutlich den Effekt der äußeren Rückströmzone auf. Die heißen Abgase rezirkulieren bis an den Fuß der Flamme und kühlen hierbei entlang der Wand nur leicht ab. Diese Rezirkulation zeigen beide Simulationen nur bedingt, was schon zuvor anhand der axialen Geschwindigkeit gesehen werden konnte. Vergleicht man die Länge der simulierten Flamme mit der gemessenen, so weist die Simulation über den homogenen Reaktor eine leicht zu lange Flammenlänge auf, während die Simulation über die laminare Vormischflamme eine zu kurze Flamme zeigt. Im Vergleich zur Cabra-Flamme ist der Unterschied zwischen den beiden Modellen jedoch geringer ausgeprägt, zeigt aber zunächst in der Flammenlänge eine bessere Übereinstimmung für die Reduktion über den homogenen Reaktor. Dies wird jedoch im Folgenden anhand der LES-Simulation relativiert.

10.1.7. Ergebnisse der LES-Simulationen

In den Abbildungen 10.11(a) und 10.11(b) wird analog zu den RANS-Ergebnissen zuerst der Vergleich der simulierten und gemessenen axialen Geschwindigkeit gezeigt. Betrachtet man die innere Rezirkulationszone im Düsenmund, so fällt im Vergleich zu den RANS-Simulationen auf, dass diese durch die LES-Simulation sowohl wiedergegeben werden, als auch in ihrer Form und Intensität übereinstimmen. Auch die äußere Rezirkulationszone wird besser wiedergegeben. Sie ist weiterhin länger als die gemessene äußere Rezirkulationszone zeigt jedoch im Vergleich zur RANS-Simulation eine, vor allem in Richtung Düsenmund, erhöhte Intensität beziehungsweise erhöhte Rückströmgeschwindigkeit. Der Öffnungswinkel der Drallströmung wird weiterhin durch die Simulation zu gering wiedergegeben.

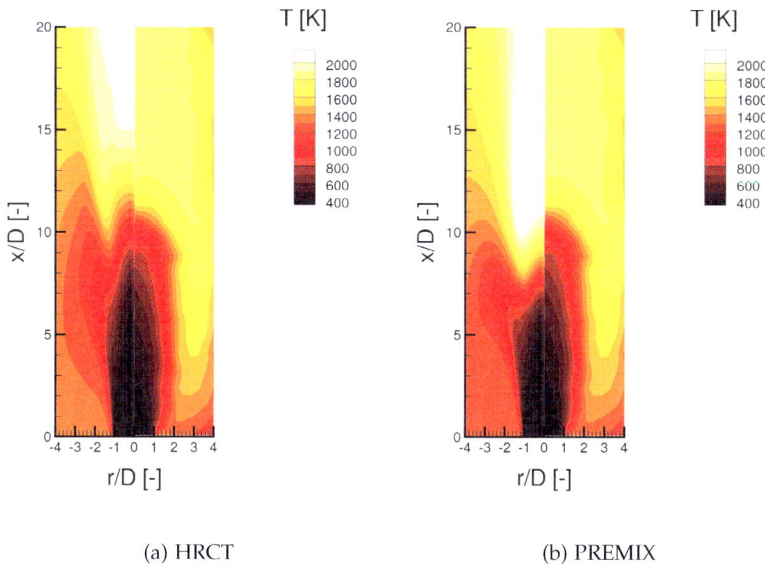

(a) HRCT

(b) PREMIX

Abbildung 10.10.: Vergleich der Simulierten (linke Bildhälfte) und gemessenen (rechte Bildhälfte) Temperaturkontur der TLC Flamme (SST, $Pr_t = 0{,}9$)

Die verbesserte Abbildung der äußeren Rückströmzone hat einen deutlichen Einfluss auf das simulierte Temperaturfeld. Der Vergleich der Temperaturkontur ist in den Abbildungen 10.12(a) und 10.12(b) dargestellt. Flammenform und Länge werden durch die LES-Simulation besser wiedergegeben. Die Simulation über die Reduktion durch homogene Reaktorsimulationen zeigt erneut eine im Vergleich zur Messung längere Flamme auf. Jedoch ist vor allem im Bereich der Umlenkung der Strömung an der Flammenspitze in die äußere Rückströmzone die Temperaturkontur der Flamme besser abgebildet. Sie zeigt zum einen nun eine deutliche Rückführung der heißen Abgase in die Rückströmzone

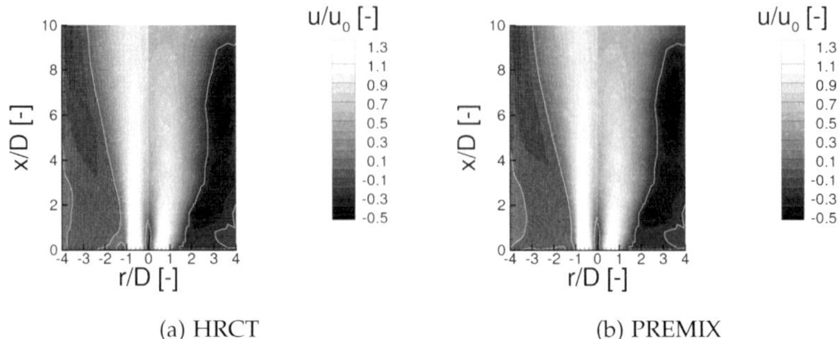

(a) HRCT　　　　　　　　　　　　　(b) PREMIX

Abbildung 10.11.: Vergleich der simulierten (linke Bildhälfte) und gemessenen (rechte Bildhälfte) Kontur der axialen Geschwindigkeit der TLC Flamme (Smagorinsky)

und zum anderen eine bessere Wiedergabe der radialen Ausdehnung der Flamme an der Flammenspitze. Die Simulation über die planare laminare Flamme gibt die Flammenlänge wieder. Auch zeigt sie eine leicht verbesserte Abbildung der heißen äußeren Rückströmzone.

Wie zuvor für die RANS-Simulationen ist der Unterschied zwischen den beiden Reduktionsmodellen im Vergleich zur Cabra-Flamme geringer.

10.1.8. Zusammenfassung

Die TLC-Flamme zeigt ein im Vergleich zu den Modellflammen komplexeres Strömungsfeld auf. Die Flamme ist stärker durch die zugrunde liegende Strömung, insbesondere innere und äußere Rückströmzone sowie Expansion der Strömung, beeinflusst. Hierbei trägt die innere Rückströmzone zur Mischung bei [29][28][60], während die äußere Rückströmzone über das Einmischen heißer Abgase die Stabilität der Flamme und deren Länge bestimmt.

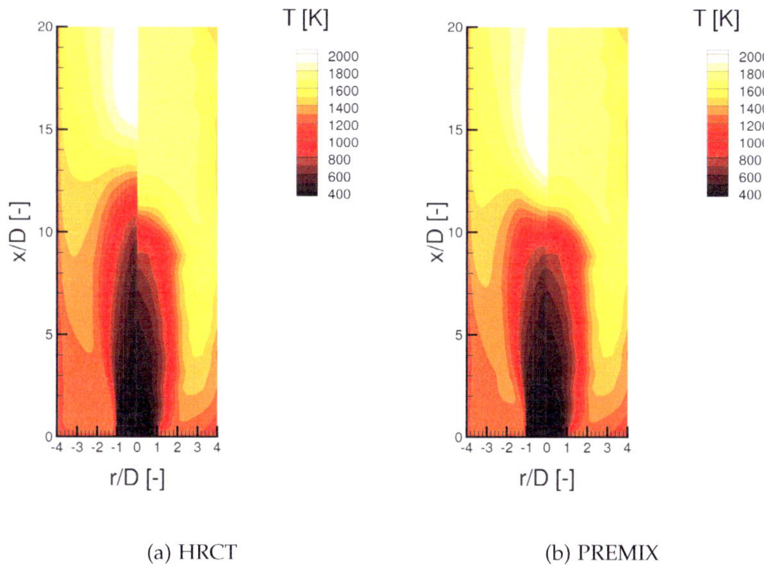

(a) HRCT　　　　　　　　　　　　　(b) PREMIX

Abbildung 10.12.: Vergleich der Simulierten (links) und gemessenen (rechts) Temperaturkontur der TLC Flamme (Smagorinsky)

Hier zeigen insbesondere die RANS-Simulationen eine unzureichende Wiedergabe der Strömungseigenschaften. Die LES-Simulationen geben diese deutlich besser wieder und zeigen auch folglich eine bessere Wiedergabe der Flammenform und deren Länge. Auch hier zeigt sich jedoch wie zuvor für die Modellflammen, dass die Reduktion auf Basis der planaren laminaren Vormischflamme im Vergleich zur Reduktion über den homogenen Reaktor aufgrund der berücksichtigten Vorwärmung eine höhere Reaktivität aufweist. Die Flamme wird hierdurch durch die vormischflammenbasierenden Simulationen im RANS- und LES-Kontext im Vergleich zu den auf dem homogenen Reaktor basierenden Simulationen kürzer wiedergegeben. Der Unterschied in der Flammenlänge, welche hier ein Maß für die Reaktionsgeschwindigkeit darstellt, ist im Gegensatz zur H3-Flamme geringer ausgeprägt. Dies ist darauf zurückzuführen, dass der Effekt der Vorwärmung auf den kleinen Skalen, der Rezirkulation heißer Abgase in den großen Skalen noch stärker untergeordnet ist als zuvor im Fall der h3-Flamme der Effekt des Ansaugens heißer Abgase aus dem Begleitstrom. Dennoch gibt auch hier die Simulation über die planare laminare Vormischflamme die Flamme besser wieder und der Effekt der Vorwärmung ist nicht zu vernachlässigen.

10.2. Kerosinbefeuerte Drallflamme

Im Rahmen eines Europäischen Projektes wurde am Engler-Bunte-Institut eine Luftzerstäuberdüse für ein Magerbrennkonzept entwickelt. Ziel dieser Düse ist durch eine schnelle Mischung eines mageren Luft- und Brennstoffstroms, einen lokal möglichst mageren Mischungszustand zu erreichen, bevor das Gemisch zündet. Somit werden lokal hohe Temperaturen, die bei der Verbrennung nahestöchiometrischer Gemische entstehen, vermieden. Hierdurch können insbesondere die Stickoxidemissionen gesenkt werden. Die Düse wird hier als Testfall für die Modellierung der Verbrennung eines flüssigen Brennstoffes hinzugezogen. Weitere Informationen über das System finden sich in den Publikationen [125] [85] [86].

10.2.1. Daten der untersuchten Düse und Betriebspunkt

Es wurden verschiedene Düsen innerhalb des Projektes entwickelt und vermessen. Die hier zur Simulation verwendete Düse wurde für den atmosphärischen Messstand, der schon im Rahmen der TLC-Flamme gezeigt wurde (siehe Abbildung 10.3), konzipiert. Die Düse ist in Abbildung 10.13 dargestellt. Es handelt sich um eine luftunterstützte Zerstäuberdüse mit zwei gleichsinnigen Drallerzeugern, einem Primär- und einem Sekundärdrallerzeuger.

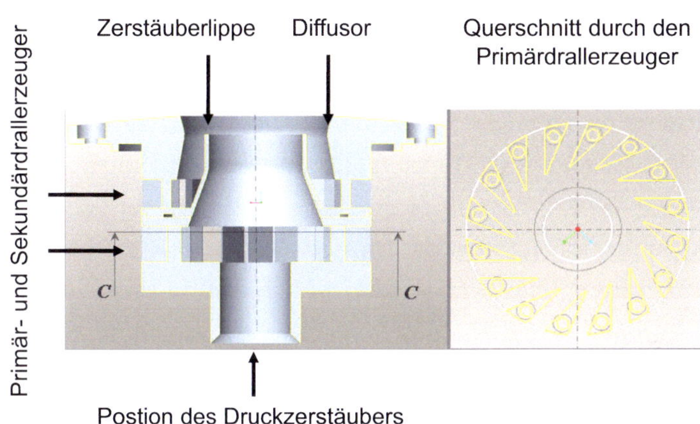

Abbildung 10.13.: Untersuchte luftunterstützte Zerstäuberdüse

Der Brennstoff wird über einen Druckdrallzerstäuber, der in die Düse eingeschoben wird, auf die Zerstäuberlippe gespritzt. Dort wird der sich bildende Flüssigkeitsfilm durch die Primärluft bis zur Zerstäuberkante transportiert, wo der Film in der Scherschicht zwischen Primär- und Sekundärluft zerstäubt und der Brennkammer zugeführt wird.

Um die Flamme in der Brennkammer zu stabilisieren, wird ein Wirbelaufplatzen der Strömung durch Aufgabe eines Drallströmung erzeugt. Ein Maß der Verdrallung der Strömung ist die Drallzahl. Die Düse hat eine Gesamtdrallzahl beider Elemente von 0,76, definiert durch die Beziehung

$$S = \frac{\dot{D}}{\dot{I}R_0}.$$

(10.2.1)

Hier sind $\dot{D}$ und $\dot{I}$ der Dreh- und Axialimpulsstrom und R_0 der Düsenaustrittradius. Um ein Wirbelaufplatzen der Strömung zu erreichen ist nach Maier [84] eine Mindestdrallzahl von 0,5-0,6 nötig. Somit erzeugt die Düse eine ausgeprägte innere Rückströmzone. Auf das Strömungsfeld wird in der Besprechung der Simulationen noch eingegangen.

Simuliert wird ein stabil brennender Lastfall der Düse unter atmosphärischen Bedingungen. Die Luft tritt auf eine Temperatur von 540 K vorgewärmt in die Düse ein. Das Verhältnis des Luftmassenstroms zum Brennstoffmassenstrom (LBV) ist 27. Der Druckverlust über die Düse beträgt 3,5%.

Da die geometrischen Daten der Düse, inklusive der effektiven Fläche, der Geheimhaltung unterliegt, werden im Folgenden keine Durchflussdaten und geometrischen Abmaßen angegeben. Geschwindigkeiten und Längenskalen werden in den Diagrammen dimensionslos dargestellt.

10.2.2. Numerisches Rechengitter und Randbedingungen der Gasphase

Numerisches Gitter

Im Rahmen dieses Kapitels werden sowohl isotherme als auch reaktive Simulationen der Düse gezeigt. Für die isotherme Strömung wurden LES- und RANS-Simulationen durchgeführt, während sich die reaktive Simulation hier auf RANS-Simulationen beschränkt. In Abbildung 10.14 ist das LES-Gitter abgebildet. Das LES-Gitter besteht aus der vollständigen Geometrie mit Drallerzeugern und dem Plenum, über welches das Gas den Drallerzeugern zugeführt wird. In der oberen, linken Ecke von Abbildung 10.14 ist eine frontale Ansicht auf das Plenum gezeigt. Die Eintrittfläche ist rot gekennzeichnet. In der oberen, rechten Ecke der Abbildung ist das Plenum ausgeblendet, wodurch die Drallkanäle

Abbildung 10.14.: LES-Gitter der luftunterstützten Zerstäuberdüse

des Primär- und Sekundärelements zu erkennen sind. In der unteren, linken Ecke ist die Düse von vorne ohne Brennkammer gezeigt. Hier lassen sich die Zerstäuberlippe und der rot gekennzeichnete Druckdrall-zerstäuber erkennen. Die untere, rechte Ecke zeigt den Auslass aus der Brennkammer, ebenfalls rot markiert. Das Gitter besteht aus 12.000.000 hexaedrischen Elementen.

Für die RANS-Simulationen wird erneut die Rotationssymmetrie genutzt und die Drallkanäle werden nicht modelliert. Das Gitter ist in Abbildung 10.15 dargestellt. In der unteren, linken Ecke ist eine Nahansicht der Düse gezeigt. Hier sind die Einlassränder des Primär- und Sekundärkanals farbig hervorgehoben. Wie schon zur Simulation der TLC-Düse, werden hier die eintretenden Luftmassenströme getrennt aufgegeben. Während für die TLC-Düse dieser Massenstrom schon im Düsenstock aufgeteilt wurde, teilt sich dieser im Fall der experimentellen

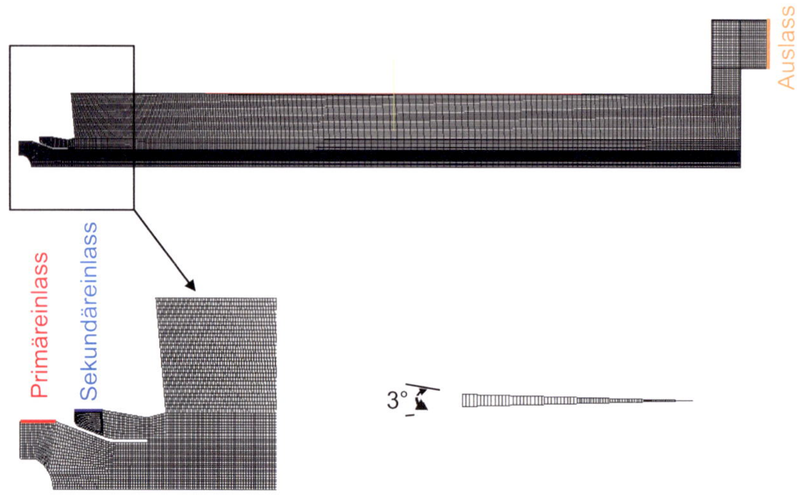

Abbildung 10.15.: RANS-Gitter der luftunterstützten Zerstäuberdüse

Konfiguration anhand der effektiven Flächen von Primär- und Sekundärelement auf. Um den Massenstrom in der RANS-Simulation korrekt aufzuteilen müssen diese bekannt sein. Die effektiven Flächen der Düse wurden von S. Marinov experimentell bestimmt und sind somit bekannt.

Das Gitter besteht aus 15.500 Elementen und hat einen Winkel von $3°$. Die Rotationsachse besteht aus Prismen, währen der Rest des Gitters rein hexaedrisch ist.

Randbedingungen der Gasphase

In Tabelle 10.5 sind die Randbedingung der Strömungsfelder für die RANS-Simulation zusammengefasst. Für das Geschwindigkeitsfeld wird jeweils an den Eintritträndern über den Massenstrom und die Drallzahl die Geschwindigkeit ausgerechnet und als Dirichlet-Randbedingung auf den Rändern vorgegeben. An der Brennkammerwand ist die Geschwindigkeit auf Null gesetzt. Für den Brennkammerauslass wird eine Neumann-Randbedingung mit einem Nullgradienten verwendet.

Der Druck wird am Auslass über eine Totaldruckrandbedingung vorgegeben, wobei der Totaldruck auf 1 bar gesetzt wird. An den Einlässen sowie der Wand wird eine Nullgradientenrandbedingung verwendet.

Für die Turbulenzgrößen wird an den Eintritträndern eine turbulente Intensität von 10% und ein turbulentes Längenmaß von l_t von $\frac{1}{4}$ des hydraulischen Durchmesser verwendet. Für die Wand wird eine Wandmodell für hohe Reynolds-Zahlen verwendet [2].

Rand	$u\,[m/s]$	$p\,[bar]$	$k\,[m^2/s^2]$	$\epsilon\,[m^2/s^3]\,\|\,\omega\,[1/s]$
Primäreinlass	$\dot{m}_p,\, S_p$	$\nabla_n p = 0$	$I = 10\%$	$\frac{l_t}{d_{hyd}} = 0.25$
Sekundäreinlass	$\dot{m}_s,\, S_s$	$\nabla_n p = 0$	$I = 10\%$	$\frac{l_t}{d_{hyd}} = 0.25$
Wand	0	$\nabla_n p = 0$	- [a]	- [a]
Auslass	$\nabla_n u = 0$	$p_{tot} = 1$	$\nabla_n k = 0$	$\nabla_n(\epsilon\|\omega) = 0$

[a] Verwendung eines Wandmodells für hohe Reynolds-Zahlen [2]

Tabelle 10.5.: Randbedingungen der Strömungsgrößen zur RANS-Simulation der luftunterstützten Zerstäuberdüse

Die Randbedingungen der Strömungsfelder gelten sowohl für die isothermen als auch die reaktiven Simulationen. Für die reaktiven Simulationen kommen noch die Randbedingungen der Felder des Reaktionsmodells hinzu. Diese sind in Tabelle 10.6 zusammengefasst. Der Brennstoff wird für die Tropfensimulationen nicht über die Euler-Felder sondern über die Lagrange-Felder aufgegeben. Somit ist hier der Mischungsbruch aller Eintrittsrandbedingungen gleich Null und somit reiner technischer Luft entsprechend. Die Aufgabe des Brennstoffes wird in Kapitel 10.2.3 beschrieben. Der Reaktionsfortschritt ist auf allen Eintritträndern ebenfalls Null. Somit sind ebenfalls die Werte der Varianzen auf allen Eintrittsfeldern Null. Für den Auslass und die Wände wird eine Nullgradientenrandbedingung verwendet.

Für die LES-Simulation gelten die in Tabelle 10.7 angegebenen Randbedingungen. Sie entsprechen den Randbedingungen der RANS-Rechnungen wobei die Turbulenzfelder entfallen. Im Unterschied zu den RANS-Simulationen wird das Plenum mitgerechnet. Der gesamte Massenstrom $\dot{m}_{ges}$ wird hier aufgegeben. Da die Turbulenz maßgeblich am Eintritt in die Drallkanäle und in der Düse entsteht, wird die Strömung hier am Eintritt in das Plenum laminar aufgegeben und in diesem Fall kein digitaler Filter verwendet. Für diesen Fall werden nur isotherme LES-Simulationen gezeigt, somit entfallen die Randbedingungen der reaktiven Strömung.

10.2.3. Randbedingungen der dispersen Phase

Im vorherigen Kapitel wurden die Randbedingung der Euler-Felder beschrieben. Der Transport der dispersen Flüssigphase wird über die Lagrange-Formulierung gelöst. Für die Lagrange-Formulierung wird die Flüssigphase in Clustern von Tropfen gleicher Eigenschaften aufgegeben. Für jeden Cluster müssen hierzu die Masse, Zusammensetzung,

Rand	$\widetilde{f}$	$\widetilde{f''^2}$	$\widetilde{c}$	$\widetilde{c''^2}$
Primäreinlass	0	0	0	0
Sekundäreinlass	0	0	0	0
Wand	$\nabla_n f = 0$	$\nabla_n \widetilde{f''^2} = 0$	$\nabla_n c = 0$	$\nabla_n \widetilde{c''^2} = 0$
Auslass	$\nabla_n f = 0$	$\nabla_n \widetilde{f''^2} = 0$	$\nabla_n c = 0$	$\nabla_n \widetilde{c''^2} = 0$

Tabelle 10.6.: Randbedingungen der Größen der Reaktionsmodellierung zur RANS-Simulation der luftunterstützten Zerstäuberdüse

Rand	$u\,[m/s]$	$p\,[bar]$
Einlass Plenum	$\dot{m}_{ges}$	$\nabla_n p = 0$
Brennkammerwand	0	$\nabla_n p = 0$
Auslass	$\nabla_n u = 0$	$p_{tot} = 1$

Tabelle 10.7.: Randbedingungen der Strömungsgrößen zur LES-Simulation der TLC-Flamme

Tropfendurchmesser, Geschwindigkeit und Temperatur angegeben werden. Die Gesamtheit aller aufgegebenen Cluster muss wiederum die Verteilungsfunktion der Tropfendurchmesser abbilden. Im Falle der Luftzerstäuberdüse ergibt sich ein weiteres zu modellierendes Problem, welches in Abbildung 10.16 dargestellt ist.

Die Tropfen werden zunächst an der Position des Druckdrallzerstäubers mit der durch diesen generierten Tropfeneigenschaften aufgegeben. Diese werden in Richtung der Filmlegerlippe eingespritzt, wo sie einen Flüssigfilm bilden, welcher dann an der Zerstäuberkante wiederum in Tropfen zerfällt. Dieser Film wird durch die Lagrange-Formulierung nicht abgebildet. Um dieses Problem zu umgehen, wurde folgende Methodik entwickelt. Die Ränder des Gitters können als sogenannte Sammelflächen definiert werden. Trifft ein Tropfen während der Simulation auf diese Fläche, so wird er aus dem System genommen und die Masse aller während eines Iterationsschrittes auf die Fläche getroffenen Tropfen wird gespeichert. Im nächsten Zeitschritt wird diese Masse an einem Wiedereinspritzpunkt mit neu vorgegebenen Randbedingungen wieder aufgegeben. Diese Randbedingungen entsprechen der durch die Zerstäuberlippe erzeugten Tropfeneigenschaften.

Während der Film entlang der Zerstäuberlippe zur Zerstäuberkante transportiert wird, erwärmt sich dieser und ein Teil der Brennstoffes verdampft. Um dies zu berücksichtigen wurde ein eindimensionales

Filmverdampfungsmodell entwickelt, über welches dieser Effekt vor der Simulation untersucht wird und anschließend in den Einspritzrandbedingungen berücksichtigt wird.

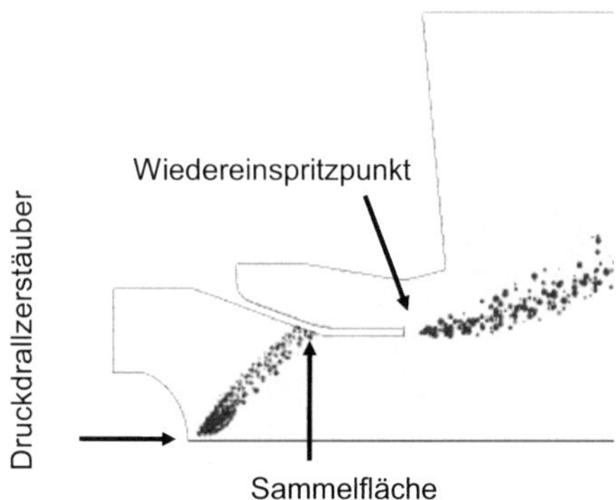

Abbildung 10.16.: Schema des Wiedereinspritzens der an der Zerstäuberlippe gesammelten Tropfenmasse

Im Folgenden wird hierauf näher eingegangen und die einzelnen Schritte zur Bestimmung der Randbedingung beschrieben.

Bestimmung der Tropfenrandbedingung des Druckdrallzerstäubers

Für die Aufgabe der Tropfen über den Druckdrallzerstäuber werden die Tropfentemperatur, der Massenstrom, Tropfendurchmesserverteilung, Austrittsgeschwindigkeit und Winkel benötigt. Für die Tropfentemperatur wird angenommen, dass der unter Umgebungstemperatur gelagerte Brennstoff sich bis zum Druckdrallzerstäuber nicht aufheizt und mit Umgebungstemperatur in diesen eintritt. Die Tropfentemperatur am

Druckdrallzerstäuber beträgt somit 298 K. Der Massenstrom wird entsprechend dem LBV eingestellt.

Sprühwinkel Der Winkel ist durch den Hersteller Steinen mit 80° im Vollwinkel angegeben. Die verwendete Druckdrallzerstäuberdüse ist eine Hohlwinkeldüse. Die Tropfen werden Gauß-verteilt um den angegeben Winkel aufgegeben mit einer Varianz von 10°.

Austrittsgeschwindigkeit Um die Austrittsgeschwindigkeit am Druckdrallzerstäuber zu bestimmen wird der folgende Ansatz gewählt. Zunächst lässt sich der Zerstäuberdruck Δp aus der Flußzahl (FN) der Düse bestimmten durch

$$FN = \frac{\dot{m}_l}{\sqrt{\Delta p \rho_l}} \tag{10.2.2}$$

Hier sind $\dot{m}_l$ der durch die Düse eingespritzte Brennstoffmassenstrom und ρ_l die Flüssigkeitsdichte. Die Flußzahl einer Düse ist eine konstante und wird durch den Hersteller angegeben. Anhand Gleichung (10.2.2) lässt sich dann für einen gegeben Brennstoffmassenstrom der Zerstäuberdruck bestimmen. Ist der Druckverlust bekannt, lässt sich der Widerstandskoeffizient c_d der Düse berechnen [70]

$$c_d = \frac{\dot{m}_l}{\frac{\pi}{4}d_o^2 \sqrt{2\rho_l \Delta p}} \tag{10.2.3}$$

Der Durchmesser d_o ist der Austrittsdurchmesser der Düse. Der Widerstandskoeffizient lässt sich weiterhin auch über das Verhältnis X der durch den inneren Hohlkegel eingenommenen Fläche zur gesamten Austrittfläche bestimmen [70]

$$c_d = \left[\frac{(1-X)^2}{1+X}\right] . \tag{10.2.4}$$

Durch Gleichsetzen von Gleichung (10.2.3) und (10.2.4) lässt sich iterativ das Verhältnis X bestimmen. Aus diesem Verhältnis kann der Geschwindigkeitskoeffizient K_v bestimmt werden [70]:

$$K_v = \frac{c_d}{(1 - X)\cos\Theta}. \tag{10.2.5}$$

Der Winkel Θ ist der Halbwinkel des Sprühkonuses. Aus dem Geschwindigkeitskoeffizienten folgt dann der Betrag der Austrittsgeschwindigkeit:

$$u = K_v \sqrt{2\frac{\Delta p}{\rho}}. \tag{10.2.6}$$

Für den untersuchten Lastfall ergibt sich ein Betrag der Geschwindigkeit von $15,9 m/s$.

Mittlerer Durchmesser Der mittlere Durchmesser der Tropfen wird über Korrelationen berechnet. Durch die Hersteller werden häufig nur Referenzwerte für die Zerstäubung von Wasser in Luft bei Standardbedingung angegeben. Die erzeugte Tropfengröße ist jedoch unter anderem abhängig von der Dichte der Gasphase und Flüssigkeit, der Oberflächenspannung, der der Viskosität der Flüssigkeit und dem Zerstäuberdruck abhängig. In Abbildung 10.17 ist ein Vergleich des Sauterdurchmessers (SMD) in Abhängigkeit des Zerstäubungsdrucks zwischen Korrelationen und den Angaben des Herstellers gezeigt. Hier dargestellt sind die Daten einer Druckdrallzerstäuberdüse der Firma Düsen-Schlick mit einer Flußzahl und Öffnungswinkel, die der verwendeten Düse von Steinen entsprechen. Steinen stellt keine Daten zur Verfügung. Verglichen werden Korrelationen für Druckdrallzerstäuber von Wang und Lefebvre [135], Radcliffe [111], Jasuja [53] und Lefebvre [69].
Hier zeigt sich bis auf die Korrelation von Wang und Lefebvre [135] eine starke Abweichung von den durch den Hersteller angegebenen Tropfendurchmessern. Die Abweichungen betragen bis zu dem Zehnfachen des

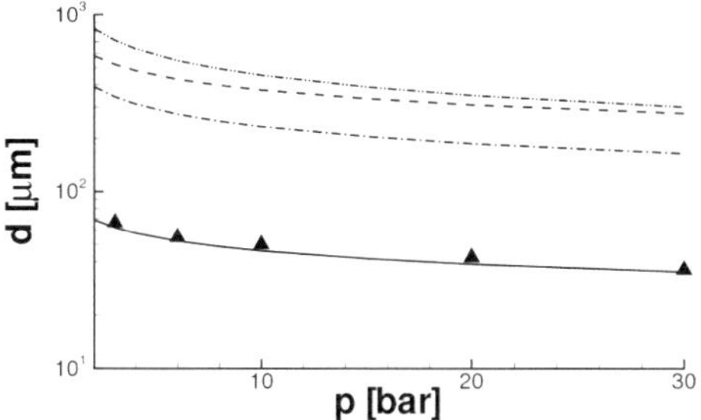

—— Wang und Lefebvre, - - Radcliffe, --- Jasuja, ··· Lefebvre

Abbildung 10.17.: Vergleich der durch Schlick angegebenen (Symbole) und über Korrelationen berechneten mittleren Tropfendurchmesser in Abhängigkeit des Zerstäubungsdrucks für Wasser unter Standardbedingung

angegebenen Wertes nach oben. Die Korrelation von Wang und Lefebvre zeigt jedoch eine sehr gute Übereinstimmung.

In Tabelle 10.8 sind die Ergebnisse der Berechnung des mittleren Tropfendurchmessers der Kerosinzerstäubung für den simulierten Lastfall der Düse unter Verwendung der genannten Korrelationen aufgetragen. Die Abweichung der Korrelationen untereinander ist kleiner als für die mit Wasser bestimmten Werte. Die Korrelation nach Wang und Lefebvre liefert auch hier den kleinsten Wert. Aufgrund der guten Übereinstimmung der Korrelation von Wang und Lefebvre für die Referenzdaten in Abbildung 10.17 wird diese für die Bestimmung der Randbedingung verwendet.

Über die zuvor eingeführten Korrelationen lässt sich der Sauterdurchmesser bestimmten. Zusätzlich zum mittleren Durchmesser wird noch eine Verteilungsfunktion benötigt, um das erzeugte Tropfenspektrum zu beschreiben. Für Brennstoffspray ist hier die Rosin-Rammler-Verteilung

Korrelation	SMD $[\mu m]$
Wang und Lefebvre [135]	35,8
Radcliffe [111]	85,1
Jasuja [53]	74,1
Lefebvre [69]	91,1

Tabelle 10.8.: Berechnete mittlere Tropfendurchmesser des Druckzerstäubers für Kerosin für den simulierten Betriebspunkt

üblich [70]. Die kumulative Verteilungsfunktion ist gegeben durch

$$\mathcal{F} = 1 - exp\left[-\left(\frac{d}{DRR}\right)^{q}\right]. \tag{10.2.7}$$

Der Durchmesser DRR ist der Rosin-Rammler-Durchmesser. Der Exponent q beschriebt die Verteilungsbreite. Der Rosin-Rammler-Durchmesser lässt sich aus dem Sauterdurchmesser bestimmen durch

$$DRR = SMD \cdot \Gamma\left(1 - \frac{1}{q}\right) \tag{10.2.8}$$

Druckdrallzerstäuber erzeugen ein enges Tropfenspektrum. Der Exponent q liegt typischer Weise im Bereich $[3:4]$ [70]. Hier wurde ein Wert von 4 verwendet.

Einfluss der Filmverdampfung

Wie einleitend beschrieben, wird zur Berücksichtigung des Brennstofffilmes eine eindimensionale Filmverdampfung simuliert. Das Modell ist in Abbildung 10.18 dargestellt. Es ist angelehnt an die Arbeit von Pfeiffer [95]. Die Herleitung findet sich in Kapitel A.1 des Anhangs.

Skizziert ist ein Element der Filmzerstäuberlippe und des Brennstofffilmes. Der Brennstofffilm wird durch die Gasgeschwindigkeit des primären Elementes $u_{g,p}$ durch die Scherkräfte entlang der Lippe transportiert. Hierbei heizt sich der Film aufgrund des Wärmetransports aus der

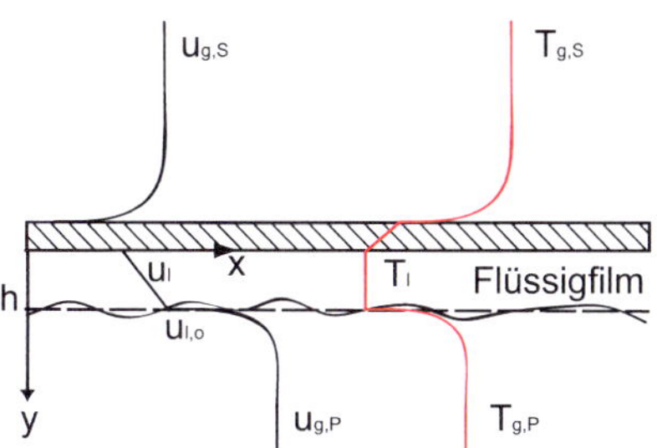

Abbildung 10.18.: Schema der eindimensionalen Filmverdampfungsrechnung

Primär- und Sekundärluft auf. Aufgrund der geringen Filmdicke – im Bereich 100 μm – wird von einem linearen Geschwindigkeitsprofil [95] und einer homogenen Filmtemperatur ausgegangen. Die Einlaufstrecke des Films wird nicht modelliert.

Zur Beschreibung des Films wird ein gekoppeltes Differentialgleichungssystem aus Impulserhaltung, Energieerhaltung, Massenerhaltung, Filmdicke und Änderung der Dichte der Flüssigphase gelöst.

Impulserhaltung Die Impulserhaltungsgleichung der Oberflächengeschwindigkeit des Filmes lautet

$$\frac{u_o}{6}\left(h\frac{\partial u_o}{\partial x} - u_o\frac{\partial h}{\partial x}\right) = \frac{\tau_o - \tau_w}{\rho_l}. \tag{10.2.9}$$

Die Geschwindigkeit u_o ist die Oberflächengeschwindigkeit des Flüssigkeitsfilms, h ist die Filmdicke. Zu modellieren sind hierin noch die Schubspannungen an der Oberfläche des Films τ_o und flüssigseitig an der Wand τ_w. Die Korrelationen sind im Anhang in Kapitel A.1 angegeben. Für den Zusammenhang aus mittlerer Filmgeschwindigkeit u und Oberflächengeschwindigkeit u_o gilt gemäß dem linearen Geschwindigkeitsprofil

$$u_o = 2u \qquad (10.2.10)$$

Energieerhaltung Die Energieerhaltung folgt aus einer einfachen Bilanz am Brennstofffilm und lautet

$$\dot{m}_l c_{p,l} \frac{\partial T_l}{\partial x} = 2\pi \left[k_s \left(T_s - T_l \right) R_i + \left(\alpha_l \left(T_p - T_l \right) - \dot{j}_{m,v} \Delta h_v \right) \left(R_i - h \right) \right].$$

$$(10.2.11)$$

Hierin sind $\dot{m}_l$ der Brennstoffmassenstrom, $c_{p,l}$ die Wärmekapazität des Flüssigkeitsfilms, T_l dessen Temperatur, T_p und T_s die Gastemperatur in Primär- und Sekundärelement, $\dot{j}_{m,v}$ die verdunstende Massenstromdichte und Δh_v die Verdampfungsenthalpie des Brennstoffes. Der Wärmedurchgangskoeffizient aus der Sekundärluft an den Flüssigfilm ist gegeben durch:

$$\frac{1}{k_s} = \frac{R_i}{\alpha_w R_a} + \frac{R_i \ln \frac{R_a}{R_i}}{\lambda_w} \qquad (10.2.12)$$

Hierbei sind R_i und R_a der innere und äußere Radius der Filmlegerlippe. α_a ist der Wärmeübergangskoeffizient an der äußeren Wand und λ_w die Wärmeleitfähigkeit der Wand. Die Korrelationen für die Wärmeübergangskoeffizienten sind ebenfalls im Anhang angegeben.

Massenerhaltung Die Massenerhaltung folgt ebenfalls über eine einfache Bilanz.

$$\frac{\partial \dot{m}_l}{\partial x} = -\dot{j}_{m,v} 2\pi \left(R_i - h \right) \qquad (10.2.13)$$

Hierbei ergibt sich die verdunstende Massenstromdichte über eine einseitige Diffusion durch

$$\dot{j}_{m,v} = \beta \tilde{\rho}_g \ln \frac{p - p_{v,\infty}}{p - p_{v,o}} \tilde{M}_g. \qquad (10.2.14)$$

Der Koeffizient β ist der Stoffübertragungskoeffizient, $\tilde{\rho}_g$ die molare Dichte der Gasphase, p der Gesamtdruck, $p_{v,\infty}$ und $p_{v,o}$ die Partialdrücke des Brennstoffes im Gasstrom und an der Flüssigkeitsoberfläche und M_g die molare Dichte der Gasphase.

Filmdicke   Die Gleichung der Filmdicke beschreibt die Änderung der Dicke des Films entlang der Lippe aufgrund der Beschleunigung des Flüssigkeitsfilm, Änderung des Radius, Änderung der Flüssigkeitsdichte durch das Erwärmen des Brennstoffes und der Verdampfung. Sie lautet

$$\frac{R_i - \frac{4}{3}h}{h\left(R_i - \frac{2}{3}\frac{h}{3}\right)}\frac{\partial h}{\partial x} = \frac{1}{\dot{m}_l}\frac{\partial \dot{m}_l}{\partial x} - \frac{1}{u_o}\frac{\partial u_o}{\partial x} - \frac{1}{\rho_l}\frac{\partial \rho_l}{\partial x}. \tag{10.2.15}$$

Dichteänderung   Die Gleichung der Dichteänderung beschreibt die Änderung der Dichte durch das Aufheizen des Brennstoffes entlang der Lippe und ist gegeben durch

$$\frac{\partial \rho_l}{\partial x} - \frac{\partial \rho_l}{\partial T_l}\frac{\partial T_l}{\partial x} = 0. \tag{10.2.16}$$

Das oben beschriebene Gleichungssystem wird über den impliziten Löser für lineare Differentialgleichungssysteme LIMEX [18][1] gelöst. Als Randbedingungen werden die Anfangsgeschwindigkeit des Films, die Filmtemperatur und der Brennstoffmassenstrom benötigt. Die initiale Filmdicke ergibt sich einfach aus dem Massenstrom und der mittleren Anfangsgeschwindigkeit. Die mittlere Anfangsgeschwindigkeit ist hierbei die am schwersten zugängliche Randbedingung.

Das Ergebnis der Filmverdampfung für den untersuchten Lastfall ist in Abbildung 10.19 abgebildet. Es zeigt den Verlauf der Oberflächengeschwindigkeit, der Filmdicke und der Filmtemperatur über der entdimensionierte Lauflänge des Films. Die Anfangstemperatur des Films beträgt 298 K und der Massenstrom entspricht dem des untersuchten

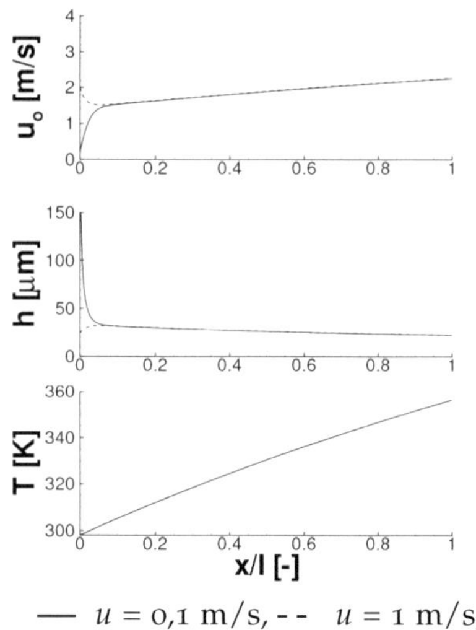

Abbildung 10.19.: Filmverdampfungsrechnung für verschiedene Anfangsgeschwindigkeiten des Flüssigkeitsfilms des simulierten Lastfalls der luftunterstützten Zerstäuberdüse

LBVs. Die Anfangsgeschwindigkeit des Flüssigkeitsfilms werden variiert, da diese geschätzt werden muss.

Es ist deutlich zu sehen, dass unabhängig von der Anfangsgeschwindigkeit, die Oberflächengeschwindigkeit, Filmdicke und Temperatur sich innerhalb $x/l < 0,1$ einer gemeinsamen Kurve annähern und das Ergebnis ist nicht von dieser abhängig. Das Ergebnis der Filmverdampfungsrechnung ist in Tabelle 10.9 angegeben. Hervorzuheben ist, dass der verdunstete Flüssigkeitsmassenstrom nur 0,017 % des aufgegebenen Massenstroms beträgt. Die Verdunstung entlang der Lippe kann somit für diesen Fall vernachlässigt werden. Grund hierfür sind zum einen die geringe Verweilzeit an der Lippe von 12,57 ms und die geringe Oberfläche des Filmes.

Oberflächengeschwindigkeit u_0 [m/s]	2,26
Filmtemperatur T_l [K]	356,4
Filmdicke h [μm]	22,3
Verdunsteter Massenstrom [%]	0,017
Verweilzeit [ms]	11,46

Tabelle 10.9.: Ergebnis der Filmverdampfungsrechnung für eine mittlere Anfangsgeschwindigkeit des Filmes von 0,1 m/s

Bestimmung der Tropfenrandbedingung am Ende der Zerstäuberlippe

Die Bestimmung der Tropfenrandbedingung an der Zerstäuberlippe ist ausführlich in der Diplomarbeit von Hahn [40] beschrieben. Sie basiert im Wesentlichen auf den Untersuchungen von Klausmann [63]. An dieser Stelle wird nur eine kurze Zusammenfassung gegeben.

Sprühwinkel Da der Flüssigkeitsfilm zunächst entlang der Lippe in die Brennkammer eintritt, wird der Winkel auf $0°$ bezogen zur axialen Achse gesetzt. Der sich dann ausbildenden Sprühwinkel in der Brennkammer ergibt sich aufgrund der Strömung in der Simulation. Als Verteilungsfunktion wird eine Gauß-Verteilung um den mittleren Winkel verwendet mit einer Varianz von $16,7°$.

Austrittsgeschwindigkeit Die Geschwindigkeit der Tropfen wird in Abhängigkeit des Durchmessers während der Rechnung bestimmt. Da der Flüssigkeitsfilm zunächst über die Filmzerstäubung nach dem Verlassen der Zerstäuberlippe zerfällt und sich somit die Tropfen erst bilden, werden diese 2 mm hinter der Lippe aufgegeben [63]. Hierbei wird zur Bestimmung der Startgeschwindigkeit berechnet, um welchen Betrag ein

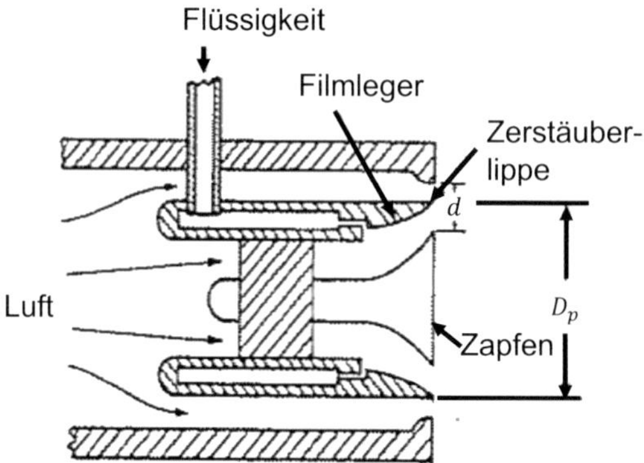

Abbildung 10.20.: Skizze eines von Al-Shanawany und Lefebvre [3] untersuchten Zerstäubers (Abbildung nach [70])

Tropfen über diese Länge hinweg aufgrund seiner Relativgeschwindigkeit zur Gasphase beschleunigt wird. Die genaue Berechnungsmethodik kann in [40] und [63] nachgelesen werden.

Mittlerer Durchmesser   Der mittlere Durchmesser kann auch für die Tropfen an der Zerstäuberlippe über eine Korrelation bestimmt werden. Al-Shanawany und Lefebvre [3] schlagen die folgende Korrelation zur Bestimmung des mittleren Tropfendurchmessers eines Zerstäubers des hier untersuchten Typs vor:

$$\frac{SMD}{D_h} = \left(1 + \frac{1}{LBV}\right)\left[0,33\left(\frac{\sigma}{\rho_g u_g^2 D_p}\right)^{0,6}\left(\frac{\rho_l}{\rho_g}\right)^{0,1} + 0,068\left(\frac{\mu_l^2}{\rho_l \sigma D_p}\right)^{0,5}\right]. \tag{10.2.17}$$

Abbildung 10.20 zeigt eine Zerstäuberdüse, wie sie zur Bestimmung dieser Korrelation verwendet wurde.

Hier sind LBV das Luft-zu-Brennstoff-Verhältnis, σ die Oberflächenspannung der Flüssigkeit, ρ_g und ρ_l die Gas- und Flüssigkeitsdichte, u_g die volumetrische Gasgeschwindigkeit und μ_l die Viskosität der Flüssigkeit. Die Durchmesser D_h und D_p sind der hydraulische Durchmesser und der Durchmesser des Filmlegers. Al-Shanawany und Lefebvre untersuchten eine Geometrie (siehe Abbildung 10.20), die ein durch eine Rückströmzone versperrtes Rohr abbildet. Hierbei wurde die Versperrung durch die Rückströmzone durch einen Versperrungskörper realisiert [70]. Der hydraulische Durchmesser D_h entspricht somit dem eines Ringspalts und die Fläche des Ringspalts ist gleich der messtechnisch bestimmte effektiven Fläche des Primärelements $A_{eff,p}$. Für den untersuchten Lastfall ergibt sich nach der Korrelation ein SMD von 34,09 μm.

Für den simulierten Lastfall wurden die Tropfengrößen auch messtechnisch von Svetoslav Marinov am Düsenmund ermittelt. In Abbildung 10.21(a) sind die durch PDA (Partikel Doppler Anemometrie) gemessenen kumulativen Verteilungen des Tropfendurchmessers an vier axialen Positionen durch Symbole dargestellt. Die Linien in Abbildung 10.21(a) zeigen die an die Messwerte angepassten Verläufe der Rosin-Rammler-Verteilung. Neben den Tropfendurchmessern wurden von Svetoslav Marinov über die Messwerte die lokale Massenstromdichte an Kerosin am Düsenaustritt bestimmt. Abbildung 10.21(b) zeigt den Verlauf der Massenstromdichte über dem entdimensionierten Radius am Düsenaustritt.

In Tabelle 10.10 sind die über einen Least-Square-Fit der Messwerte bestimmten Rosin-Rammler-Parameter tabellarisch zusammengefasst. Auf Basis dieser Parameter wurden die Kurven in Abbildung 10.21(a) erstellt. Die letzte Spalte zeigt den über die Massenstromdichte an Kerosin gemittelten Parametersatz. Es zeigt sich hier, dass der gemessene Tropfendurchmesser nur die Hälfte dessen beträgt, was durch die Korrelation von Al-Shanawany und Lefebvre [3] vorhergesagt wurde. Der Einfluss des Tropfendurchmessers auf das Simulationsergebnis wird in der Diskussion der reaktiven Simulationen noch gezeigt.

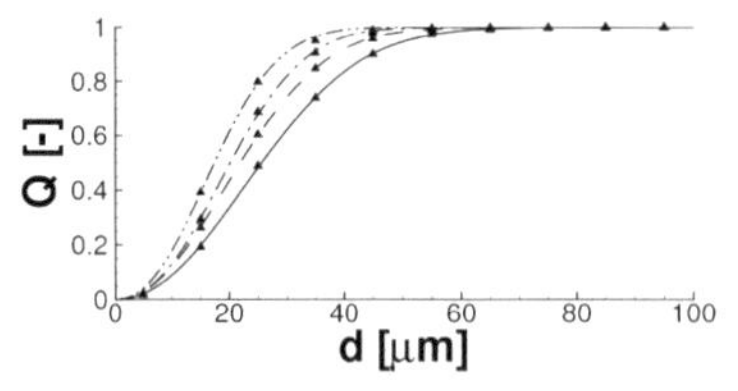

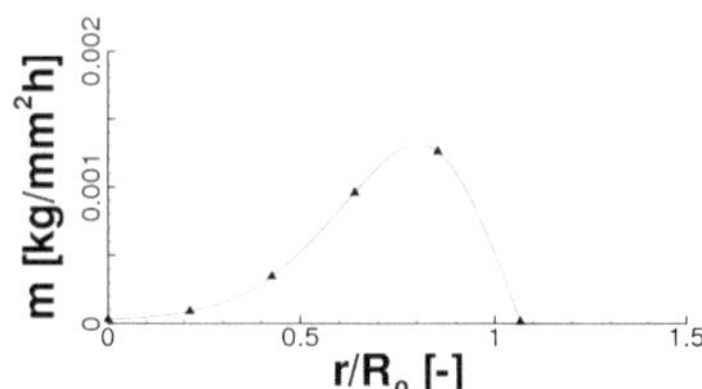

—— $r/R_0 = 0,21$ -- $r/R_0 = 0,43$ -·-
$r/R_0 = 0,64$ -·· $r/R_0 = 0,96$

(a) Gemessene kumulative Verteilungsfunktion (Symbole) und an Messwerte angepasste Rosin-Rammler-Verteilungsfunktion (Linien) der Tropfendurchmesser an vier radialen Positionen am Düsenaustritt

(b) Gemessene Kerosinmassenstromdichte am Düsenaustritt (Symbole)

Abbildung 10.21.: Gemessene Tropfendaten der Düse für einen Druckverlust von 3,5% über die Düse, einem AFR von 27 und atmosphärischen Bedingungen

Position	1	2	2	3	gemittelt [a]
RRD [μm]	30,4	26,04	23,7	20,48	22,84
q [-]	2,14	2,14	2,28	2,27	2,26
SMD [μm]	18,24	15,63	14,95	12,87	14,29

[a] Über die Massenstromdichte gemittelter Wert

Tabelle 10.10.: An die Messwerte angepasste Parameter der Rosin-Rammler-Verteilungsfunktion an den Positionen **1:** $r/R_0 = 0,21$, **2:** $r/R_0 = 0,43$, **3:** $r/R_0 = 0,64$, **4:** $r/R_0 = 0,96$ und über die Massenstromdichte gemittelte Parameter

Zusammenfassung der Randbedingungen der dispersen Phase

Die Randbedingungen der dispersen Phase sind in Tabelle 10.11 zusammengefasst. Die Randbedingungen des Druckdrallzerstäubers basieren auf den angegebenen Korrelationen. Für die Randbedingungen an der Zerstäuberlippe wurden die Messwerte für den Tropfendurchmesser und die Verteilungsbreite verwendet. Die Tropfengeschwindigkeit und Winkelvarianz wurde entsprechend der Arbeit von Klausmann [63] gewählt.

	Druckdrallzerstäuber	Zerstäuberlippe
SMD [μm]	35,8	14,29
q [-]	4	2,26
Temperatur [K]	298	356,4
Geschwindigkeit [m/s]	15,9	_a
Winkel [°]	80	0
Varianz [°]	10	16,9

[a] Wird in der Simulation für jeden Tropfendurchmesser bestimmt [63]

Tabelle 10.11.: Randbedingungen der dispersen Phase

10.2.3.1. Löser und Diskretisierung

Die Lösung der isothermen Strömung erfolgt über die OpenFOAM-Standard-Löser für stationäre RANS-Simulationen simpleFOAM und kompressible LES-Simulationen coodles. Die beiden Löser wurden nur jeweils um die Randbedingung für Geschwindigkeiten in Zylinderkoordinaten zur Aufgabe des Dralls erweitert.

Die Lösung der reaktiven Strömung erfolgt mit dem eigenen Löser simpleSprayTableFoam für die Simulation reaktiver, disperser Strömungen. Als Reaktionsmodell findet für die Spray-Simulationen nur das

JPDF-Modell Anwendung. Die Lösung der reaktiven Phase erfolgt hierbei über das Reaktionsmodul jpdfRAS.

Als Diskretisierungsschema der Divergenzterme für die RANS-Simulationen – isotherm und reaktiv – wird das von Jasak [52] entwickelte Gamma-Schema verwendet und zur Lösung des sich ergebenden numerischen Gleichungssystems wird ein (bi)-präkonditioniertes Konjugierte-Gradienten-Verfahren angewandt. Als Vorkonditionierer wurde für die Druckgleichung eine unvollständige Cholesky-Zerlegung gewählt. Die Vorkonditionierung der restlichen Gleichungen erfolgt über eine unvollständige LU-Zerlegung [25].

Für die LES-Simulationen erfolgt die Lösung des linearen Gleichungssystem über das von Hvroje et al. für LES-Simulationen entwickeltes (bi)-präkonditioniertes Konjugierte-Gradienten-Verfahren [51]. Zur Diskretisierung der Konvektionsterme wurde eine sogenanntes gefiltertes zentrales Differenzenverfahren verwendet. Dieses wurde speziell für LES-Simulationen entwickelt, um die numerischen Instabilitäten durch eine Filteroperation zu dämpfen und ist ein Diskretisierungsverfahren zweiter Ordnung [2]. Die Lösung der LES erfolgt instationär mit einem Zeitschritt von $2 \cdot 10^{-7}s$, was einer maximalen Courant-Zahl von ≈ 0.2 entspricht.

Die Lösung der dispersen Phase wird über den in Kapitel 7.3.1 beschriebenen Algorithmus für die stationäre Tropfenrechnung ermittelt.

10.2.4. Chemische Tabellen

Zur Simulation der Kerosin-Flamme wurde der von Franzelli vorgeschlagene Kerosinmechanismus [31] verwendet. Dieser basiert auf der Anpassung eines 2-Schritt-Mechanismus, bestehende aus der Brennstoffoxidation zu CO und der CO-Oxidation zu CO_2, an einen detaillierten Mechanismus nach Luche [79] und einem Rumpfmechanismus nach Dagaut [15].

Der Mechanismus ist optimiert hinsichtlich der Flammengeschwindigkeit und dem CO-Wert der Verbrennung des Modellbrennstoffs in Luft über einen weiten Bereich der Stöchiometrie sowie unterschiedlichen Vorwärmtemperaturen und Drücken korrekt wiederzugeben. Alle drei Mechanismen beschreiben Kerosin als einen Modellbrennstoff bestehend aus n-Dekan ($C_{10}H_{22}$), aromatischen (C_9H_{12}) und naphtenischen Komponenten (C_9H_{18}). Die Zusammensetzung ist in Tabelle 10.12 dargestellt. KERO beschreibt hierin den Namen des Modellbrennstoffs.

Die Stoffeigenschaften –Transportgrößen sowie die Werte der NASA-Polynome [10] von Kerosin – sind hierbei nach Rachner [110] angesetzt.

Wie zuvor angeführt, besteht der verwendete Mechanismus aus den beiden globalen Reaktionsschritten der Brennstoffoxidation zu CO und der folgenden CO-Oxidation zu CO_2 [31]:

$$KERO + 10\,O_2 \Rightarrow 10\,CO + 10\,H_2O \qquad (10.2.18)$$

$$CO + 0,5\,O_2 \Rightarrow CO_2 \qquad (10.2.19)$$

Wobei die Reaktionsraten nach Franzelli et al. über die folgenden an den Arrheniusansatz angelehnten Beziehungen modelliert werden:

$$r_{f,1} = A_1 f_1\,(\Phi)\,e^{\frac{E_{a,1}}{RT}}\,[KERO]^{n_{KERO}}\,[O_2]^{n_{O_2,1}} \qquad (10.2.20)$$

$$r_{f,2} = A_2 f_2\,(\Phi)\,e^{\frac{E_{a,2}}{RT}}\,[CO]^{n_{CO}}\,[O_2]^{n_{O_2,2}} \qquad (10.2.21)$$

		Komponente	Massenbruch	Molgewicht	Molenbruch
			[-]	[g/mol]	[-]
Linear	$C_{10}H_{22}$		0,767	142,284	0,7396
Aromatisch	C_9H_{12}		0,132	120,192	0,1507
Naphtenisch	C_9H_{18}		0,101	126,241	0,1097
KERO	$C_{10}H_{22}$		1,000	137,195	1,000

Tabelle 10.12.: Zusammensetzung des Modellbrennstoffs [31] [78]

	$E_{a,1}$	A_1	n_{KERO}	n_{O_2}
	[cal/mol]	$[mol/s^2]$	[-]	[-]
Brennstoffoxidation	$4,15x10^4$	$8,00x10^{11}$	0,55	0,9

Tabelle 10.13.: Koeffizienten des Kerosinmechanismus nach Franzelli et al. [31]

Die Koeffizienten sind in Tabelle 10.13 und 10.14 angegeben. Die Funktionen $f_1(\Phi)$ und $f_2(\Phi)$ sind Korrekturfunktionen, die die Reaktionsraten als Funktion des lokalen Äquivalenzverhältnisses Φ korrigieren. Hierbei bewirkt die Funktion $f_1(\Phi)$ eine Korrektur der Flammengeschwindigkeit im fetten Bereich, während die Funktion $f_2(\Phi)$ die Dicke der Ausbrandzone und das Gleichgewicht korrigiert [31]. Sie werden nach Franzelli wie folgt angegeben:

$$f_1(\Phi) = \frac{2}{\left[1 + \tanh\left(\frac{\Phi_{0,1}-\Phi}{\sigma_{0,1}}\right)\right] + B_1\left[1 + \tanh\left(\frac{\Phi-\Phi_{1,1}}{\sigma_{1,1}}\right)\right] + C_1\left[1 + \tanh\left(\frac{\Phi-\Phi_{2,1}}{\sigma_{2,1}}\right)\right]}$$

$$(10.2.22)$$

$$f_2(\Phi) = \frac{1}{2}\left[1 + \tanh\left(\frac{\Phi_{0,2}-\Phi}{\sigma_{0,2}}\right)\right] + \frac{B_2}{2}\left[1 + \tanh\left(\frac{\Phi-\Phi_{1,2}}{\sigma_{1,2}}\right)\right]$$
$$+ \frac{C_2}{2}\left[1 + \tanh\left(\frac{\Phi-\Phi_{2,2}}{\sigma_{2,2}}\right)\right] \cdot \left[1 + \tanh\left(\frac{\Phi_{3,2}-\Phi}{\sigma_{3,2}}\right)\right] \qquad (10.2.23)$$

Die Werte der Koeffizienten sind in Tabelle 10.15 angegeben.

Da der Mechanismus keine Rückreaktion zu CO_2 zu CO berücksichtigt, ist die Reaktionsfortschrittsvariable durch die Summe aus den Konzentrationen von CO und CO_2 eindeutig bestimmt. Die unter Verwendung

	$E_{a,2}$	A_2	n_{CO}	n_{O_2}
	[cal/mol]	$[mol/s^2]$	[-]	[-]
CO-Oxidation	$2,00x10^4$	$4,50x10^{11}$	1,00	0,50

Tabelle 10.14.: Koeffizienten des Kerosinmechanismus nach Franzelli et al. [31]

	$\Phi_{0,j}$	$\sigma_{0,j}$	B_j	$\Phi_{1,j}$	$\sigma_{1,j}$	C_j	$\Phi_{2,j}$	$\sigma_{2,j}$	$\Phi_{3,j}$	$\sigma_{3,j}$
j=1	1,173	0,04	0,29	1,2	0,02	7,1	1,8	0,18	-	-
j=2	1,146	0,045	0,00015	1,2	0,04	0,035	1,215	0,03	1,32	0,09

Tabelle 10.15.: Koeffizienten der Korrekturfunktionen nach Franzelli et al. [31]

dieser Fortschrittsvariablen und des Modellmechanismus generierten chemischen Tabellen werden im Folgenden kurz beschrieben.

Die Abbildungen 10.22(a) und 10.22(b) zeigen die Temperatur-Kontur der chemischen Tabellen für den homogenen Reaktor und die laminare planare Vormischflamme. Hier zeigen qualitativ die gleichen Merkmale wie zuvor für die TLC-Flamme. Innerhalb der numerischen Zündgrenzen der Kerosinflamme von $0,0098 < f < 0,355$ ist die Temperatukontur der über die planare Flamme bestimmten Tabelle leicht zu kleineren Werten des Reaktionsfortschritts hin verschoben. Die Unterschiede außerhalb der Zündgrenzen ist auf die hier notwendige Interpolation zurückzuführen.

Der Vergleich der Rate ist in Abbildung 10.23(a) und Abbildung 10.23 (b) dargestellt. Die maximale Rate im Fall des homogenen Reaktors beträgt ca. 6000 $1/m^3 s$, die maximale Rate der Vormischflamme ca. 8000 $1/m^3 s$. Auch hier zeigt sich deutlich der Einfluss der Vorwärmung aus der Reaktionszone der laminaren Vormischflamme.

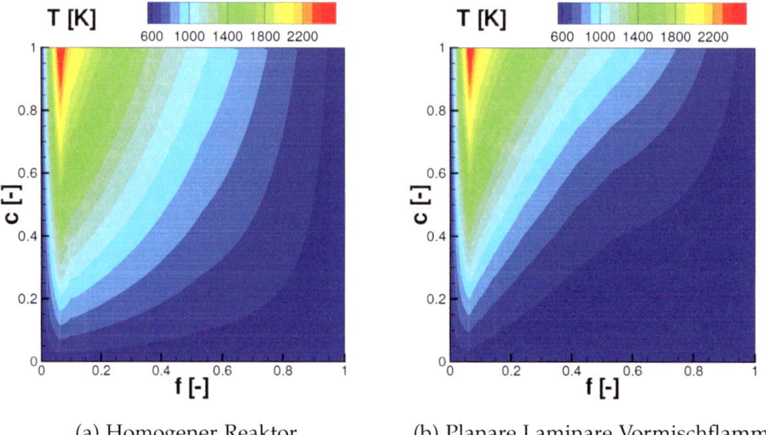

(a) Homogener Reaktor (b) Planare Laminare Vormischflamme

Abbildung 10.22.: Kontur der Temperatur der Tabellen auf Basis eines Reaktionsfortschritts für die untersuchte Sprayflamme ($Y_c = Y_{CO} + Y_{CO_2}$)

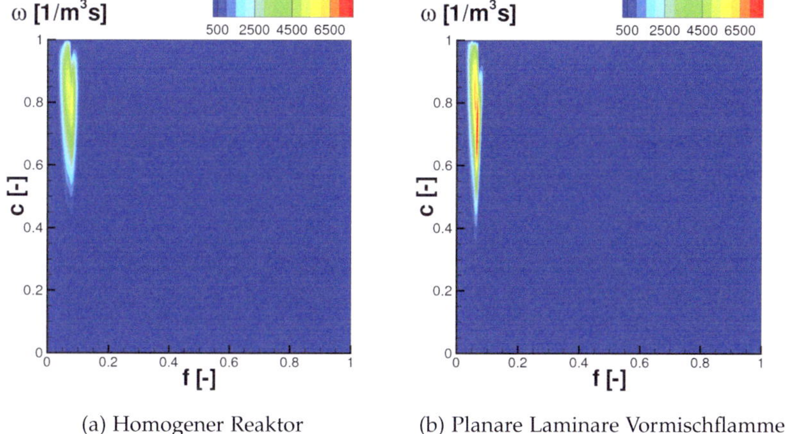

(a) Homogener Reaktor   (b) Planare Laminare Vormischflamme

Abbildung 10.23.: Kontur der Reaktionsrate des Reaktionsfortschritts der Tabellen auf Basis eines Reaktionsfortschritts für die Sprayflamme ($Y_c = Y_{CO} + Y_{CO_2}$)

10.2.5. Ergebnisse der Simulationen

Im Weiteren werden zunächst die Ergebnisse der isothermen Strömung gezeigt, um die Komplexität dieser und den Einfluss instationärer, kohärenter Strömungsstrukturen auf die Tropfenbahnen zu diskutieren. Der Diskussion der isothermen Strömung folgend werden die Ergebnisse der reaktiven Simulationen gezeigt.

10.2.5.1. Isotherme Strömung

In Abbildung 10.24 sind die Konturen der simulierten und gemessenen axialen Geschwindigkeit dargestellt. Hierbei wurden die radiale und axiale Koordinate der Brennkammer mit dem Düsenaustrittradius $R_0 = 0$ und die Geschwindigkeit über die mittlere, axiale Geschwindigkeit am Düsenaustritt entdimensioniert. Im linken Bild ist der Vergleich der RANS-Simulation mit den Messwerten, auf der rechten Seite der Vergleich der LES-Simulation mit den Messwerten abgebildet. Sowohl in der Messung als auch in der Simulation sind die innere und äußere Rückströmzone der Brennkammerströmung zu erkennen. Das Strömungsfeld zeigt ein ausgeprägtes, durch den Drall induziertes Wirbelaufplatzen, wodurch die innere Rückströmzone entsteht.

Beide Rezirkulationszonen haben einen entscheidenden Einfluss auf die Stabilität der Flamme. Die innere Rückströmzone bewirkt im Fall der reagierenden Strömung ein Rezirkulieren der heißen Abgase, wodurch das entgegenströmende Frischgas vorgewärmt und hierdurch die Reaktionsrate erhöht wird. Gleichzeitig führt das Umlenken der Strömung in der Scherschicht zu Regionen niedriger Geschwindigkeit, in denen sich die Flamme stabilisieren kann. Auch die äußere Rückströmzone führt zu einer Rezirkulation von heißen Abgasen und einem Erhöhen der Reaktionsgeschwindigkeit.

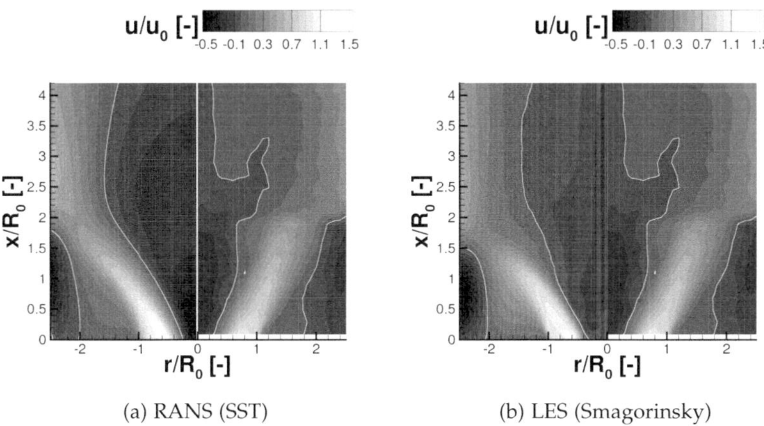

(a) RANS (SST)   (b) LES (Smagorinsky)

Abbildung 10.24.: Vergleich der simulierten (linke Bildhälfte) und gemessenen mittleren, axialen Geschwindigkeitskontur
(rechte Bildhälfte)

Hierbei zeigt die RANS-Simulation jedoch eine axial und radial zu weit
ausgeprägte innere Rückströmzone. Die LES-Simulation gibt hier eine
bessere Übereinstimmung. Insbesondere wird die durch die Messungen
gezeigte stromab schlauchförmige Ausbildung der Rückströmzone durch
die LES zumindest ansatzweise abgebildet. Auch die konvex geformte
Öffnung der inneren Rückströmzone wird durch die LES-Simulation gut
wiedergegeben.

Der Vergleich der drei Geschwindigkeitskomponenten an der ersten
Messposition stromab des Düsenmunds, dargestellt in Abbildung 10.25
unterstützt diese Aussage. Während die RANS-Simulation mittels $k - \epsilon$-
Modell die Rückströmzone am Düsenaustritt noch nicht wiedergibt,
wird sie durch das SST-Modell zu intensiv hinsichtlich der Rückströmgeschwindigkeit wiedergegeben. Die Übereinstimmung des LES-Modells
ist hier sehr gut.

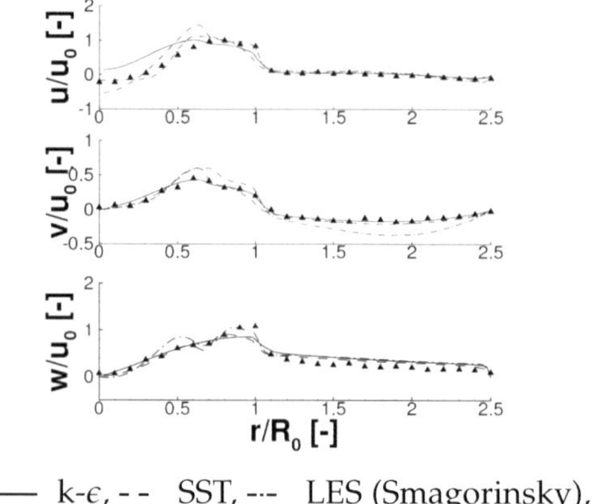

Abbildung 10.25.: Vergleich der simulierten und gemessenen Geschwindigkeitskomponenten an der ersten Messposition
stromab des Düsenmunds

Betrachtet man an Stelle der mittleren Geschwindigkeit die instantane
Geschwindigkeit, dargestellt in Abbildung 10.26(a), so sieht man deutlich großskalige Wirbelstrukturen in der Scherschicht zwischen innerer
Rückströmzone und Hauptströmung. Die Wirbelkerne lassen sich gut
anhand der Druckminima des instantanen Drucks, dargestellt in Abbildung 10.26(b), erkennen. Das Minimum beträgt bis zu 35% des statischen
Druck am Brennkammeraustritt. Diese Wirbelstruktur geht, auch hier
gut anhand des instantanen Drucks zu erkennen, vom Druckzerstäuber
aus.

Die Struktur dieser instationären, koheränten Strömungsform ist über
eine Isofläche des statischen Drucks in Abbildung 10.27 visualisiert. Hier
ist die helikale Struktur, ausgehend vom Druckzerstäuber im Primärelement, zu erkennen. Bei dieser Struktur handelt es sich um einen PVC
(Preceeding Vortex Core) [129]. Über eine Fast-Fourier-Transformation
lässt sich die Frequenz dieses Wirbels bestimmen. Die Frequenz des PVC

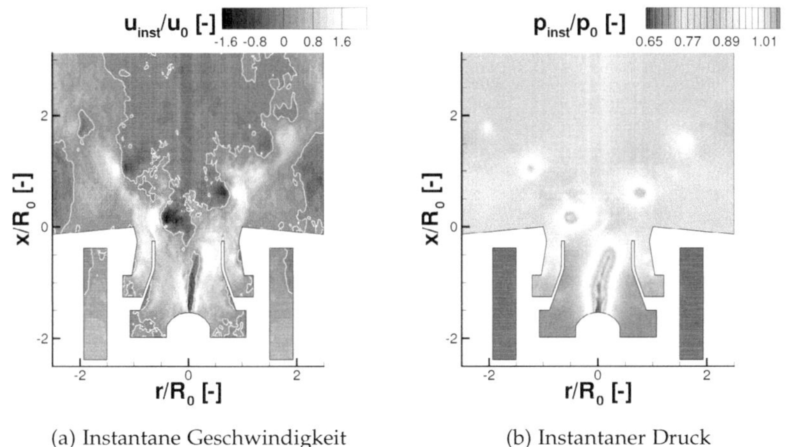

(a) Instantane Geschwindigkeit

(b) Instantaner Druck

Abbildung 10.26.: Simulierte instantane Geschwindigkeitskontur (links) und Kontur des instantanen Drucks (rechts) der LES-Simulation der kalten Strömung (Smagorinsky)

ist von Drallzahl und Volumenstrom des Primärelements abhängig und liegt im Rankine-Wirbel des Primärelements begründet, was über eine Stabilitätsanalyse gezeigt werden kann [89].

In Abbildung 10.28 ist das Resultat der Fast-Fourier-Transformation der instantane axialen Geschwindigkeit eines Monitorpunkts innerhalb der PVC-Struktur gezeigt. Sie identifiziert eine Vorzugsfrequenz von 1560 Hz. Diese Frequenz wurde ebenfalls für die Messung mit einer Frequenz von 1545Hz [86] bestimmt und konnte somit bestätigt werden.

Weiterhin konnte in [86] gezeigt werden, dass diese Struktur auch im reaktiven Fall Bestand hat und deutlich die Spraystruktur beeinflusst. Es konnte sowohl die Frequenz anhand Hochgeschwindigkeitsaufnahmen des Sprays, als auch die helikale Struktur im Spray identifiziert werden. Die stationäre RANS-Simulation ist jedoch nicht in der Lage diese

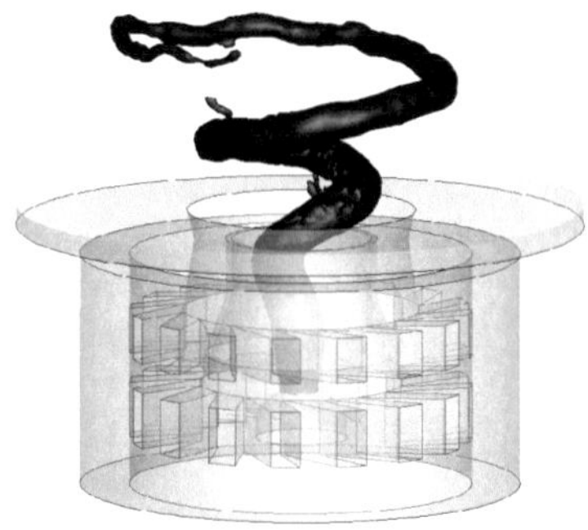

Abbildung 10.27.: Visualisierung des PVCs im Düsenmund über eine
Isokontur des statischen Druck bei $p = 9{,}7e - 4$

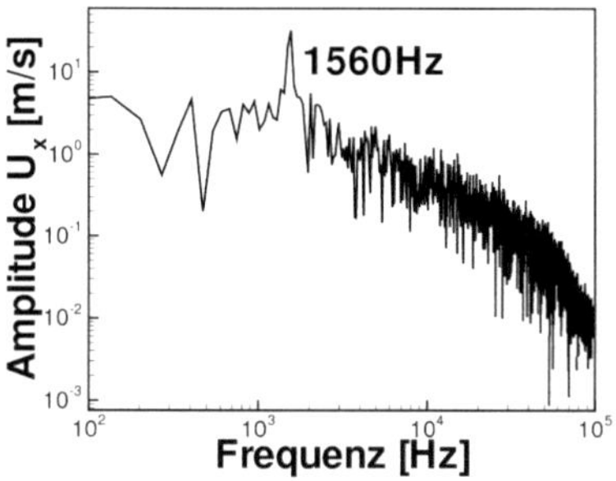

Abbildung 10.28.: Fast-Fourier-Analyse der Axialgeschwindigkeit eines
Punktes innerhalb des PVCs

Struktur und im Folgenden vor allem deren Einfluss auf die Tropfenbahnen wiederzugeben. Diese sollte während der Diskussion der reaktiven
Simulationen berücksichtigt werden.

10.2.5.2. Reaktive Strömung

Zu Beginn dieses Abschnitts soll zunächst kurz erwähnt werden, dass eine Simulation der reaktiven Strömung einer Spray-Flamme mittels LES-Formulierung im Rahmen dieser Arbeit nicht durchgeführt wurde. Im Folgenden soll somit die durch RANS-Simulationen bestimmte reaktive Strömung diskutiert werden.

In Abbildung 10.29 ist nun der Vergleich der simulierten axialen Geschwindigkeit und der gemessenen für den reaktiven Fall abgebildet. Die Entdimensionierung erfolgt wiederum über den Düsenaustrittradius für die Längenmaße und mit der mittleren Geschwindigkeit im Düsenaustritt für die axiale Geschwindigkeit. Die linke Abbildung zeigt den Vergleich für die Simulation über die Reduktion der Chemie durch den homogenen Reaktor, die rechte Abbildung den entsprechenden Vergleich für die Reduktion mittels laminarer planarer Vormischflamme. Die innere Rückströmzone ist länger und schmaler im Fall der Vormischflamme. Generell ist die Wiedergabe des Strömungsfelder im Fall der reaktiven Strömung im Vergleich zur isothermen Strömung verbessert. Es ist hier jedoch zu bedenken, dass das Strömungsfeld maßgeblich durch die Wärmefreisetzung und der daraus resultierenden Volumenexpansion geprägt ist.

Die Abbildungen 10.30(a) und 10.30(b) zeigen die Temperaturkontur der Sprayflamme für die beiden Reduktionsmethoden homogener Reaktor und Vormischflamme im Vergleich zur Messung. Die Simulation ist auch hier jeweils in der linken Bildhälfte dargestellt. Betrachtet man die Messung in der rechten Bildhälfte, so sieht man das Eintreten der Frischgasströmung unter Vorwärmtemperatur an der radialen Position $0 < r/R_0 < 1$. Wie zuvor anhand der axialen Geschwindigkeitskontur gezeigt, ist die eintretende Gasströmung nach innen durch die innere Rezirkulationszone und nach außen durch die äußere Rezirkulationszo-

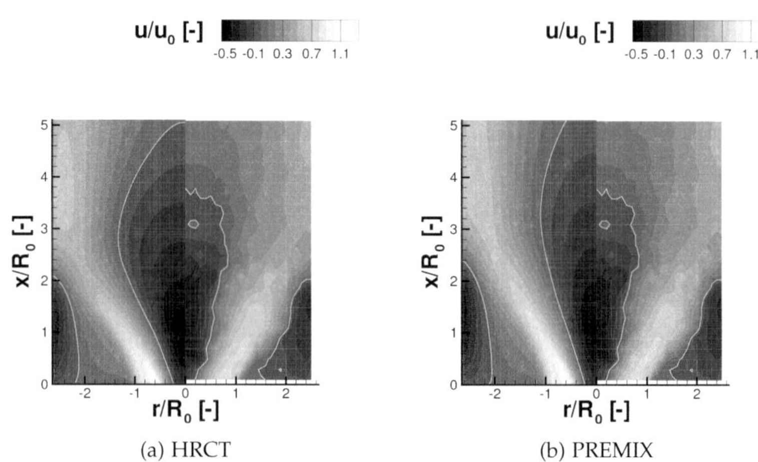

(a) HRCT   (b) PREMIX

Abbildung 10.29.: Vergleich der simulierten axialen Geschwindigkeit (linke Bildhälfte) mit den Messwerten (rechte Bildhälfte) im reaktiven Fall (AFR=27, SST, $Pr_t = 0,7$)

ne begrenzt. Die innere Rückströmzone ist aufgrund der Rezirkulation der Abgase heiß, wie der Temperaturkontur der Messung entnommen werden kann. Auch ist in der Messung eine Rezirkulation der heißen Abgase in der äußeren Rezirkulationszone anhand der Temperaturkontur zu erkennen. Betrachtet man die simulierten Temperaturkonturen, so gibt die Simulation über die Reduktion der Chemie anhand der planaren laminaren Vormischflamme die heiße äußere Rückströmzone wieder, während die Simulation über den homogenen Reaktor hier eine deutlich kältere Rezirkulationszone vorhersagt.

Weiterhin zeigt die Messung im Vergleich zu beiden Simulationen einen schnelleren Temperaturanstieg entlang der Hauptströmung zwischen den beiden Rezirkulationszonen. Hierbei ist jedoch zu bedenken, dass dies der Effekt eines erhöhten Queraustauschs über die Scherschicht der Hauptströmung hinweg bedingt durch den zuvor anhand der iso-

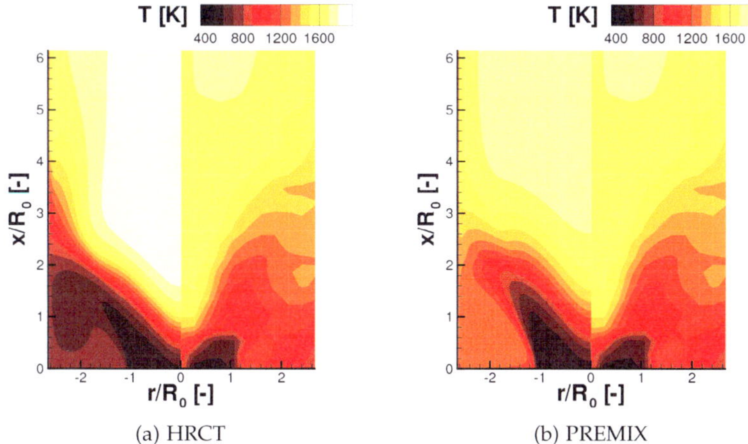

(a) HRCT   (b) PREMIX

Abbildung 10.30.: Vergleich der simulierten (linke Bildhälfte) und gemessenen (rechte Bildhälfte) Temperaturkontur der
Sprayflamme mittels Reduktion der Chemie über den
homogenen Reaktor (links) und der planaren laminaren Vormischflamme (rechts) (SST, $Pr_t = 0{,}9$)

thermen Strömung diskutierten PVC sein kann. Der PVC beeinflusst hierbei Tropfenbahnen [86], wodurch sie stärker radial dispergieren und der Brennstoff schon früher in die Primär- und Sekundärluft einmischt und hier reagiert. Dies wird durch die verwendeten turbulenten Tropfendispersionsmodelle nicht wiedergegeben.

Die Abbildung 10.31(a) zeigt eine Gegenüberstellung der simulierten Reaktionsfortschrittsraten der Ergebnisse der beiden Reduktionsmodelle. Im Falle des homogenen Reaktors ist die Reaktion auf den oberen Bereich der Hauptströmung in Richtung der inneren Rezirkulationszone beschränkt. Die Reaktionszone verläuft zum Teil im Bereich der Umlenkung der Strömung durch die Brennkammerwand sogar parallel zu dieser ($2 < x/R_0 < 4$). Im Fall der planaren laminaren Vormischflamme

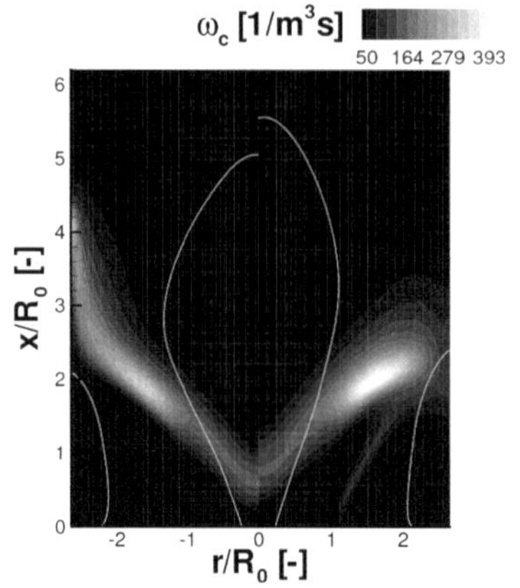

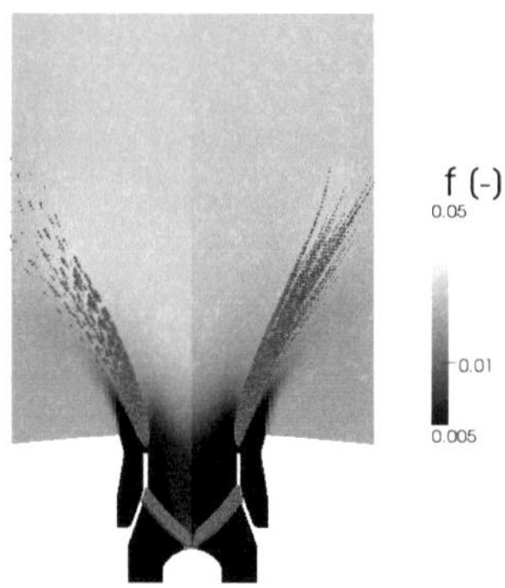

(a) Kontur der Reaktionsrate der Reaktions-fortschrittsvariable (links: HRCT rechts: PREMIX)

(b) Kontur des Mischungsbruchs und der Tropfenbahnen (links: HRCT rechts: PREMIX)

Abbildung 10.31.: Vergleich der simulierten Rate des Reaktionsfortschritts der Sprayflamme anhand einer Reduktion über den homogenen Reaktor (HRCT) und der planaren laminaren Vormischflamme (PREMIX) sowie ein Vergleich der Kontur des Mischungsbruchs und der Tropfenbahnen (SST, $Pr_t = 0,9$)

als Reduktionsmethode befindet sich die Hauptreaktionszone aufgrund der höheren Reaktionsrate im Vergleich zum homogenen Reaktor mittig zwischen den beiden Rezirkulationszonen und schließt noch vor der Umlenkung der Strömung durch die Brennkammerwand. Sie verläuft zum Teil auch entlang der äußeren Rückströmzone und überlappt sogar teilweise mit dieser ($r/R_0 \approx 2,5$, $x/R_0 \approx 2$). Hierdurch kommt es zu den hohen Temperaturen in der äußeren Rückströmzone, welche durch die Messung bekräftigt werden. Auch im Fall der Zweiphasenströmung, in welcher neben den Zeitskalen der Strömung und der chemischen Reaktion vor allem die Zeitskalen der Verdunstung der Flüssigphase eine Rolle spielen, ist der Einfluss der lokalen Vorwärmeffekte nicht zu vernachlässigen und das Modell der planaren laminaren Vormischflamme führt auch hier zu einer besseren Übereinstimmung mit der Messung.

In Abbildung 10.31(b) sind die Kontur des Mischungsbruchs sowie die Tropfenbahnen einer Sprayiteration dargestellt. Hier kann gesehen werden, dass die Tropfenbahnen zwar weit in das Strömungsfeld bis in die Nähe der Wand eindringen, diese aber – bis auf eine vernachlässigbare Zahl – nicht berühren. Die Tropfen verdampfen somit im Volumen der Brennkammer und benetzten nicht die Wand. Hierauf soll im Folgenden zum Einfluss der Tropfengröße noch eingegangen werden.

Einfluss der mittleren Tropfengröße und Verteilungsbreite Im Rahmen der Beschreibung der Tropfenrandbedingungen der Zerstäuberlippe wurde auf die Abweichung zwischen Korrelation und Messung hingewiesen. Im Folgenden soll kurz die Signifikanz dieser Ungenauigkeit gezeigt werden.

Die Abbildung 10.32(a) und (b) ist der Vergleich der Kontur der simulierten sowie der gemessenen Temperatur unter Variation der Tropfenrandbedingungen an der Zerstäuberlippe dargestellt. Hier wurden im Vergleich zu den vorherigen Simulationen die Tropfengröße auf den durch die Korrelationen vorhergesagten Durchmesser von SMD 30 μm geändert. Gleichzeitig wurde für die Verteilungsbreite der in der Literatur genannte Bereich von 2 bis 4 variiert. In Abbildung 10.32(a) ist die Simulation für eine Verteilungsbreite von $q = 2$ und in 10.32(b) das Ergebnis für eine Verteilungsbreite von $q = 4$ dargestellt. In beiden Fällen wurde zur Reduktion der Chemie das Modell der planaren laminaren Vormischflamme verwendet, das zuvor die besseren Ergebnisse lieferte.

Zunächst kann gesehen werden, dass in beiden Fällen die äußeren Rezirkulationszonen im Vergleich zu den vorherigen Randbedingungen

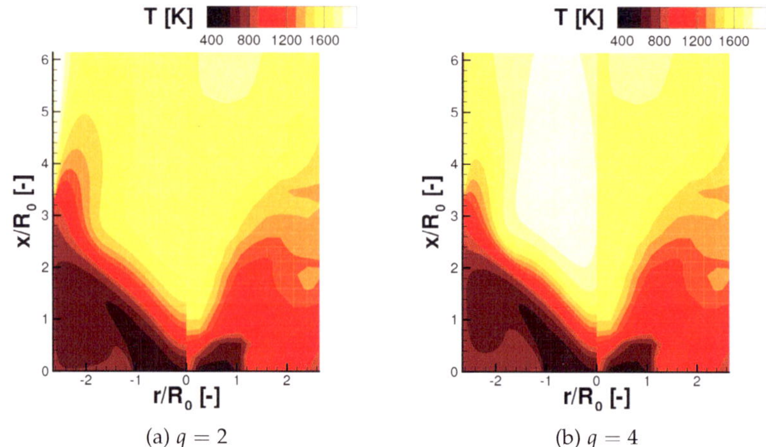

(a) $q = 2$ (b) $q = 4$

Abbildung 10.32.: Vergleich der simulierten (linke Bildhälfte) und gemessenen (rechte Bildhälfte) Temperaturkontur der Sprayflamme unter Variation der Tropfenrandbedingung der Zerstäuberlippe (SMD = 30 μm, Verteilungsbreite q = 2 | 4) (PREMIX, SST, $Pr_t = 0,9$)

deutlich kälter werden. Gleichzeitig erstrecken sich die kalten Zonen, die das einströmende Frischgas anzeigen, bis zur Wand und werden dort noch leicht umgelenkt, bevor die Temperatur aufgrund der Reaktion ansteigt. Dies ist ein Zeichen für eine später eintretende Verdunstung des Brennstoffes. Ersichtlich wird dies anhand der Abbildungen 10.33(a) und 10.33(b), die die Kontur der Reaktionsrate und die Tropfenbahnen einer Iteration des Tropfenlösers für die beiden Fälle zeigen. Die Kontur der Reaktionsrate zeigt, dass sich die Hauptreaktionszone, wie schon zuvor für die Reduktion über den homogenen Reaktor gesehen, aus der eintretenden Hauptströmung in Richtung der Wand verlagert und dort auch ihre höchste Rate zeigt. Der Grund für die Verlagerung wird anhand der Tropfenbahnen in Abbildung 10.33(b) ersichtlich, die deutlich

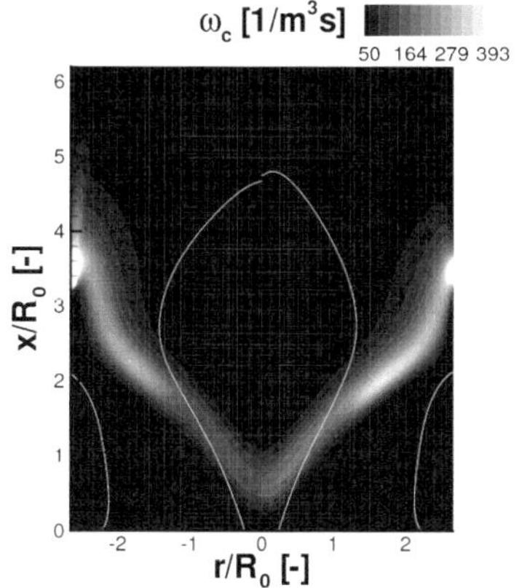
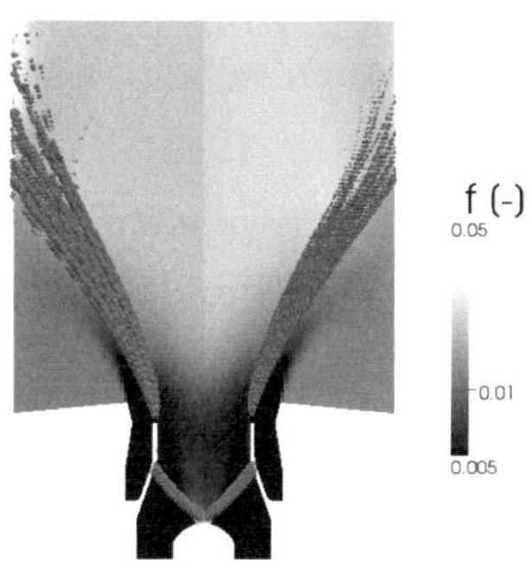

(a) Kontur der Reaktionsrate der Reaktionsfortschrittsvariable (links: $q = 2$ rechts:
$q = 4$)

(b) Kontur des Mischungsbruchs und der
Tropfenbahnen (links: $q = 2$ rechts: $q =$
4)

Abbildung 10.33.: Vergleich der simulierten Rate des Reaktionsfort-
schritts der Sprayflamme unter Variation der Trop-
fenrandbedingung der Zerstäuberlippe (SMD = 30
μm, Verteilungsbreite q = 2 | 4) sowie ein Vergleich der
Kontur des Mischungsbruchs und der Tropfenbahnen
(PREMIX, SST, $Pr_t = 0,9$)

zeigen, dass das Spray die Brennkammerwand erreicht. Somit wird dort
der Brennstoff freigesetzt und reagiert auch an dieser Stelle. Dies kann
in der Messung nicht beobachtet werden.

Somit zeigt der durch die Korrelation bestimmte Wert für die Tropfengröße keine gute Übereinstimmung mit der Messung. Betrachtet man
nun noch den Vergleich zwischen den beiden Verteilungsbreiten q, so
sieht man, dass auch dieser einen deutlichen Einfluss auf das Ergebnis
der Simulation besitzt. Mit steigendem q wird die Breite der Verteilung
enger, das bedeutet der Anteil an Tropfen, die deutlich größer beziehungsweise kleiner als der mittlere Tropfendurchmesser sind, nimmt

ab. Mit Abnahme insbesondere der großen Tropfen kommt weniger Brennstoff an der Wand an und das Gebiet der hohen Reaktionsraten an der Wand nimmt im Falle $q = 4$ ab und die Reaktion verlagert sich wieder weiter in die Hauptströmung, was gut anhand der Konturen der Reaktionsrate und der Temperatur gesehen werden kann. Somit hat auch die Verteilungsbreite einen deutlichen Einfluss auf die Simulation. Gerade die Verteilungsbreite ist jedoch in der Design-Phase eines Brenners noch nicht bekannt und lässt sich nicht über Korrelationen abschätzen.

10.2.5.3. Zusammenfassung

Die Übereinstimmung mit den Messwerten der Simulation über die planare laminare Vormischflamme ist unter Betrachte der Komplexität der Strömung – turbulente Strömung, innere, äußere Rückströmzone, PVC, Zweiphasenströmung – und der Ungenauigkeit der Randbedingungen der dispersen Phase als sehr gut zu bezeichnen und das entwickelte und in dieser Arbeit vorgestellte Reaktionsmodell zur Simulation von reagierenden Zweiphasenströmung über eine tabellierte Chemie ist einsetzbar zur Berechnung von Brennkammern. Es zeigt sich jedoch insbesondere die Sensibilität der Ergebnisse auf die Genauigkeit der Randbedingungen der dispersen Phase. Die Bestimmung der Tropfenverteilung hat bei der Simulation turbulenter Spray-Flammen eine maßgeblich Bedeutung für die Genauigkeit der zu erwartenden Ergebnisse. Hier ist jedoch die Güte der Korrelationen zur Bestimmung dieser Randbedingungen nicht hoch genug. Eine Vermessung dieser ist noch unumgänglich.

11. Zusammenfassung

Ziel dieser Arbeit war die Untersuchung des Einflusses verschiedener Reduktionsmodelle auf die Modellierung turbulenter, reagierender Strömungen über chemische Tabellen unter Verwendung einer vorangenommenen Form der Verbundwahrscheinlichkeitsdichtefunktion zur Beschreibung der Turbulenz-Reaktion-Kopplung sowie die Übertragung dieses Modellansatzes auf LES-Simulationen und die Anwendung zur Modellierung zweiphasiger, reagierender Strömungen.

Reduktionsmethodik auf Basis idealisierter Modellsysteme und Generierung chemischer Tabellen

Die in dieser Arbeit entwickelten Programmpakete zur Reduktion detaillierter chemischer Mechanismen über die Modellsysteme des homogenen Reaktors, der laminaren planaren Vormischflamme sowie der Gegenstromdiffusionsflammen erlauben die Generierung chemischer Tabellen in einer vergleichbaren und einheitlichen Vorgehensweise. Um eine gemeinsame Schnittstelle der über die Modellsysteme reduzierten reaktionskinetischen, thermodynamischen und thermophysikalischen Größen zur Integration beziehungsweise dem Strömungslöser zu ermöglichen, wurde ein Format zur Speicherung der Tabellen unabhängig vom Reduktionsansatz entwickelt, welches die zu speichernden Daten als Funktion einer beliebigen Anzahl an beschreibenden, unabhängigen Variablen ermöglicht. Zwar verwenden die hier untersuchten Modelle, das Steady-State-Flamelet-Modell nach Peters sowie das JPDF-Modell, jeweils nur zwei Variablen zur Beschreibung der chemischen Reaktion, doch wird so die Schnittstelle für weitere Entwicklungen offen gehalten.

Auch der im Zuge dieser Arbeit entstandene Integrator chemischer Tabellen wurde für die Integration beliebig-dimensionaler chemischer Eingangstabellen konzipiert. Somit ist er nicht auf die Integration chemischer Tabellen, wie sie in dieser Arbeit verwendet wurden, beschränkt. Da die Integration der chemischen Tabellen den zeitaufwendigsten Prozess der chemischen Tabellierung darstellt, wurde der Integrator zum einen algorithmisch optimiert, zum anderen wurden die verwendeten Integrationsalgorithmen auf ihre Leistung und Genauigkeit hin untersucht. Hierbei wurden die Romberg-Integration sowie die Trapez-Regel unter Verwendung einer von Liu et al. vorgeschlagenen Verteilung der Stützstellen angesichts ihrer Parameter optimiert und miteinander verglichen. Diesbezüglich konnte gezeigt werden, dass mit der von Liu et al. vorgeschlagenen Stützstellenverteilung ein dem Romberg-Verfahren gleichwertige Genauigkeit bei einer zum Romberg-Verfahren deutlich gesteigerten Integrationsgeschwindigkeit erreicht werden kann.

Zur Simulation turbulenter, reagierender Strömung unter Verwendung der erzeugten chemischen Tabellen wurde eine Schnittstelle zu der Programmbibliothek OpenFOAM entwickelt, welche es ermöglicht die Tabellen auch hier in einer allgemeinen, vom Reaktionsmodell unabhängigen Form einzubinden, um mittels dieser Schnittstelle während der Simulation effizient auf die Daten der Tabelle zugreifen zu können. Da die Tabellen neben den reaktionskinetischen Daten sowie der Zusammensetzung der Mischung auch die thermodynamischen und thermophysikalischen Daten speichern, wurden die thermodynamischen Klassen von OpenFOAM, welche dem Löser diese Informationen während der Simulation zur Verfügung stellen, um die Möglichkeit der Verwendung tabellierter Daten erweitert.

Aufbauend auf diesen Grundfunktionen wurden Löser für das Stationäre Flamelet-Modell nach Peters sowie dem JPDF-Modell im RANS und LES-Kontext entwickelt. Abschließend wurde darauf aufbauend ein Löser für die Simulation turbulenter reagierender Zweiphasenströmungen realisiert.

Untersuchung anhand von Modellflammen

Die Reduktionsmethoden wurden zunächst anhand von Modellflammen untersucht. Hierzu wurden zwei Modellflammen ausgewählt. Die h3 Diffusionsfreistrahlflamme sowie die abgehobene Cabra-Flamme.

Die h3-Flamme wurde ausgewählt, da sie eine mischungskontrollierte Diffusionsflamme ist, die sich in Bezug auf die Reaktion nahezu im Gleichgewicht zur lokalen Mischung befindet. Die chemischen Zeitskalen sind hier deutlich kleiner als die Zeitskalen der turbulenten Mischung und diese dominieren die Flamme. Hierbei zeigte sich, dass sowohl das Flamelet-Modell, welches für diesen Typ an Flamme entwickelt wurde, als auch das JPDF-Modell diese Flamme gut wiedergeben konnten. Für das JPDF-Modell gilt dies jedoch nur unter der Einschränkung der Verwendung der planaren laminaren Flamme zur Reduktion des detaillierten Mechanismus.

Begründet liegt dies in den deutlich höheren Reaktionsfortschrittsraten, die durch die planare laminare Vormischflamme im Vergleich zum homogenen Reaktor bei gleicher Zusammensetzung und Reaktionsfortschritt erreicht werden. Dies kann auf den von der Vormischflamme berücksichtigten Effekt der Vorwärmung des Frischgases aus der Reaktionszone zurückgeführt werden. Diese Vorwärmung spielt sich in den Längenmaßen der Flammendicke ab. Im Falle der RANS-Simulation wird grundsätzlich nur das gemittelte Strömungsfeld gelöst und somit nur die mittlere Flammenfront abgebildet. Die Flammendicke der mittleren Flammenfront ist jedoch deutlich größer als die tatsächliche zeitlich fluktuierende Flammenfront der turbulenten Flamme. Somit kann im Falle der RANS-Simulation der Vorwärmeffekt durch diese nicht abgebildet werden. Für den Fall der LES-Simulation werden zwar die großskaligen turbulenten Wirbel aufgelöst, diese sind jedoch immer noch, zumindest für die hier untersuchten Flammen, größer als die Flammendicke und somit kann auch hier der Effekt nicht abgebildet werden. Daher ist die Berücksichtigung dieses Effekts in der chemischen Tabelle angebracht und stellte sich als entscheidend für die Simulation der h3-Flamme heraus.

Als weitere wesentliche Erkenntnis der Untersuchung der h3-Flamme zeigte sich beim Vergleich zwischen RANS und LES-Simulation, dass die RANS-Simulation sowohl die mittlere Mischung als auch die Varianz der Mischung z.T. nur ungenügend beschreibt. Die LES-Simulation zeigt hier bessere Ergebnisse. Der Einfluss der Mischung und deren Varianz auf die Flamme ist vor allem für den hier untersuchten Flammentyp der durch die Mischung kontrollierten Flamme signifikant.

Im Unterschied zur h3-Flamme ist die Cabra-Flamme stärker durch die reaktionskinetischen Zeitmaße bestimmt. Die Höhe, um welche die Cabra-Flamme vom Düsenmund abgehoben stabilisiert, wird deshalb vor allem durch das Zeitmaß der Wärmefreisetzung bestimmt. Diese ist im Fall der Cabra-Flamme nicht nur von der Zusammensetzung, sondern auch vom Einmischen der heißen Abgase aus dem Begleitstrom abhängig. Hier zeigte sich zunächst, dass das Steady-State-Flamelet-Modell nur durch die turbulente Streckung alleine kein Abheben der Flamme vorhersagen kann. Das Flamelet-Modell ist nicht geeignet, kinetisch kontrollierte Flammen zu modellieren. Das JPDF-Modell zeigte jedoch auch hier gute Ergebnisse unter Verwendung der planaren laminaren Vormischflamme zur Erzeugung der chemischen Tabelle. Das Modell des homogenen Reaktors führte im Falle der Cabra-Flamme im Gegensatz zur h3-Flamme zwar zu einem Stabilisieren der Flamme, der Stabilisierungspunkt war jedoch deutlich zu weit stromab des Düsenmunds. Trotz des im Vergleich zur h3-Flamme nun hinzukommenden Einmischens von heißen Abgasen zum Zünden der Flamme, welches auf durch die RANS-Simulation abgebildeten Größenskalen abläuft, führt eine durch den Vorwärmeffekt höhere tabellierte Reaktionsfortschrittsrate zu einer Verbesserung der Wiedergabe der Höhe, um welche die Flamme abhebt.

Auch für die Cabra-Flamme führte die LES-Simulation der Flamme zu einer verbesserten Wiedergabe der Mischung und daraus folgend auch einer Verbesserung der Vorhersage der Position der Flamme.

Untersuchung der technischen Flammen

Als erste technische Flamme wurde die TLC-Flamme untersucht. Die technischen Flammen haben eine deutlich komplexere, der Reaktion zugrundeliegende Strömung. Für die TLC-Flamme sind dies im wesentlichen die zwei Rückströmzonen, eine durch das Einschließen der Flamme bedingte äußere und eine kleine durch Wirbelaufplatzen erzeugte innere Rückströmzone. Hier zeigt sich auch, dass neben dem Reaktionsmodell die Vorhersage der Strömung einen wesentlichen Einfluss auf die Vorhersage der Flamme hat. Vor allem hier zeigte sich diese durch die Verwendung der LES-Simulation im Vergleich zur RANS-Simulation deutlich verbessert.

Auch – wie bereits für die Cabra-Flamme diskutiert – werden heiße Abgase in den Frischgasstrom eingemischt, in diesem Fall durch die äußere und innere Rückströmzone bedingt. Auch hier führt die zu einem geringeren Einfluss der beiden Reduktionsmethoden auf die Wiedergabe der Flamme. Tatsächlich fällt hier der Unterschied zu den bisher betrachteten Flammen am geringsten aus.

Mit der kerosinbefeuerten Drallflamme kommt als letzte betrachtete Flamme noch als weitere Abhängigkeit der Phasenübergang des flüssigen Brennstoffes – hier Kerosin – hinzu. Zunächst wurde zur Modellierung der Mehrphasenströmung eine Methodik zur Bestimmung der Tropfenrandbedingungen sowie zur Berücksichtigung des Brennstofffilmes der Filmlegerlippe einer luftgestützten Zerstäuberdüse entwickelt. Im Rahmen der Validierung der Randbedingungen hat sich vor allem im Vergleich zu den Messdaten der Tropfengrößen an der Zerstäuberlippe gezeigt, dass die gängigen Korrelationen keine zufriedenstellende Genauigkeit zeigen. Somit sind zur genauen Modellierung einer Zweiphasenströmung Messungen des erzeugten Tropfenspektrums unumgänglich.

Der Einfluss der Tropfenrandbedingung hat einen dem chemischen Reduktionsmodell gleichgestellten Einfluss auf die korrekte Wiedergabe der Flamme. Die Qualität der Simulation ist wesentlich von den Randbedingungen der Tropfen abhängig, welche mit den heutigen Korrelationen nur sehr bedingt vorhergesagt werden können. Mit den messtechnisch bestimmten Tropfenrandbedingungen an der Zerstäuberlippe ist die Wiedergabe der Flamme mit dem entwickelten Reaktionsmodell für turbulente reagierende Zweiphasenströmungen jedoch gut. Es zeigt sich auch hier anhand des durch die LES-Simulation identifizierten PVC, dass die Wiedergabe der zugrundeliegenden Strömung durch die LES-Simulation noch einmal deutlich verbessert werden kann. Auch der Einfluss dieses PVCs auf die Tropfenbahnen konnte im Vergleich mit der messtechnisch im Spray detektierten Frequenz des PVCs bestätigt werden. Dieser Einfluss kann durch die stationäre RANS-Modellierung nicht berücksichtigt werden.

A. Herleitungen

A.1. Filmverdampfung

Die Herleitung der Filmverdampfungsgleichungen basieren auf den Erhaltungsgleichungen der Grenzschichtströmung einer laminaren inkompressiblen Strömung über eine ebene Platte [121]:

$$\frac{\partial u_x}{\partial x} + \frac{\partial u_y}{\partial y} = 0 \tag{A.1.1}$$

$$\rho \left(u_x \frac{\partial u_x}{\partial x} + u_y \frac{\partial u_x}{\partial y} \right) = \frac{\partial \tau}{\partial y} \tag{A.1.2}$$

$$\rho c_p \left(u_x \frac{\partial T}{\partial x} + u_y \frac{\partial T}{\partial y} \right) = \lambda \frac{\partial^2 T}{\partial y^2} \tag{A.1.3}$$

Unter Annahme eines linearen Geschwindigkeitsprofil und einer konstanten Temperatur lassen sich die folgenden Differentialgleichungen für die Filmdicke h, die axiale Oberflächengeschwindigkeit u_o und die Filmtemperatur T_l herleiten.

Als Geschwindigkeitsverlauf wird zunächst ein lineares Profil innerhalb des Flüssigkeitsfilms angenommen [95]. Somit folgt für die axiale Geschwindigkeit u_x als Funktion des radialen Wandabstands y von der Filmlegerlippe

$$u_x(x, y) = u_o(x) \frac{y}{h(x)} \tag{A.1.4}$$

Hierbei ist $h(x)$ die Dicke des Flüssigkeitsfilms. Der radiale Wandabstand ist gegeben durch den lokalen Radius R und den inneren Radius der Filmlegerlippe R_i

$$y = (R_i - R) \tag{A.1.5}$$

Für die radiale Geschwindigkeit in der Grenzschicht gilt

$$u_y = - \int_0^y \frac{\partial u}{\partial x} dy. \tag{A.1.6}$$

Der lokale Massenstrom bestimmt sich wie folgt

$$\dot{m}_l(x) = \int_{(R_i-h)}^{R_i} \rho_l u(R,x) dA \tag{A.1.7}$$

$$= 2\pi \rho_l \int_{(R_i-h)}^{R_i} \frac{R_i - R}{h(x)} u_o(x) R dR \tag{A.1.8}$$

$$= \pi \rho_l u_o(x) h(x) \left(R_i - \frac{2\,h(x)}{3} \right) \tag{A.1.9}$$

Oberflächengeschwindigkeit

Die Impulserhaltungsgleichung der Grenzschicht lautet:

$$\underbrace{u_x \frac{\partial u_x}{\partial x}}_{I} + \underbrace{u_y \frac{\partial u_x}{\partial y}}_{II} = \underbrace{\frac{1}{\rho_l} \frac{\partial \tau}{\partial y}}_{III} \tag{A.1.10}$$

Durch Einsetzen von Gleichung (A.1.4) und (A.1.6) folgt für die drei Terme:

I:

$$u_x \frac{\partial u_x}{\partial x} = \frac{y^2}{h(x)^3} u_o(x) \left(h(x) \frac{\partial u_o(x)}{\partial x} - u_o(x) \frac{\partial h(x)}{\partial x} \right) \tag{A.1.11}$$

II:

$$u_y \frac{\partial u_x}{\partial y} = -\frac{y^2}{2h(x)^3} u_o(x) \left(h(x) \frac{\partial u_o(x)}{\partial x} - u_o(x) \frac{\partial h(x)}{\partial x} \right) \tag{A.1.12}$$

III:

$$\frac{1}{\rho} \frac{\partial \tau}{\partial y} = \frac{1}{\rho_l} \frac{\tau_o - \tau_w}{h(x)} \tag{A.1.13}$$

Die Schubspannungen τ_o und τ_w sind jeweils die Schubspannungen an der Filmoberfläche τ_o und an der Filmlegerwand τ_w.

Setzt man nun die drei Terme wieder in die Impulserhaltungsgleichung (A.1.10) ein und vereinfacht, so erhält man

$$\frac{y^2}{2h(x)^2}u_o(x)\frac{\partial u_o(x)}{\partial x} - \frac{y^2}{2h(x)^3}u_o(x)^2\frac{\partial h(x)}{\partial x} = \frac{1}{\rho_l}\frac{\tau_o - \tau_w}{h(x)}. \qquad \text{(A.1.14)}$$

Wird über die Höhe des Films integriert, so erhält man die Differentialgleichung der Oberflächengeschwindigkeit in ihrer verwendeten Form

$$\frac{u_o(x)}{6}\left(h(x)\frac{\partial u_o(x)}{\partial x} - u_o(x)\frac{\partial h(x)}{\partial x}\right) = \frac{\tau_o - \tau_w}{\rho_l}. \qquad \text{(A.1.15)}$$

Die Schubspannung an der Wand lässt sich direkt durch das angenommene lineare Profil berechnen:

$$\tau_w = \mu_l\left(\frac{\partial u}{\partial y}\right)_w = \mu_l\frac{u_o(x)}{h(x)}. \qquad \text{(A.1.16)}$$

Die Schubspannung an der Oberfläche kann über folgenden Ansatz bestimmt werden [55]:

$$\tau_o = \frac{1}{2}c_f\rho_g u_{g,p}^2 = \frac{1}{2}0,0592Re_x^{-0,2}\rho_g u_{g,p}^2. \qquad \text{(A.1.17)}$$

Energieerhaltungsgleichung

Die Erhaltungsgleichung der Filmtemperatur T_l folgt aus einer einfachen Bilanz entlang des Flüssigkeitsfilms

$$\dot{m}_l c_{p,l}\partial T_l = \dot{Q}_P + \dot{Q}_S - \dot{Q}_v. \qquad \text{(A.1.18)}$$

Die Energieflussterme sind hierbei der aus dem Primärelement zugeführte Wärmestrom Q_P, der aus dem Sekundärelement zugeführte Wärmestrom Q_S sowie der durch die Verdunstung der Flüssigkeit entzogene Wärmestrom Q_v. Für den aus dem Primärelement zugeführten Wärmestrom $\dot{Q}_P$ gilt

$$\dot{Q}_P = k_s dA_w\left(T_s - T_l\right) = k_g 2\pi R_i dx\left(T_s - T_l\right). \qquad \text{(A.1.19)}$$

Hierbei ist k_s der Wärmedurchgangskoeffizient und dA_w das Flächenelement an der Wand. Der Wärmestrom aus der Primärluft an den Flüssigkeitsfilm wird bestimmt durch

$$\dot{Q}_S = \alpha dA_o \left(T_p - T_l\right) = \alpha 2\pi (R_i - h)dx \left(T_p - T_l\right). \qquad \text{(A.1.20)}$$

Hier ist α der Wärmeübergangskoeffizient und dA_o das Flächenelement an der Flüssigkeitsoberfläche. Der durch die Verdunstung entzogene Wärmestrom berechnet sich über

$$\dot{Q}_v = -\dot{j}_{m,v}dA_o\Delta h_v = -\dot{j}_{m,v}2\pi(R_i - h)dx\Delta h_v \qquad \text{(A.1.21)}$$

wobei $\dot{j}_{m,v}$ der verdunstete Massenstrom und Δh_v die Verdampfungsenthalpie bezeichnen. Setzte man nun die Wärmeströme in die Energieerhaltungsgleichung (A.1.18) ein, so erhält man die Differentialgleichung der Filmtemperatur in ihrer verwendeten Form.

$$\dot{m}_l c_{p,l}\frac{\partial T_l}{\partial x} = 2\pi \left[k_s \left(T_s - T_l\right) R_i + \left(\alpha_l \left(T_p - T_l\right) - \dot{j}_{m,v}\Delta h_v\right) \left(R_i - h\right)\right].$$
$$\text{(A.1.22)}$$

Für den Wärmedurchgangskoeffizienten gilt hierbei

$$\frac{1}{k_s} = \frac{R_i}{\alpha_w R_a} + \frac{R_i \ln \frac{R_a}{R_i}}{\lambda_w}. \qquad \text{(A.1.23)}$$

Mit dem äußeren Radius der Filmlegerlippe R_a und der Wärmeleitfähigkeit der Filmlegerlippe λ_w. Die Bestimmung der Wärmeübergangskoeffizienten erfolgt nach den Gleichungen für durchströmte turbulente Rohre [34] und dem durchströmten Ringspalt [35] gemäß VDI-Wärmeatlas.

Massenerhaltung

Die Massenerhaltung folgt ebenfalls über eine einfache Bilanz.

$$\frac{\partial \dot{m}_l(x)}{\partial x} = -\dot{j}_{m,v}(x)2\pi \left(R_i - h(x)\right) \qquad \text{(A.1.24)}$$

Hierbei ergibt sich die verdunstende Massenstromdichte über eine einseitige Diffusion durch

$$\dot{j}_{m,v}(x) = \beta \widetilde{\rho}_g \ln \frac{p - p_{v,\infty}}{p - p_{v,o}} \widetilde{M}_g.$$ (A.1.25)

Der Koeffizient β ist der Stoffübertragungskoeffizient, $\widetilde{\rho}_g$ die molare Dichte der Gasphase, p der Gesamtdruck, $p_{v,\infty}$ und $p_{v,o}$ die Partialdrücke des Brennstoffes im Gasstrom und an der Flüssigkeitsoberfläche und M_g die molare Dichte der Gasphase. Die Bestimmung des Stoffübertragungskoeffizienten erfolgt anhand den Gleichungen für durchströmte turbulente Rohre [34] aus dem VDI-Wärmeatlas über die Analogie von Wärme- und Stoffübertragung.

Filmdicke

Die Gleichung der Filmdicke beschreibt die Änderung der Dicke des Films entlang der Lippe aufgrund der Beschleunigung des Flüssigkeitsfilm, Änderung des Radius, Änderung der Flüssigkeitsdichte durch das Erwärmen des Brennstoffes und der Verdampfung. Sie bestimmt sich einfach durch die Ableitung des Massenstroms aus Gleichung (A.1.7) nach dem Ort und Auflösen nach der differentiellen Änderung der Filmdicke.

$$\frac{R_i - \frac{4}{3}h(x)}{h(x)\left(R_i - \frac{2\,h(x)}{3}\right)} \frac{\partial h(x)}{\partial x} = \frac{1}{\dot{m}_l(x)} \frac{\partial \dot{m}_l(x)}{\partial x} - \frac{1}{u_o(x)} \frac{\partial u_o(x)}{\partial x} - \frac{1}{\rho_l} \frac{\partial \rho_l}{\partial x}.$$

(A.1.26)

Nomenklatur

Abkürzungen

DRR Rosin-Rammler-Durchmesser

HRCT Homogener Reaktor

JPDF Verbundwahrscheinlichkeitsdichtefunktion

LES Großskalensimulation

PREMIX Planare laminare Vormischflamme

RANS Reynolds-gemittelte Navier-Stokes-Gleichung

SMD Sauter-Durchmesser

Griechische Symbole

α	Wärmeübergangskoeffizient	$\left[\frac{W}{m^2 K}\right]$
β	Stoffübergangskoeffizient	$\left[\frac{m}{s}\right]$
χ	Dissipationsrate	$\left[\frac{1}{s}\right]$
Δ	Zellweite	$[m]$
δ_{ij}	Kroneckerdelta	$[-]$

$\dot{\omega}$	Reaktionsrate	$\left[\frac{kg}{m^3 s}\right]$
$\dot{\omega}_c$	Reaktionsrate des Reaktionsfortschritts	$\left[\frac{1}{m^3 s}\right]$
ϵ	Turbulente Dissipationsrate	$\left[\frac{m^2}{s^3}\right]$
Γ	Transportkoeffizient	$\left[\frac{m^2}{s}\right]$
κ	Temperaturleitfähigkeit	$\left[\frac{m^2}{s}\right]$
λ	Wärmeleitfähigkeit	$\left[\frac{W}{mK}\right]$
μ	Viskosität	$[Pas]$
ν	Dynamische Viskosität	$\left[\frac{m^2}{s}\right]$
ν_{ki}	Stöchiometrischer Koeffizient der i-ten Reaktion	$[-]$
ω	Turbulente Wirbelstärke	$\left[\frac{1}{s}\right]$
ϕ	Skalar	$[-]$
Π_{ij}	Viskoser Spannungstensor	$\left[\frac{N}{m^2}\right]$
ρ	Dichte	$\left[\frac{kg}{m^3}\right]$
σ	Oberflächenspannung	$\left[\frac{N}{m}\right]$
τ	Zeitmaß	$[s]$
ζ	Zufallszahl	$[-]$

Lateinische Symbole

$\dot{D}$	Drehimpulsstrom	$[Nm]$
$\dot{I}$	Axialimpulsstrom	$[N]$

$\dot{Q}$	Wärmestrom	$\left[\frac{J}{s}\right]$
$\dot{q}$	Wärmefreisetzungsrate	$\left[\frac{J}{m^3 s}\right]$
$\mathcal{F}$	Wahrscheinlichkeit	$[-]$
$\mathcal{P}$	Wahrscheinlichkeitsdichtefunktion	$[-]$
$\mathcal{P}_k$	Produktionsterm der turbulenten kinetischen Energie	$\left[\frac{m^2}{s^3}\right]$
Φ	Äquivalenzverhältnis	$[-]$
$\widetilde{M}$	Molmasse	$\left[\frac{kg}{mol}\right]$
a	Streckungsrate	$\left[\frac{1}{s}\right]$
B	Stoßkoeffizient des Arrhenius-Ansatzes	n.d.
b	Temperaturkoeffizient des Arrhenius-Ansatzes	$[-]$
C	Konstante	$[-]$
c	Reaktionsfortschritt	$[-]$
c_d	Widerstandskoeffizient	$[-]$
c_p	Wärmekapazität bei konstantem Druck	$\left[\frac{J}{kgK}\right]$
d	Durchmesser	$[m]$
e	Spezifische innere Energie	$\left[\frac{J}{kg}\right]$
E_A	Aktivierungsenergie	$\left[\frac{J}{mol}\right]$
F	Fehler	$[-]$
f	Mischungsbruch	$\left[\frac{kg}{kg}\right]$
f	Volumenkraft	$\left[\frac{N}{m^3}\right]$
FN	Flußzahl	$\left[\frac{kg/s}{\sqrt{Pa kg/m^3}}\right]$

h	Spezifische Enthalpie	$\left[\frac{J}{kg}\right]$
h^0	Spezifische Standardbildungsenthalpie	$\left[\frac{J}{kg}\right]$
j	Stromdichte	n.d.
K	Konsistenz	$[-]$
k	Turbulente kinetische Energie	$\left[\frac{m^2}{s}\right]$
K_v	Geschwindigkeitskoeffizient	$[]$
$k_{(r,f)i}$	Reaktionsgeschwindigkeitskoeffizienten	n.d.
l	Längenmaß	$[m]$
Le	Lewis-Zahl	$[-]$
m	Masse	$[kg]$
N	Anzahl	$[-]$
n	Stoffmenge	$[mol]$
Nu	Nusselt-Zahl	$[-]$
p	Druck	$[Pa]$
Pr	Prandtl-Zahl	$[-]$
q	Exponent der Rosin-Rammler-Verteilungsfunktion	$[-]$
R	Ideale Gaskonstante	$\left[\frac{J}{molK}\right]$
r_i	Reaktionsgeschwindigkeit der i-ten Reaktion	$\left[\frac{kg}{m^3s}\right]$
Re	Reynolds-Zahl	$[-]$
S	Quellterm	n.d.
S_l	Laminare Flammengeschwindigkeit	$\left[\frac{m}{s}\right]$
S_p	Primärdrallzahl	$[-]$

S_{ij}	Deformationstensor	$\left[\frac{1}{s}\right]$
Sc	Schmidt-Zahl	$[-]$
Sh	Sherwood-Zahl	$[-]$
T	Temperatur	$[K]$
t	Zeit	$[s]$
u	Geschwindigkeit	$\left[\frac{m}{s}\right]$
V	Volumen	$\left[m^3\right]$
We	Weber-Zahl	$[-]$
x	Ortskoordinate	$[m]$
Y	Massenbruch	$\left[\frac{kg}{kg}\right]$
Z	Elementarer Massenbruch	$\left[\frac{kg}{kg}\right]$

Subskripte

η	Kolmogorov
b	Verbrannt
Br	Brennstoff
c	Charakteristisch
cl	Cluster
d	Diffusion
f	Vorwärts
g	Gas

i	i-te Komponente
j	j-te Komponente
l	Flüssigkeit
m	Masse
Ox	Oxidator
p	Primär
R	Reaktion
r	Rückwärts
ref	Referenz
rel	Relativ
s	Sekundär
sgs	sub-grid scale
st	Stöchiometrisch
t	Turbulent
u	Unverbrannt
v	Verdampfung

Supskripte

c	Konduktiv
d	Diffusion
q	Wärme

Literaturverzeichnis

[1] http://www.zib.de/Numerik/numsoft/CodeLib/ivpode.de.html

[2] *OpenFOAM The OpenSource CFD Toolbox - Programmer's Guide V1.5.
: OpenFOAM The OpenSource CFD Toolbox - Programmer's Guide
V1.5*, July 2008

[3] AL-SHANAWANY, M. S. ; LEFEBVRE, A . H.: Airblast Atomization:
The Effect of Linear Scale on Mean Drop Size. In: *Journal of Energy*
4 (1980), Nr. 4, S. 184–189

[4] ANDERSON, P. A.: *Turbulence.* Oxford University Press, 2004

[5] BILGER, R. W.: A Note on Favre Averaging in Variable Density
Flows. In: *Combustion Science and Technology* 11 (1975)

[6] BIRD, R. B. ; STEWART, W. E. ; LIGHTFOOT, E. N.: *Transport Phenomena.*
John Wiley & Sons, Inc., 2002

[7] BORGHI, R.: Turbulent Combustion Modelling. In: *Prog. Energy
Combust. Sci.* 14 (1988), S. 245–292

[8] BOUSSINESQ, J.: Théorie de l'écoulement tourbillant. In: *Mém. Pres.
Acad. Sci.* 22 (1877), S. 46

[9] BRUNN, O. ; WETZEL, F. ; HABISREUTHER, P. ; ZARZALIS, N.: Investigation of a Combuster using a Presumed JPDF Reaction Model Applying Radiative Heat Loss by the Monte Carlo Method

/ University of Karlsruhe (TH) Engler-Bunte-Institut / Chair of Combustion Technology. 2006. – Forschungsbericht

[10] *Kapitel* Thermochemical Data for Combustion Calculations. In: BURCAT, Alex: *Combustion Chemistry.* Springer-Verlag, New York, 1984

[11] CABRA, R.: Turbulent Jet Flames Into a Vitiated Coflow / University of California, Berkeley. 2004 (NASA/CR-2004-212887). – Forschungsbericht

[12] CABRA, R. ; CHEN, J.-Y. ; DIBBLE, R. W. ; KARPETIS, A. N. ; BARLOW, R. S.: Lifted methane-air jet flames in a vitiated coflow. In: *Combustion and Flame* 143 (2005), S. 491–506

[13] CHEN, C.S. ; CHANG, K.C. ; CHEN, J.Y.: Application of a robust β-pdf treatment to analysis of thermal NO formation in nonpremixed hydrogen-air flames. In: *Combust. Flame* 98 (1994), S. 375–390

[14] CLARK, R. ; FERZIGER, J. ; REYNOLDS, W.: Evaluation of subgrid scale turbulence models using a fully simulated turbulent flow. In: *J. Fluid Mech.* 91 (1979), S. 1–16

[15] DAGAUT, P. ; CATHONNET, M.: The ignition, oxidation and combustion of kerosene: A review of experimental and kinetic modeling. In: *Progress in Energy and Combustion Science* 32 (2006), Nr. 1, S. 48–92

[16] DAVIDOV, B. I.: On the statistical dynamic of an incompressible turbulent fluid. In: *Dokl. Akad. Nauk S.S.S.R.* 136 (1961), S. 47–50

[17] DEARDORFF, J.: The use of subgrid transport equations in a three-dimensional model of atmospheric turbulence. In: *J. Fluid Eng.* 95 (1973), S. 429–438

[18] DEUFELHARD, P. ; BORNEMANN, F.: *Numerische Mathematik II*. Gruyter, 2000

[19] DRYER, F. L. ; GLASSMAN, I.: High-Temperature Oxidation of CO and CH_4 / Guggenheim Laboratories, Princeton University, Princeton, New Jersey. 1972. – Forschungsbericht

[20] DURST, Franz: *Grundlagen der Strömungsmechanik*. Springer, 2006

[21] ERTESVÅAG, Ivar S. ; MAGNUSSEN, B. F.: The Eddy Dissipation Turbulent Energy Cascade Model. In: *Comb. Sci. Tech.* 159 (2001), S. 213–236

[22] FAETH, G. M.: Evaporation and combustion of sprays. In: *Prog. Energy Combust. Sci.* 9 (1983), S. 1–76

[23] FAETH, G.M.: Current status of droplet and liquid combustion. In: *Prog. Energy Combust. Sci.* 3 (1977), S. 191–224

[24] FAVRE, A. J.: The Equations of Compressible Turbulent Gases / Contract AF61 (052)-772 AD 622097, USAF. 1965. – Forschungsbericht

[25] FERZIGER, J. H. ; PERIC, M.: *Numerische Strömungsmechanik*. Springer, 2002

[26] FIORINA, B. ; GICQUEL, O. ; VERVISCH, L. ; CARPENTIER, S. ; DARABIHA, N.: Approximating the chemical structure of partially premixed and diffusion counterflow flames using FPI flamelet tabulation. In: *Combustion and Flame* 140 (2005), S. 147–160

[27] FOKAIDES, P.: *Experimentelle Untersuchung des Stabilitätsmechanismus von abgehobenen verdrallten eingeschlossenen Diffusionsflammen*, Universität Karlsruhe (TH), Diss., 2009

[28] FOKAIDES, P. ; WEISS, M. ; KERN, M. ; ZARZALIS, N.: Experimental and Numerical Investigation of Swirl Induced Self-Excited Instabilities at the Vicinity of an Airblast Nozzle. In: *Flow Turbulence Combust* 83 (2009), S. 511–533

[29] FOKAIDES, P.A. ; WEISS, M. ; KERN, M. ; ZARZALIS, N: Experimentelle Untersuchung und Numerische Simulation von drall-induzierten selbsterregten Instabilitäten am Brennermund eines Airblast-Zerstäubers. In: *23. Deutscher Flammentag - Verbrennung und Feuerungen, VDI-Berichte* Bd. 1988, 2007, S. 223–228

[30] FORKEL, Hendrik ; JANICKA, Johannes: Large-Eddy Simulation of a Turbulent Hydrogen Diffusion Flame. In: *Flow, Turbulence and Combustion* 65 (2000), S. 163–175

[31] FRANZELLI, B. ; RIBER, E. ; SANJOSÉ, M. ; POINSOT, T. ; NICOUD, F. ; KREBS, W. ; SELLE, L. ; BENOIT, L.: A two-step chemical scheme for kerosene-air premixed flames. In: *Combustion and Flame* 157 (2010), S. 1364–1373

[32] FRÖHLICH, Jochen: *Large Eddy Simulation turbulenter Strömungen.* B.G. Teubner Verlag, 2006

[33] GIVI, P.: Model-free Simulations of Turbulent Reactive Flows. In: *Progress in Energy and Combustions Science* Bd. 15, 1989, S. 1–107

[34] *Kapitel* Ga Wärmeübertragung bei der Strömungen durch Rohre. In: GNIELINSKI, V.: *VDI-Wärmeatlas.* Springer, 2002

[35] *Kapitel* Gb Wärmeübertragung im konzentrischen Ringspalt und im ebenen Spalt. In: GNIELINSKI, V.: *VDI-Wärmeatlas.* Springer, 2002

[36] GOODWIN, D. G.: *Cantera C++ Users Guide*. California Institut of Technology, March 2002

[37] GOSMANN, A.D. ; E., Ioannides: Aspect of computer simulation of liquid fuelled combustors. In: *AIAA Journal of Energy* 7 (1983), S. 482–490

[38] GRCAR, J. F.: The Twopnt Program for Boundary Value Problems / Sandia National Laboratories. 1992 (SAND91-8230). – Forschungsbericht

[39] HABISREUTHER, P.: *Untersuchung zur Bildung von thermischem Stickoxid in turbulenten Drallflammen*, Universität Karlsruhe (TH), Diss., 2002

[40] HAHN, J.: *Evaluierung eines Tropfenmodells für turbulente Strömungen*, Universiät Karlsruhe (TH), Diplomarbeit, 2009

[41] HANJALÍC, K.: *Two-dimensional Asymmetric Turbulent Flow in Ducts*, University of London, Diss., 1970

[42] HARLOW, F.H. ; NAKAYAMA, P.I.: Transport of turbulence energy decay rate / University of California Report LA-3854, Los Alamos Science Laboratory. 1968. Forschungsbericht

[43] HOFFMANN, A. B.: *Modellierung turbulenter Vormischverbrennung*, Universität Karlsruhe (TH) Fakultät für Chemieingenieurwesen und Verfahrenstechnik, Diss., 2004

[44] HOLLMANN, C. ; GUTHEIL, E.: Modeling Of Turbulent Spray Diffusion Flames Including Detailed Chemistry. In: *26th Symposium (International) on Combustion* (1996), S. 1731–1738

[45] HOLLMANN, C. ; GUTHEIL, E.: Flamelet-Modeling of Turbulent Spray Diffusion Flames Based on a Laminar Spray Flame Library. In: *Combust. Sci. and Tech.* 135 (1998), S. 175–192

[46] HUBBARD, G.L. ; DENNY, V.E. ; MILLS, A.F.: Droplet evaporation: effects of transient and variable properties. In: *Int. J. Heat Mass Transfer* 18 (1975), S. 1003–1008

[47] IHME, M. ; PITSCH, H.: Prediction of extinction and reignition in nonpremixed turbulent flames using a flamelet/progress variable model 1. A priori study and presumed PDF closure. In: *Combustion and Flame* 155 (2008), S. 70–89

[48] IHME, M. ; PITSCH, H.: Prediction of extinction and reignition in nonpremixed turbulent flames using a flamelet/progress variable model 2. Application in LES of Sandia flames D and E. In: *Combustion and Flame* 155 (2008), S. 90–107

[49] ISSA, R.I.: Solution of the Implicitly Discretised Fluid Flow Equations by Operator-Splitting. In: *Journal of Computational Physics* 62 (1985), S. 40–65

[50] JASAK, H.: *Error Analysis and Estimation for the Finite Volume Method with Applications to Fluid Flows*, University of London, Diss., 1996

[51] JASAK, H. ; JEMCOV, A. ; MARUSZEWSKI, J. P.: Preconditioned Linear Solvers for Large Eddy Simulation / University of Zagreb. 2007. – Forschungsbericht

[52] JASAK, H. ; WELLER, H.G. ; GOSMAN, A.D.: High Resolution NVD Differencing Scheme for Arbitrarily unstructured Meshes. In: *International Journal for Numerical Methods in Fluids* 31 (1999), S. 431–449

[53] JASUJA, A. K.: Atomization of Crude and Residual Fuel Oils. In: *ASME Journal of Engines and Power* 101 (1979), S. 250–258

[54] JIRKA, G. H.: *Einführung in die Hydromechanik.* Universitätsverlag Karlsruhe, 2007

[55] JISHA, M.: *Konvektiver Impuls-, Wärme- und Stofftaustausch.* Vieweg, 1982

[56] JONES, W. P. ; LAUNDER, B. E.: The Prediction of Laminarization with a Two-Equation Model of Turbulence. In: *International Journal of Heat and Mass Transfer* 15 (1972), S. 301–314

[57] JONES, W.P. ; WHITELAW, J.H.: Calculation methods for reacting turbulent flows: A review. In: *Combustion and Flame* 48 (1982), Nr. 1, S. 1–26

[58] KAY, W. M. ; CRAWFORT, M. E.: *Convective Heat and Mass Transfer.* 3rd. McGraw-Hill, New York, 1993

[59] KEE, R. J. ; RUPLEY, F. M. ; MILLER, J. A. ; COLTRIN, M. E. ; GRCAR, J. F. ; MEEKS, E. ; MOFFAT, H. K. ; LUTZ, A. E. ; DIXON-LEWIS, G. ; SMOOKE, M. D. ; WARNATZ, J. ; EVANS, G. H. ; LARSON, R. S. ; MITCHELL, R. E. ; PETZOLD, L. R. ; REYNOLDS, W. C. ; CARACOTSIOS, M. ; STEWART, W. E. ; GLARBORG, P. ; WANG, C. ; ADIGUN, O.: *CHEMKIN Collection.* 3.6. San Diego, CA, USA: Reaction Design, Inc., 2000

[60] KERN, M. ; FOKAIDES, P. ; HABISREUTHER, P. ; ZARZALIS, P.: Applicability of a flamelet and a presumed jpdf 2-domain-1-step-kinetic turbulent reaction model for the simulation of a lifted swirl flame. In: *Proceedings of ASME Turbo Expo 2009*, 2009

[61] KERN, M. ; MARINOV, S. ; HABISREUTHER, P. ; ZARZALIS, N. ; PE-
SCHIULLI, A. ; TURRINI, F.: Characteristics of an Ultra-Lean Swirl
Combustor Flow by LES and Comparison to Measurements. In:
Proceedings of ASME Turbo Expo 2011, ASME Turbo Expo 2011, 2011

[62] KIM, J. S. ; WILLIAMS, F. A.: Structures Of Flow And Mixture-
Fraction Fields For Counterflow Diffusion Flames With Small
Stoichiometric Mixture Fractions. In: *SIAM Journal on Applied
Mathematics* 53 (1993), Nr. 6, S. 1551–1566

[63] KLAUSMANN, W. E.: *Untersuchung zur turbulenten Tropfenbewegung
und Verdampfung unter brennkamertypischen Strömungsbedingungen*,
Universität Karlsruhe (TH), Diss., 1989

[64] KLEIN, M. ; SADIKI, A. ; JANICKA, J.: A digital filter based generation
of inflow data for spatially developing direct numerical or large
eddy simulations. In: *Journal of Computational Physics* 186 (2003), S.
652–665

[65] KOLMOGOROV, A. N.: The local Structure of Turbulence in Incompressible Viscous Fluid for Very Large Reynolds' Numbers. In:
Comptes Rendus (Doklady) de l'Academie des Sciences de l'URSS XXX
(1941), S. 301–304

[66] KRALJ, C.: *Numerical Simulation Of Diesel Spray Processes*, Imperial
College, Diss., 1995

[67] *Kapitel* Conventional Asymptotics and Computational Singular
Perturbation for Simplified Kinetics Modelling. In: LAM, S. H. ;
GOUSSIS, D. A.: *Lecture Notes in Physics. Bd. 384: Reduced Kinetic
Mechanisms and Asymptotic Approximations for Methane-Air Flames*.
Springer Verlag, 1990, S. 227

[68] LAUNDER, B. E. ; SHARME, B. I.: Application of the ernergy-dissipation model of turbulence to the calculation of flow near a spinning disc. In: *Lett. Heat Mass Transf.* 1 (1974), S. 131–138

[69] LEFEBVRE, A. H.: *Gas Turbine Combustion*. Hemisphere, Washington, D.C., 1983

[70] LEFEBVRE, A. H.: *Atomization and Sprays*. Hemisphere Publishing Corporation, 1989

[71] LEONARD, A.: Energy cascade in large eddy simulations of turbulent fluid flows. In: *Adv. Geophys.* 18A (1974), S. 16–42

[72] LEUCKEL, W.: Swirl Intensities, Swirl Types and Energy Losses of Different Swirl Generating Devices / International Flame Research Foundation Doc. G02/a/16. 1967. – Forschungsbericht

[73] LEUCKEL, W.: *Skriptum zur Vorlesung Feuerungstechnik I.* Engler-Bunte-Institut, Lehrstuhl für Verbrennungstechnik, Universität Karlsruhe (TH), 1997

[74] LIBBY, P. A.: *Turbulent Reacting Flow*. Springer-Verlag, 1980

[75] LILLY, D.: The presentation of small-scale turbulence in numerical simulation experiments. In: *Proceedings of IBM Scientific Symposium on Environmental Sciences* IBM Form No. 320-1951 (1967), S. 195–210

[76] LIU, F. ; GUO, H. ; SMALLWOOD, G. J. ; L., Gülder ; MATOVIC, M. D.: A robust and accurate algorithm of the β-pdf integration and its application to turbulent methane/air diffusion combustion in a gas turbine combustor simulator. In: *International Journal of Thermal Science* 41 (2002), S. 763–772

[77] LOCKWOOD, F.C. ; NAGUIB, A.S.: The Prediction of the Fluctuations in the Properties of Free, Round Jet, Turbulent, Diffusion Flames. In: *Combustion And Flame* 24 (1975), S. 109–124

[78] LUCHE, J.: *Elaboration of reduced kinetic models of combustion. Application to a kerosene mechanism*, LCSR Orléon, Diss., 2003

[79] LUCHE, J. ; REUILLON, M. ; BOETTNER, J.-C. ; CATHONNET, M.: Reduction of Large Detailed Kinetic Mechanisms: Application to Kerosene/Air Combustion. In: *Combustion Science and Technology* 176 (2004), Nr. 11, S. 1935–1963

[80] MAAS, U. ; POPE, S. B.: Simplifying Chemical Kinetics: Intrinsic Low-Dimensional Manifolds in Composition Space. In: *Combustion And Flame* 88 (1992), S. 239–264

[81] MAGNUSSEN, B. F.: On the Structure of Turbulence and a Generalized Eddy Dissipation Concept for Chemical Reaction in Turbulent Flow. In: *19th AIAA Aerospace Science Meeting*, 1981

[82] MAGNUSSEN, B. F. ; HJERTAGER, B. H.: On Mathematical Modeling of Turbulent Combustion with Special Emphasis on Soot Formation and Combustion. In: *16th Symp. (Int.) on Combustion*, 1976

[83] MAGNUSSEN, B. F. ; HJERTAGER, B. H. ; OLSEN, J. G. ; BHADURI, D.: Effect of Turbulent Structure and Local Concentration on Soot Formation and Combustion in C_2H_2 Diffusion Flames. In: *17th Symp. (Int.) on Combustion*, 1978

[84] MAIER, P.: *Untersuchung turbulenter isothermer Drallstrahlern und turbulenter Drallflammen*, Universität Karlsruhe (TH), Engler-Bunte-Institut, Verbrennungstechnik, Diss., 1967

[85] Marinov, S. ; Kern, M. ; Merkle, K. ; Zarzalis, N. ; Peschiulli, N. ; Turrini, F. ; Sara, O.N.: On Swirl Stabilized Flame Characteristics Near the Weak Extinction Limit. In: *Proceedings of ASME Turbo Expo 2010: Power for Land, Sea and Air*, 2010

[86] Marinov, S. ; Kern, M. ; Zarzalis, N. ; Peschiulli, N. ; Turrini, F.: Spray Characteristic Investigation of a Kerosene Fuelled Swirl Flame. In: *SPEIC10 Towards Sustainable Combustion, Spanish and Portuguese Sections of The Combustion Institute*, 2010

[87] Menter, F. R.: Two-Equation Eddy-Viscosity Turbulence Models for Engineering Applications. In: *AIAA Journal* 32 (1994), S. 1598–1605

[88] Merkle, K.: *Einfluss gleich- und gegensinniger Drehrichtung der Verbrennungsluftströme auf die Stabilisierung turbulenter Dopperdrall-Diffusionsflammen*, Universität Karlsruhe, Diss., 2006

[89] Michalke, A.: Absolute inviscid instability of a ring jet with black-flow and swirl. In: *European Journal of Mechanics* 18 (1999), S. 3–12

[90] Nicholls, J.: Stream and droplet breakup by shock waves / NASA SP-194. 1972. – Forschungsbericht

[91] Peters, N.: Local Quenching Due to Flame Stretch and non-premixed Turbulent Combustion. In: *Combustion Science and Technology* 30 (1983), S. 1–17

[92] Peters, N.: Laminar Diffusion Flamelet Models In Non-Premixed Turbulent Combustion. In: *Progress in Energy and Combustion Science* 10 (1984), S. 319–339

[93] PETERS, N.: Laminar Flamelet Concepts In Turbulent Combustion. In: *Twenty-First Symposium (International) on Combustion/The Combustion Institute*, 1986, S. 1231–1250

[94] PETERS, N.: *Turbulent Combustion*. Cambridge University Press, 1999. – Final Draft sent to Cambridge University Press

[95] PFEIFFER, A.: *Entwicklung einer keramischen Kleingasturbinen-Brennkammer: Neue Möglichkeiten zur schadstoffarmen Verbrennungsführung*, Universiät Karlsruhe (TH), Diss., 1992

[96] PFUDERER, D. G. ; NEUBER, A.A. ; FRUCHTEL, G. ; HASSEL, E. P. ; JANICKA, J.: Turbulence Modelation in Jet Diffusion Flames: Modeling and Experiments. In: *Combustion And Flame* 106 (1996), S. 301–317

[97] PHILIPP, M.: *Experimentelle und theoretische Untersuchung zum Stabilitätsverhalten von Drallflammen mit zentraler Rückströmzone*, Universität Karlsruhe (TH), Diss., 1991

[98] PIERCE, C.D. ; MOIN, P.: A dynamic model for subgrid-scale variance and dissipation rate of a conserved scalar. In: *Physics of Fluids* 10 (1998), Nr. 12, S. 3041–3044

[99] PIERCE, C.D. ; MOIN, P.: Progress-variable approach for large-eddy simulation of non-premixed turbulent combustion. In: *Journal of Fluid Mechanics* 504 (2004), S. 73–97

[100] PITSCH, H.: Unsteady Flamelet Modelling of Differential Diffusion in Turbulent Jet Diffusion Flames. In: *Combustion And Flame* 123 (2000), S. 358–374

[101] PITSCH, H.: A consistent level set formulation for large-eddy

simulation of premixed turbulent combustion. In: *Combustion And Flame* 143 (2005), S. 587–598

[102] PITSCH, H. ; BARTHS, H. ; PETERS, N.: Three-Dimensional Modeling of NOx and Soot Formation in DI-Diesel Engines Using Detailed Chemistry Based on the Interactive Flamelet Approach / SAE. 1996 (962057). – SAE Paper

[103] PITSCH, H. ; FEDOTOV, S.: Investigation of scalar dissipation rate fluctuations in non-premixed turbulent combustion using a stochastic approach. In: *Combustion Theory and Modelling* 5 (2001), S. 41–57

[104] POPE, S. B.: PDF Methods for Turbulent Reactive Flows. In: *Prog. Energy Combust. Sci.* 11 (1985), S. 119–192

[105] POPE, S. B.: Particle Method for Turbulent Flows: Integration of Stochastic Model Equations. In: *Journal of Computational Physics* 117 (1995), S. 332–349

[106] POPE, S.B.: An Explanation of the Turbulent Round-Jet/Plane-Jet Anomaly. In: *American institute of Aeronautics and Astronautics* (1977), S. 279–182

[107] POPE, Stephen B.: *Turbulent Flows*. Cambridge University Press, 2005

[108] PRANDTL, L.: Über ein neues Formelsystem für die ausgebildete Turbulenz / Nachrichten der Akademie der Wissenschaften in Göttingen, Mathematisch-Physikalische Klasse 6-19. 1945. – Forschungsbericht

[109] PRESS, H.P. ; TEUKOLSKY, S.A ; VETTERLING, W.T. ; BRIAN, P.F: *Numerical Recipes The Art of Scientific Computing*. 3. Cambridge University Press, 2007

[110] RACHNER, M.: Die Stoffeigenschaften von Kerosin Jet A-1 / DLR. 1998. – Forschungsbericht

[111] RADCLIFFE, A.: Fuel Injection. In: *High Speed Aerodynamics and Jet Propulsion* 11 (1960)

[112] RANZ, W. ; MARSHALL, W.R.J.: Evaporation from drops, part I. In: *Chemical Engineering Progress* 48 (1952), S. 141–146

[113] REITZ, R.D.: Modelling atomization processes in high-pressure vaporizing spray. In: *Atomization and Spray Technology* 3 (1987), S. 309–337

[114] REITZ, R.D. ; DIWAKAR, R.: Structur of high-pressure fuel sprays / SAE Tech. paper series, 870598. 1987. – Forschungsbericht

[115] REITZ, R.D. ; R., Diwakar: Effect of drop breakup on fuel sprays / SAE Tech. papaer series, 860469. 1986. – Forschungsbericht

[116] REYNOLDS, O.: An Experimental Investigation of the Circumstances Which Determine Wether the Motion of Water Shall be Direct Sinuous, and of the Law of Resistance in Parallel Channels. In: *Philosophical Transactions of the Royal Society of London* 174 (1883), S. 935–982

[117] REYNOLDS, O.: On the Dynamical Theory of Incompressible Viscous Fluids and the Determination of the Criterion. In: *Philosophical Transactions of the Royal Society of London* 186 (1895), S. 123–164

[118] RICHARDSON, L. F.: *Weather prediction by numerical process*. Cambridge University Press, London, 1922

[119] ROMBERG, W.: Vereinfachte Numerische Integration. In: *Norske Vid. Selsk.* 28 (1955), S. 30–36

[120] S. V. PATANKAR, D. B. S.: A Calculation Procedure for Heat, Mass and Momentum Transfer in three-dimensional Parabolic flows. In: *Int. J. Heat Mass Transfer* 15 (1972), S. 1787–1806

[121] SCHLICHTING, H.: *Grenzschicht-Theorie.* Springer, Berlin, 2006

[122] SCHLÜNDER, E.U.: *Einführung in die Stoffübertragung.* Vieweg Lehrbuch Chemie+Technik, 1996

[123] *Kapitel* Large eddy simulation of turbulent convection over flat and wavy surfaces. In: SCHUMANN, U.: *Large eddy simulation of complex engineering and geophysical flows.* Cambridge University Press, 1993, S. 399–421

[124] SMAGORINSKY, J.: General Circulation Experiments with the Primitive Equations. In: *Monthly Weather Review* 91 (1963), S. 99–164

[125] S.MARINOV ; KERN, M. ; N.ZARZALIS ; HABISREUTHER, P.: Similarity Issues of Kerosene and Methane Confined Flames Stabilized by Swirl in regard to the Weak Extinction Limit. In: *Turbulence and Combustion* DOI: 10.1007/s10494-012-9392-1 (2012), S. 1–23

[126] SMITH, Gregory P. ; GOLDEN, David M. ; FRENKLACH, M. ; MORIARTY, Nigel W. ; EITENEER, B. ; GOLDENBERG, M. ; BOWMAN, C. T. ; HANSON, Ronald K. ; SONG, S. ; GARDINER, William C. ; LISSIANSKI, Vitali V. ; QIN, Z.: *http://www.me.berkeley.edu/gri_mech/*

[127] SRIPAKAGORN, P. ; MITARAI, S. ; KOSÁLY, G. ; PITSCH, H.: Extinction and reignition in a diffusion flame: a direct numerical simulation study. In: *J. Fluid Mech.* 518 (2004), S. 231–259

[128] STEMMER, C.: *Grenzschichttheorie.* Lehrstuhl für Aerodynamik TU München,

[129] SYRED, N.: A Review of Oscillation Mechanisms and the Role of the Precessing Vortex Core (PVC) in Swirl Combustion Systems. In: *Progress in Energy and Combustion Science* 32 (2006), S. 93–161

[130] THOMAS, P. J.: On the influence of the basset history force on the motion of a particel through a fluid. In: *Phys. Fluids A* 4 (1992)

[131] TURNS, R.T.: *An Introduction to Combustion.* McGraw-Hill, New York, 2000

[132] VAN OIJEN, J. A. ; DE GOEY, L. P. H.: Modelling of Premixed Laminar Flames using Flamelet-Generated Manifolds. In: *Combust. Sci. and Tech.* 161 (2000), S. 113–137

[133] VAN OIJEN, J. A. ; LAMMERS, F. A. ; DE GOEY, L. P. H.: Modeling of Complex Premixed Burner Systems by using Flamelet-Generated Manifolds. In: *Combustion And Flame* 127 (2001), S. 2124–2134

[134] VREMAN, A.W. ; ALBRECHT, B.A. ; VAN OIJEN, J. A. ; DE GOEY, L. P. H. ; BASTIAANS, R.J.M.: Premixed and nonpremixed generated manifolds in large-eddy simulation of Sandia flame D and F. In: *Combustion And Flame* 153 (2008), S. 394–416

[135] WANG, A. H. X. F. amd Lefebvre L. X. F. amd Lefebvre: Mean Drop Sizes from Pressure-Swirl Nozzles. In: *AIAA Journal of Propulsion and Power* 3 (1987), S. 11–18

[136] WESTBROOK, C. K. ; DRYER, F. L.: Simplified Reaction Mechanisms for the Oxidation of Hydrocarbon Fuels in Flames. In: *Combust. Sci. and Tech.* 27 (1980), S. 31–43

[137] WETZEL, F.: *Numerische Untersuchungen zur Stabilität nicht-vorgemischter, doppelt-verdrallter Flammen*, Universität Karlsruhe (TH) Fakultät für Chemieingenieurwesen und Verfahrenstechnik, Diss., 2007

[138] WETZEL, F. ; HABISREUTHER, P. ; ZARZALIS, N.: Modellierung der Stabilität diffusiver Drallflammen mittels eines presumed JPDF-Reaktionsmodells unter Berücksichtigung lokaler Wärmeverluste / Universität Karlsruhe (TH) Engler-Bunte-Institut, Lehrstuhl und Bereich Verbrennungstechnik. 2005. – Forschungsbericht

[139] WILCOX, D. C.: Reassessment of the Scale-Determining Equation for Advanced Turbulence Models. In: *AIAA Journal* 26 (1988), S. 1299–1310

[140] WILCOX, D. C.: *Turbulence Modeling for Cfd*. D C W Industries, 1998

[141] WILCOX, D. C.: Formulation of the k-omega Turbulence Model Revisited. In: *AIAA Journal* 46 (2008), S. 2823–2838

[142] YUEN, M.C. ; CHEN, L.W.: On drag of evaporating liquid droplets. In: *Combustion Science and Technology* 14 (1976), S. 147–154